Dynamik des Bogenträgers und Kreisringes

Von

Karl Federhofer
Professor an der Technischen Hochschule Graz

Mit 35 Textabbildungen und 26 Zahlentafeln

Wien
Springer-Verlag
1950

ISBN-13: 978-3-211-80138-3 e-ISBN-13: 978-3-7091-7736-5
DOI: 10.1007/978-3-7091-7736-5

Dem Andenken an meinen Lehrer

Ferdinand Wittenbauer

(1857 – 1922)

Vorwort.

Die *Statik der Bogenträger* erfreut sich dank ihrer großen Bedeutung für das Bau- und Maschinenwesen schon seit jeher der besonderen Pflege der wissenschaftlichen Forschung, so daß sie mit ihren bis ins einzelne ausgearbeiteten analytischen und graphischen Methoden zu den bestentwickelten Teilen der modernen Baustatik zu zählen ist, für die im in- und ausländischen Schrifttum schon längst sehr schöne zusammenfassende Darstellungen bestehen. Nicht so erfreuliches kann von der *Dynamik der Bogenträger* behauptet werden.

Die in den vergangenen eineinhalb Jahrzehnten erschienenen Bücher über technische Schwingungsprobleme, von denen die ausgezeichneten Standardwerke von S. Timoshenko (1932) und Biezeno-Grammel (1939) besonders genannt seien, behandeln entsprechend ihrer Zielsetzung die technisch ungemein wichtigen Schwingungen von Systemen mit einem und mehreren Freiheitsgraden, sowie von elastischen Systemen, letztere aber vorwiegend beschränkt auf gerade Stäbe oder Platten und Schalen. Der Fall *gekrümmter* Stäbe wird, wenn überhaupt, nur durch Angabe jener Ergebnisse berücksichtigt, die seit dem Erscheinen der klassischen Werke von *Lord Rayleigh* und *A. E. H. Love* bekannt sind und auch Eingang gefunden haben in den verschiedenen Handbüchern der technischen Mechanik und Physik; sie beziehen sich im wesentlichen auf die Schwingungen eines geschlossenen Kreisringes mit *kreisrundem* Querschnitte und auf jene von Schraubenfedern. Es könnte demnach scheinen, als bestünde kein Bedürfnis nach Erweiterung der Kenntnisse auf diesem enger begrenzten Gebiete der Schwingungsforschung. Dem ist aber nicht so. Man denke nur an die Schwingungen von Bogenbrücken, an jene von Leitungsrohren unter Innen- und Außendruck, an die verschiedenartigen Gehäuseschwingungen von rotierenden elektrischen Maschinen, an die Bedeutung der Kreisring- oder Rohrschwingungen in der Akustik (Kundt'sche Rohre) und viele andere technische und physikalische Anwendungen, und man wird zugeben, daß der Lösung der damit bloß angedeuteten Schwingungsprobleme des elastischen Bogens in theoretischer und praktischer Hinsicht besondere Bedeutung zukommt. Es muß daher überraschen, daß eine einheitliche Darstellung der Eigenschwingungen des krummen Stabes, welche die auf diesem Forschungsgebiete im Laufe der letzten beiden Jahrzehnte erzielten und in verschiedenen oft schwer zugänglichen Zeitschriften niedergelegten Ergebnisse zusammenfaßt, bislang überhaupt gefehlt hat.

Die vorliegende Schrift versucht diese bestehende Lücke zu schließen und ein einigermaßen vollständiges Bild von dem heutigen Stande der Forschung auf diesem Teilgebiete der Schwingungstheorie nebst entsprechenden Literaturnachweisen zu geben.

Hiebei bietet sich auch zwanglos die Möglichkeit, einen Fragenkomplex erstmals zu behandeln, der durch die im modernen Stahlbau übliche Verwendung dünnwandiger offener Querschnitte von beliebiger Form ausgelöst wird und bisher in der Schwingungsforschung unbeachtet geblieben ist. Für solche Querschnitte büßen nämlich die gebräuchlichen Frequenzformeln gekrümmter (und auch gerader) Stäbe ihre Gültigkeit i. a. ein, so daß eine Verschärfung der bekannten Grundgleichungen ihrer Eigenschwingungen erforderlich geworden ist. Gestützt auf die beim Ausbau der Elastostatik und Stabilitätstheorie des gedrückten geraden Stabes mit solchen Querschnitten erzielten Ergebnisse, welche seit dem entscheidenden Vorstoß *H. Wagners* (1929) in dieses neue Gebiet nach Beiträgen verschiedener Forscher schließlich vor 10 Jahren durch *R. Kappus* ihre abklärende Darstellung gefunden haben, wird in der vorliegenden Schrift u. a. auch die für solche Querschnitte notwendig gewordene erweiterte Schwingungstheorie des Kreisbogenträgers erstmals dargestellt, desgleichen die erweiterte Theorie der Biegungs-Drillungsschwingungen eines geschlossenen Kreisringes.

Ich habe mich bemüht, die Lösungen der behandelten Probleme nicht bloß anzudeuten, sondern unter häufiger Heranziehung von Näherungsverfahren soweit zu entwickeln, daß sie zahlenmäßig ohneweiters ausgewertet werden können; diesem Zwecke dienen die in ansehnlicher Zahl beigegebenen Zahlentafeln und graphischen Darstellungen, die auch eine rasche Beurteilung der zwecks Vereinfachung der Rechnung zumeist vernachlässigten Nebeneinflüsse — wie Dehnung der Bogenachse, rotatorische Trägheit, Verwölbungsträgheit, Schubkräfte, Wölbkrafttorsion — ermöglichen.

Ein Vergleich der gewonnenen theoretischen Ergebnisse mit jenen von einwandfrei durchgeführten Schwingungsversuchen war leider nur in vereinzelten Fällen möglich; hiezu konnten vor allem die Meßergebnisse der vor einigen Jahren von *W. Kuhl* systematisch angestellten

Versuche über die ebenen und räumlichen Biegungsschwingungen von Stahlringen herangezogen werden, welche die hiefür vom Verfasser entwickelte Theorie vollauf bestätigt haben.

Was mir an neueren Ergebnissen über die Eigenschwingungen von offenen und geschlossenen Kreisringen bis 1948 bekannt geworden ist, habe ich gewissenhaft berücksichtigt; infolge der immer noch bestehenden Schwierigkeiten der Beschaffung des ausländischen Schrifttums mag es aber sein, daß die darauf bezüglichen Literaturverweise da oder dort noch einer Ergänzung bedürfen. Zum Zwecke der hier versuchten einheitlichen Darstellung dieses Schwingungsgebietes mußte der Verfasser freilich das meiste aus eigenem beisteuern.

Meinen beiden Assistenten, den Herren Dozent Dr. techn. *H. Egger* und Dr. techn. *G. Reyl* habe ich für die Unterstützung bei Berechnung der Zahlentafeln und für ihre Hilfe beim Lesen der Korrekturen zu danken.

Graz, April 1950. **K. Federhofer.**

Inhaltsverzeichnis.

Verzeichnis der Zahlentafeln.

Einleitung.

Die vorliegenden Untersuchungen beziehen sich auf die Eigenschwingungen eines dünnen Stabes mit *kreisförmig gekrümmter Achse* und umfassen demnach die freien Schwingungen eines krummen Stabes, der im ungespannten Zustand entweder die Form eines geschlossenen Kreisringes oder des Teiles eines solchen, also die Form eines offenen Ringes oder Bogenträgers besitzt. Der homogene isotrope Werkstoff des Stabes gehorche unbeschränkt dem *Hooke*'schen Elastizitätsgesetz. Der senkrecht zur Stabachse gelegte Querschnitt habe *beliebige unsymmetrische Form*, doch sei angenommen, daß er entlang der Stabachse gleichbleibend sei und daß sich seine Gestalt während des Schwingungsvorganges nicht ändere. Unsere Entwicklungen beschränken sich demnach nicht auf den im bisherigen Schrifttum fast ausschließlich angenommenen Fall des Kreis- oder schmalen Rechteckquerschnittes, sondern berücksichtigen vor allem auch die durch Verwendung der im Stahlbau gebräuchlichen dünnwandigen offenen (also nur einfach zusammenhängenden) verschiedenartigen Querschnittsformen notwendigen Ergänzungen der Schwingungstheorie.

Um die Grundgleichungen dieser Eigenschwingungen in möglichster Allgemeinheit darzustellen, sei bei deren Ableitung auf die übliche Annahme verzichtet, daß die Kreisebene der Bogenachse eine Hauptebene des gekrümmten Stabes sei.

Hingegen werde vorausgesetzt, daß die Abmessungen des Querschnittes klein seien gegenüber dem Halbmesser der Bogenachse, so daß bei Betrachtung der Biegung des krummen Stabes eine Heranziehung der verschärften *Résal-Grashof*'schen Gleichungen für die „starke" Biegung von krummen Stäben an Stelle der üblichen *Navier*schen Gleichungen unterbleiben kann.

Der periodischen Dehnung und Verkürzung von Elementen der Stabachse und ihren periodischen Verbiegungen entsprechen Dehnungsschwingungen (Längsschwingungen) und Biegungsschwingungen, während die periodischen Verdrillungen der Querschnitte die Drillungsschwingungen veranlassen, wobei im allgemeinen Falle die ursprünglich kreisförmige Stabachse in eine räumliche Biegelinie übergeht, so daß die genannten drei Schwingungsarten in besonderer Art gekoppelt sind. Für besondere Querschnittsformen und für ausgezeichnete Lagen der Querschnittshauptachsen in bezug auf die Kreisebene kann indes eine teilweise oder vollkommene Entkoppelung dieser Teilschwingungen eintreten, womit ein Zerfall der allgemeinen Schwingungsgleichungen in Gruppen von niedrigerer Ordnung verbunden ist, der eine wesentliche Vereinfachung der zugehörigen Frequenzengleichungen und ihrer numerischen Lösungen zur Folge hat; diese Fälle und der Grenzfall des geraden Stabes erfahren in den einzelnen Abschnitten eine ihrer praktischen Bedeutung angemessene ausführliche Behandlung nebst Beigabe von Zahlentafeln und Schaulinien zur unmittelbaren Entnahme der für die technischen Anwendungen wichtigen Kreisfrequenzen.

In Ergänzung des im vorstehenden umrissenen Stoffgebietes, das zunächst bei Beschränkung auf krumme Stäbe *konstanter* Querschnittsfläche in den Abschnitten A—E behandelt wird, enthalten die vier letzten Abschnitte die Untersuchung des Einflusses einer entlang der Bogenachse veränderlichen Querschnitts*fläche*, einer veränderlichen Querschnitts*form* (Hohlreifen), einer mitschwingenden Auflast und schließlich eine Betrachtung über den Einfluß der *Form* der Ringachse auf die Eigenschwingzahlen, wobei den für die Biegungsschwingungen eines Zweigelenkbogenträgers mit *kreisförmiger* Achse berechneten Frequenzen jene eines gleich bemessenen und gleich gelagerten Bogens mit *parabolischer* Achse gegenübergestellt werden.

Die Frequenzen der Eigenschwingungen von offenen und geschlossenen Kreisringen müssen berechnet werden, erstens weil man damit die resonanzgefährlichen Stellen kennen lernt, die im Frequenzbereiche von periodisch veränderlichen Lasten zu meiden sind, damit keine unzulässig großen erzwungenen Schwingungen im bogenförmigen Tragwerke erregt werden; und zweitens, weil die Verfahren zur Berechnung dieser erzwungenen Schwingungen — die entweder durch pulsierende Lasten mit festem Angriffspunkt (stationäre Schwingungen) oder durch plötzliche Be- und Entlastung, durch Stöße oder schließlich durch über das Tragwerk bewegte Lasten konstanter Größe hervorgerufen werden (Ausgleichschwingungen einer Bogenbrücke) — die genaue Kenntnis der Eigenschwingzahlen voraussetzen.

Der ganze Fragenkomplex der erzwungenen Schwingungen, dessen letztes Ziel die Bestimmung der dynamischen Formänderungen und Beanspruchungen des Bogentragwerkes infolge der vorgenannten Ursachen ist, wird indes in dieser Schrift entsprechend dem eingangs umrissenen Stoffgebiete ebensowenig erörtert wie die erst in jüngster Zeit in Angriff genommene Untersuchung der dabei möglichen Fälle kinetischer Instabilität. Bei einer späteren zusammenfassenden Darstellung des Gebietes der *erzwungenen* Schwingungen von Bogentragwerken sollen auch die Einflüsse einer äußeren und inneren Reibung (Baustoffdämpfung) ihre Berücksichtigung finden, die hier vorläufig vernachlässigt worden sind.

In einem kurzen einleitenden Abschnitte wurde die Kinematik der Biegung und Drillung des von Haus aus gekrümmten Stabes ohne Beschränkung auf den späterhin allein untersuchten Kreisbogenträger in der anschaulichen, von *A. E. H. Love* stammenden und in Vektorschreibweise noch vereinfachten Darstellung entwickelt, so daß eine häufige Bezugnahme auf dessen „Lehrbuch der Elastizität", das in der von *A. Timpe* besorgten deutschen Ausgabe schon längst vergriffen ist, unterbleiben konnte. Wenngleich für manche in der vorliegenden Schrift behandelte Sonderprobleme die zugehörigen Schwingungsgleichungen unmittelbar mit Hilfe des *D'Alembert*'schen Prinzips hergeleitet werden könnten, wurden die Schwingungsgleichungen des Kreisbogens zunächst in voller Allgemeinheit mit Einschluß aller wesentlichen Nebeneinflüsse nach der *Variationsmethode* entwickelt. Mit dem Vorteil, daß hiebei neben den Differentialgleichungen der Eigenschwingungen auch die vollständigen Randbedingungen erhalten werden, verschafft diese energetische Methode auch gleichzeitig die Grundlagen für die Gewinnung von Näherungslösungen, mit denen man sich beim Kreisbogen im Hinblicke auf die Schwierigkeit der Lösung der transzendenten Frequenzengleichungen zumeist begnügen muß; zudem ist hiedurch auch der Zugang zu allfälligen weiteren Untersuchungen über die kinetische Stabilität der erzwungenen Schwingungen solcher Tragwerke erleichtert.

A. Kinematik der Biegung und Drillung des von Haus aus gekrümmten und tordierten Stabes.

1. Geometrische Grundlagen.

Es soll zunächst ohne Beschränkung auf den in den späteren Abschnitten allein untersuchten Kreisbogenträger die Kinematik des gebogenen und tordierten Stabes bei durchgängiger Verwendung der vektoriellen Darstellung entwickelt werden, womit die bekannte anschauliche Darstellung dieses Gegenstandes bei *A. E. H. Love*[1], die diesem Abschnitte zugrunde gelegt ist, noch an Einfachheit gewinnt; doch soll die dort der Formänderung des krummen Stabes auferlegte Bedingung einer dehnungslosen Zentrallinie fallen gelassen werden, da in den folgenden Abschnitten auch die Dehnungsschwingungen ihre Berücksichtigung finden werden. Der Stab besitzt also im ungespannten Zustande sowohl Krümmung $\frac{1}{\varrho}$ wie auch Windung $\frac{1}{\sigma}$; seine Zentrallinie sei demnach eine Raumkurve, die bei Wahl der von einem bestimmten Anfangspunkt der Kurve aus gemessenen Bogenlänge s als Parameter in der Form

$$\mathfrak{r} = \mathfrak{r}(s) \tag{1}$$

gegeben sei. Die drei Einheitsvektoren $\mathfrak{t}$, $\mathfrak{n}$, $\mathfrak{b}$ in den Richtungen der Tangente, Hauptnormalen und Binormalen im Punkte S der Raumkurve (in der genannten Reihenfolge ein Rechtssystem bildend) definieren das begleitende Dreibein der Kurve im Punkte S, wobei

$$\mathfrak{t} = \frac{d\,\mathfrak{r}}{d\,s} \equiv \mathfrak{r}', \tag{2}$$

$$\mathfrak{n} = \varrho\,\mathfrak{r}'', \tag{3}$$

$$\mathfrak{b} = \mathfrak{t} \times \mathfrak{n} = \varrho\,\mathfrak{r}' \times \mathfrak{r}''. \tag{4}$$

Für die Windung (Torsion) $\frac{1}{\sigma}$ gilt

[1] *A. E. H. Love*, Lehrbuch der Elastizität; deutsch von *A. Timpe*, Leipzig u. Berlin 1907.

$$\frac{1}{\sigma} = -\mathfrak{b}' \,.\, \mathfrak{n}, \tag{5}$$

wobei dieser Vorzeichenfestlegung entsprechend die rechtsgewundenen Raumkurven als positiv gewunden erscheinen.

Für die Kinematik des gebogenen und tordierten Stabes erweist sich indes die Verwendung eines gegenüber dem Dreibein $\mathfrak{t}$, $\mathfrak{n}$, $\mathfrak{b}$ um die Achse $\mathfrak{t}$ gedrehten orthogonalen begleitenden Dreikants $\mathfrak{i}$, $\mathfrak{j}$, $\mathfrak{k}$ ($\mathfrak{k} \equiv \mathfrak{t}$) zweckmäßig, wobei die Richtungen $\mathfrak{i}$, $\mathfrak{j}$ mit den vom Schwerpunkt S des Querschnittes ausgehenden Hauptachsen zusammenfallen. Die drei Einheitsvektoren $\mathfrak{i}$, $\mathfrak{j}$, $\mathfrak{k}$ (Rechtssystem) definieren das System der „Torsion - Biegungs - Hauptachsen".

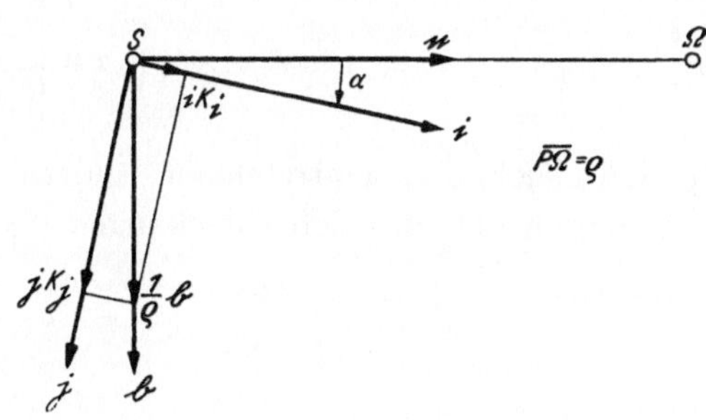

Abb. 1. Das Einheitsvektorenpaar $\mathfrak{n}$, $\mathfrak{b}$ der Haupt- und Binormalen, sowie $\mathfrak{i}$, $\mathfrak{j}$ der Querschnittshauptachsen. im Punkte S der Zentrallinie.

Sind die in der Normalebene des Punktes S der Stabachse liegenden orthogonalen Vektorenpaare $\mathfrak{n}$, $\mathfrak{b}$ und $\mathfrak{i}$, $\mathfrak{j}$ gegeneinander um den Winkel α gedreht (α positiv genommen, wenn der Drehsinn mit $\mathfrak{t}$ übereinstimmt), so bestehen die aus Abb. 1 abzulesenden Beziehungen

$$\left.\begin{aligned} \mathfrak{i} &= \quad \mathfrak{n}\cos\alpha + \mathfrak{b}\sin\alpha, \\ \mathfrak{j} &= -\mathfrak{n}\sin\alpha + \mathfrak{b}\cos\alpha \end{aligned}\right\} \tag{6}$$

und umgekehrt

$$\left.\begin{aligned} \mathfrak{n} &= \mathfrak{i}\cos\alpha - \mathfrak{j}\sin\alpha, \\ \mathfrak{b} &= \mathfrak{i}\sin\alpha + \mathfrak{j}\cos\alpha. \end{aligned}\right\} \tag{7}$$

Der Drall τ des Stabes an der Stelle s stimmt mit der dort vorhandenen Windung $\frac{1}{\sigma}$ der Zentrallinie überein, soferne α konstant angenommen wird; bei veränderlichem α sind jedoch die beiden um $d\,s$ entfernten Stabquerschnitte um $d\,\alpha$ gegeneinander schon ursprünglich verdrillt, so daß sich dann der Drall mit

$$\tau = \frac{d\alpha}{ds} + \frac{1}{\sigma}$$

ergibt.

Bewegt sich die Spitze des Dreibeines $\mathfrak{t}$, $\mathfrak{n}$, $\mathfrak{b}$ mit der absoluten Geschwindigkeit Eins längs der Raumkurve, so führt das Dreibein gleichzeitig eine Drehung aus und es sind die damit verbundenen Änderungen $\mathfrak{t}'$, $\mathfrak{n}'$, $\mathfrak{b}'$ der 3 Einheitsvektoren nach den *Frenet*'schen Formeln gegeben durch

$$\left.\begin{aligned} \mathfrak{t}' &= \varkappa\,\mathfrak{n}, \quad (\varkappa = \frac{1}{\varrho}) \\ \mathfrak{n}' &= -\varkappa\,\mathfrak{t} + \tau\,\mathfrak{b} \\ \mathfrak{b}' &= -\tau\,\mathfrak{n}. \end{aligned}\right\} \tag{8}$$

Für die gleichzeitig eintretenden Änderungen der Einheitsvektoren $\mathfrak{i}$, $\mathfrak{j}$, $\mathfrak{k}$ folgt hiemit aus den Gleichungen (6)

$$\left.\begin{aligned} \mathfrak{i}' &= -\mathfrak{t}\,\frac{\cos\alpha}{\varrho} + \mathfrak{j}\,\tau, \\ \mathfrak{j}' &= +\mathfrak{t}\,\frac{\sin\alpha}{\varrho} - \mathfrak{i}\,\tau, \\ \mathfrak{k}' \equiv \mathfrak{t}' &= \frac{1}{\varrho}\,(\mathfrak{i}\cos\alpha - \mathfrak{j}\sin\alpha). \end{aligned}\right\} \tag{9a}$$

Mit der Abkürzung

$$\left.\begin{aligned} \varkappa_i &= \frac{\sin\alpha}{\varrho}, \\ \varkappa_j &= \frac{\cos\alpha}{\varrho} \end{aligned}\right\} \tag{10}$$

ist daher

$$\left.\begin{aligned} \mathfrak{i}' &= -\mathfrak{t}\,\varkappa_j + \mathfrak{j}\,\tau, \\ \mathfrak{j}' &= +\mathfrak{t}\,\varkappa_i - \mathfrak{i}\,\tau, \\ \mathfrak{k}' &= \mathfrak{i}\,\varkappa_j - \mathfrak{j}\,\varkappa_i\,. \end{aligned}\right\} \tag{9b}$$

Der Drehvektor $\mathfrak{w}$ des Dreibeines berechnet sich nach *Darboux* zu

$$\mathfrak{w} = \mathfrak{t}\,\tau + \mathfrak{b}\,\frac{1}{\varrho}$$

oder mit Beachtung der Gleichungen (6_2) und (10) zu

$$\mathfrak{w} = \mathfrak{t}\,\tau + \mathfrak{i}\,\varkappa_i + \mathfrak{j}\,\varkappa_j, \tag{11}$$

d. h. $\varkappa_i$, $\varkappa_j$, τ sind die Komponenten des Drehvektors $\mathfrak{w}$ in den instantanen Richtungen $\mathfrak{i}$, $\mathfrak{j}$, $\mathfrak{k}$, die mit den Komponenten der bereits vorhandenen Krümmung des Stabes (als Vektor vom Betrage $\frac{1}{\varrho}$ in der Binormalen $\mathfrak{b}$ aufgetragen, vgl. Abb. 1) und mit seinem ursprünglichen Drall an der Stelle S übereinstimmen.

Werden die drei Gleichungen (9b) der Reihe nach mit $\mathfrak{j}$, $\mathfrak{k}$, $\mathfrak{i}$ auf innere Art multipliziert, so ergeben sich für diese anfänglichen Krümmungskomponenten und für den Drall unmittelbar die Formeln

$$\left.\begin{aligned} \tau &= \mathfrak{j} \,.\, \mathfrak{i}', \\ \varkappa_i &= \mathfrak{k} \,.\, \mathfrak{j}', \\ \varkappa_j &= \mathfrak{i} \,.\, \mathfrak{k}' \,. \end{aligned}\right\} \tag{12}$$

2. Krümmungskomponenten und Drall der verzerrten Stabachse.

Infolge der Formänderung des Stabes erfährt das an der Stelle S befindliche Stabteilchen eine kleine Verschiebung $\mathfrak{p}$, so daß S nach S_1 zu liegen kommt; der Ortsvektor $\mathfrak{r}_1$ von S_1 ist dann

$$\mathfrak{r}_1 = \mathfrak{r} + \mathfrak{p} \tag{13}$$

oder mit Einführung der Komponenten u, v, w von $\mathfrak{p}$ in den Richtungen $\mathfrak{i}$, $\mathfrak{j}$, $\mathfrak{k}$

$$\mathfrak{r}_1 = \mathfrak{r} + \mathfrak{i}\, u + \mathfrak{j}\, v + \mathfrak{k}\, w. \tag{13a}$$

Das durch die Einheitsvektoren $\mathfrak{i}_1$, $\mathfrak{j}_1$, $\mathfrak{k}_1$ im Punkte S_1 der verzerrten Zentrallinie des Stabes definierte begleitende Dreibein deckt sich in seinen drei Achsen mit den neuen „Torsion-Biegungshauptachsen" in S_1. Zu deren vollständigen Festlegung gegenüber dem Dreibein $\mathfrak{i}$, $\mathfrak{j}$, $\mathfrak{k}$ im Punkte S genügt neben dem Vektor $\mathfrak{p}$ (u, v, w) die Angabe des kleinen Winkels β der Ebenen $(\mathfrak{i}, \mathfrak{k})$ und $(\mathfrak{i}_1, \mathfrak{k}_1)$.

Die Richtung $\mathfrak{k}_1$ stimmt überein mit jener der Tangente an die verzerrte Zentrallinie in S_1, es ist demnach $\mathfrak{k}_1 \equiv \mathfrak{t}_1 = \frac{d\mathfrak{r}_1}{d s_1}$ mit $d s_1$ als Bogenelement der deformierten Zentrallinie. Sei ε_0 die kleine Dehnung der Stabachse an der Stelle S_1, so ist $d s_1 = (1 + \varepsilon_0)\, d s$, mithin

$$\mathfrak{k}_1 (1 + \varepsilon_0) = \frac{d \mathfrak{r}_1}{d s} \text{ oder zufolge (13) und wegen } \frac{d \mathfrak{r}}{d s} = \mathfrak{k}$$

$$\mathfrak{k}_1 (1 + \varepsilon_0) = \mathfrak{k} + \frac{d \mathfrak{p}}{d s}.$$

Die Änderung $\frac{d\mathfrak{p}}{ds}$ setzt sich zusammen aus jener in bezug auf das festgedachte Dreibein in S, die mit $\left(\frac{d\mathfrak{p}}{ds}\right)_r$ bezeichnet sei, und aus der Änderung von $\mathfrak{p}$ infolge Drehung des Dreibeins in S mit dem Drehvektor $\mathfrak{w}$; somit ist

$$\mathfrak{k}_1(1+\varepsilon_0)=\mathfrak{k}+\left(\frac{d\mathfrak{p}}{ds}\right)_r+\mathfrak{w}\times\mathfrak{p}. \tag{14}$$

Ist die gegenseitige Lage der beiden Dreibeine in S und S_1 durch das orthogonale Transformationsschema

	$\mathfrak{i}$	$\mathfrak{j}$	$\mathfrak{k}$
$\mathfrak{i}_1$	L_i	M_i	N_i
$\mathfrak{j}_1$	L_j	M_j	N_j
$\mathfrak{k}_1$	L_k	M_k	N_k

bestimmt, so bestehen die Beziehungen

$$\left.\begin{aligned}\mathfrak{i}_1&=L_i\,\mathfrak{i}+M_i\,\mathfrak{j}+N_i\,\mathfrak{k},\\ \mathfrak{j}_1&=L_j\,\mathfrak{i}+M_j\,\mathfrak{j}+N_j\,\mathfrak{k},\\ \mathfrak{k}_1&=L_k\,\mathfrak{i}+M_k\,\mathfrak{j}+N_k\,\mathfrak{k}\end{aligned}\right\} \tag{15}$$

und es folgt aus (14) wegen $\mathfrak{p}=\mathfrak{i}\,u+\mathfrak{j}\,v+\mathfrak{k}\,w$ unmittelbar

$$\mathfrak{k}_1(1+\varepsilon_0)=\mathfrak{i}\left(\frac{du}{ds}-v\,\tau+\varkappa_j w\right)+\mathfrak{j}\left(\frac{dv}{ds}-v\,\varkappa_i+u\,\tau\right)+$$
$$+\mathfrak{k}\left(1+\frac{dw}{ds}+v\,\varkappa_i-u\,\varkappa_j\right), \tag{16}$$

woraus sich die Richtungskosinusse L_k, M_k nach skalarer Produktbildung mit $\mathfrak{i}$, bzw. $\mathfrak{j}$ zu

$$L_k=\frac{du}{ds}-v\,\tau+\varkappa_j\,w,$$
$$M_k=\frac{dv}{ds}-\varkappa_i\,w+\tau\,u \tag{17}$$

ergeben, wenn Produkte von ε_0 mit $u, v\ldots$ als klein zweiter Ordnung unterdrückt werden.

Da sich die Tangentenrichtungen $\mathfrak{k}$ und $\mathfrak{k}_1$ nur um einen sehr kleinen Winkel unterscheiden können, so ist $N_k = 1$ und es folgt aus (16) nach skalarer Multiplikation mit $\mathfrak{k}$ für die Dehnung

$$\varepsilon_0 = \frac{d\,w}{d\,s} + v\,\varkappa_i - u\,\varkappa_j. \tag{18}$$

Unter der bei *A. E. H. Love* gemachten Voraussetzung *dehnungsloser* Zentrallinie sind demnach die Verschiebungskomponenten u, v, w an die Bedingung

$$\frac{d\,w}{d\,s} + v\,\varkappa_i - u\,\varkappa_j = 0 \tag{18a}$$

gebunden.

Alle übrigen Richtungskosinusse folgen aus der Forderung, daß die Ebene $(\mathfrak{i}, \mathfrak{k})$ mit der Ebene $(\mathfrak{i}_1, \mathfrak{k}_1)$ den kleinen Winkel β einschließt und daß die orthogonale lineare Koordinatentransformation infinitesimal mit der Koeffizientendeterminante 1 ist; hiernach wird

$$\begin{aligned} L_i &= 1, \quad L_j = -\beta, \\ M_i &= \beta, \quad M_j = 1, \\ N_i &= -L_k, \; N_j = -M_k. \end{aligned} \tag{19}$$

Die Krümmungskomponenten $\varkappa_{i,1}$, $\varkappa_{j,1}$, τ_1 der deformierten Zentrallinie des Stabes im Punkte S_1 ergeben sich nach den Formeln (12) zu

$$\begin{aligned} \tau_1 &= \mathfrak{j}_1 \cdot \mathfrak{i}'_1, \\ \varkappa_{i,1} &= \mathfrak{k}_1 \cdot \mathfrak{j}'_1, \\ \varkappa_{j,1} &= \mathfrak{i}_1 \cdot \mathfrak{k}'_1, \end{aligned}$$

wobei wieder zu beachten ist, daß sich die Änderung eines Einheitsvektors, z. B. von $\mathfrak{i}_1$, zusammensetzt aus der relativen Änderung $\left(\frac{d\mathfrak{i}_1}{ds}\right)_r$ in Bezug auf das festgedachte Dreibein in S und aus $\mathfrak{w} \times \mathfrak{i}_1$.

Hiemit wird

$$\tau_1 = \mathfrak{j}_1 \cdot \left[\left(\frac{d\,\mathfrak{i}_1}{d\,s}\right)_r + \mathfrak{w} \times \mathfrak{i}_1\right],$$

$$\varkappa_{i,1} = \mathfrak{k}_1 \cdot \left[\left(\frac{d\,\mathfrak{j}_1}{d\,s}\right)_r + \mathfrak{w} \times \mathfrak{j}_1\right],$$

$$\varkappa_{j,1} = \mathfrak{i}_1 \cdot \left[\left(\frac{d\,\mathfrak{k}_1}{d\,s}\right)_r + \mathfrak{w} \times \mathfrak{k}_1\right],$$

woraus bei Beachtung der Gln. (15), (11) und (19) bei Beschränkung auf die Glieder klein erster Ordnung in u, v, w, β und wegen $N_k = 1$ die Gleichungen

$$\left.\begin{aligned} \tau_1 &= \tau + \frac{d\beta}{ds} + \varkappa_i L_k + \varkappa_j M_k, \\ \varkappa_{i,1} &= \varkappa_i + \beta \varkappa_j - \frac{d M_k}{d s} - \tau L_k, \\ \varkappa_{j,1} &= \varkappa_j - \beta \varkappa_i + \frac{d L_k}{d s} - \tau M_k \end{aligned}\right\} \tag{20}$$

folgen; die Werte L_k und M_k sind dabei durch (17) bestimmt.

3. Spezialisierung für den Kreisbogenträger.

Bezeichnet a den Halbmesser der kreisförmigen Stabachse, so vereinfachen sich die im vorstehenden erhaltenen Ergebnisse wegen $\alpha =$ konst. (womit $\tau = 0$) zu

$$L_k = \frac{d u}{d s} + \varkappa_j w, \quad M_k = \frac{d v}{d s} - \varkappa_i w, \quad N_k = 1, \tag{21}$$

$$\varkappa_{i,1} = \varkappa_i \left(1 + \frac{d w}{d s}\right) + \beta \varkappa_j - \frac{d^2 v}{d s^2},$$

$$\varkappa_{j,1} = \varkappa_j \left(1 + \frac{d w}{d s}\right) - \beta \varkappa_i + \frac{d^2 u}{d s^2},$$

$$\tau_1 = \frac{d\beta}{d s} + \varkappa_i \frac{d u}{d s} + \varkappa_j \frac{d v}{d s},$$

$$\varepsilon_0 = \frac{d w}{d s} + v \varkappa_i - u \varkappa_j.$$

Für das in Abb. 2 eingetragene Hauptachsenkreuz $x\, y$ des Querschnittschwerpunktes S, das mit dem (i, j) System zusammenfällt, gegenüber dem (n, b) System aber um $-\alpha$ gedreht ist, gilt gemäß (10)

$$\left.\begin{aligned} \varkappa_{x,0} \equiv \varkappa_i &= -\frac{\sin \alpha}{a}, \\ \varkappa_{y,0} \equiv \varkappa_j &= +\frac{\cos \alpha}{a}, \end{aligned}\right\} \tag{22}$$

wobei der Zeiger Null auf den Zustand vor Eintritt der Verzerrung der Stabachse hinweist. Der Zeiger 1 (Zustand infolge Verzerrung) kann dann in obigen Gleichungen fortgelassen werden und wir haben daher für die infolge der Biegung des Stabes entstehenden Krümmungsänderungen die Formeln

$$\left.\begin{aligned} \varkappa_x - \varkappa_{x,0} &= \varkappa_{x,0} \frac{d w}{d s} + \beta \varkappa_{y,0} - \frac{d^2 v}{d s^2} \\ \varkappa_y - \varkappa_{y,0} &= \varkappa_{y,0} \frac{d w}{d s} - \beta \varkappa_{x,0} + \frac{d^2 u}{d s^2}. \end{aligned}\right\} \tag{23}$$

Der Drall beträgt

$$\tau = \frac{d\beta}{d s} + \varkappa_{x,0} \frac{d u}{d s} + \varkappa_{y,0} \frac{d v}{d s}$$

oder zufolge der Konstanz von $\varkappa_{x,0}$ und $\varkappa_{y,0}$

$$\tau = \frac{d}{d s} (\beta + \varkappa_{x,0} u + \varkappa_{y,0} v);$$

da der Drall die in Richtung wachsender Bogenlänge s gemessene Änderung des Drillwinkels ϑ je Längeneinheit des Stabes — also den sogenannten „bezogenen Drillwinkel" — angibt, so ist

$$\tau = \frac{d\vartheta}{d s} \tag{24}$$

und es folgt daher für den Drillwinkel

$$\vartheta = \beta + \varkappa_{x,0} u + \varkappa_{y,0} v. \tag{25}$$

Für die Dehnung der Bogenachse gilt

$$\varepsilon_0 = \frac{d w}{d s} + \varkappa_{x,0} v - \varkappa_{y,0} u. \tag{26}$$

Da wir uns bei Entwicklung einer allgemeinen Theorie des räumlich schwingenden offenen Kreisbogens am zweckmäßigsten der energetischen Methode bedienen werden, die nicht nur mit einem Schlage die Differentialgleichungen der Eigenschwingungen und die vollständigen Randbedingungen des Schwingungsproblems liefert, sondern auch bei der Gewinnung von Näherungslösungen wertvolle Dienste leistet, mit denen wir uns im Hinblicke auf die Schwierigkeit der Lösung der transzendenten Frequenzengleichungen begnügen müssen, so wollen wir zunächst die Ausdrücke für Formänderungsarbeit und kinetische Energie aufstellen.

B. Die Differentialgleichungen der Eigenschwingungen des räumlich schwingenden offenen Kreisbogens und ihre Randbedingungen.

1. Formänderungsarbeit.

Unter der Voraussetzung, daß das Verhältnis der linearen Abmessungen des Querschnittes zum Krümmungsradius a oder zum Kehrwert des Dralles von der Größenordnung der in der mathematischen Elastizitätstheorie betrachteten „kleinen" Verzerrungen ist, erfährt eine Längsfaser des Kreisbogens an der Querschnittsstelle (x, y) die Dehnung

$$\varepsilon = \varepsilon_0 + (\varkappa_x - \varkappa_{x,0})\, y - (\varkappa_y - \varkappa_{y,0})\, x.$$

Hiezu tritt noch die Dehnung $\widetilde{\varepsilon}$ infolge der Querschnittsverwölbung $W(x\, y)$. Es bezeichne φ_S jene Verschiebung parallel zur Stabachse, die an der Querschnittsstelle $(x\, y)$ bei der St. Venant'schen (zwängungsfreien) Drillung des Stabes um den Betrag $\frac{d\vartheta}{d s} = 1$ auftritt, wobei S als Drillruhepunkt gewählt wird; mit φ_S ist dann die auf den Schwerpunkt S bezogene „Einheitsverwölbung" festgelegt und es gilt für die Verwölbung $W(x, y)$

$$W(x, y) = + \varphi_S \frac{d\vartheta}{d s} = + \varphi_S\, \tau, \tag{27}$$

wobei $W(x\, y)$ positiv in Richtung der positiven s-Achse gewählt ist und φ_S ersichtlich die Dimension einer Fläche hat.

Es beträgt daher die zusätzliche Dehnung $\widetilde{\varepsilon}$ infolge Wölbkrafttorsion

$$\widetilde{\varepsilon} = \frac{d W}{d s} = + \varphi_S \frac{d^2 \vartheta}{d s^2} = + \varphi_S \frac{d \tau}{d s} \tag{28}$$

und somit die schließliche Dehnung an der Stelle $(x\, y)$

$$\varepsilon = \varepsilon_0 + (\varkappa_x - \varkappa_{x,0})\, y - (\varkappa_y - \varkappa_{y,0})\, x + \varphi_S \frac{d^2 \vartheta}{d s^2}. \tag{29}$$

Da die Dehnungsarbeit durch $\frac{E}{2} \int\limits_0^{s_1} d s \int\limits_F \varepsilon^2\, d F$ dargestellt ist, so ergibt die Hinzufügung der durch die Schubverzerrung bedingten Formänderungsarbeit $\frac{G J_D}{2} \int_0^{s_1} \tau^2 \, d s$ für die gesamte Formänderungsarbeit A_i die Beziehung

$$A_i = \tfrac{1}{2} \int_0^{s_1} \{E \int_F \varepsilon^2 \, d F + C \tau^2\} \, d s. \tag{30}$$

Hierin bedeuten E und G den Elastizitätsmodul und den Schubmodul des Stabmateriales [kg/cm^2],

F die Querschnittsfläche [cm^2],

s_1 die ganze Bogenlänge des Kreisbogens [cm],

J_D den Drillwiderstand des Stabquerschnittes [cm^4],

$C = G J_D$ die Drillungssteifigkeit [$kg \, cm^2$].

Ferner werden weiterhin noch folgende Bezeichnungen benützt: $J_x = F i_x^2$ und $J_y = F i_y^2$ die Hauptträgheitsmomente des Querschnittes bezüglich der Hauptachsen x, y [cm^4], für welche das Zentrifugalmoment $J_{xy} = 0$ ist, $J_P = F i_p^2$ das polare Trägheitsmoment für den Schwerpunkt [cm^4], $R_x = \int_F \varphi_S \, y \, d F$ und $R_y = \int_F \varphi_S \, x \, d F$ die auf den Schwerpunkt S und die Hauptachsen x y bezogenen Wölbmomente des Stabquerschnittes [cm^5], $C_S = \int_F \varphi_S^2 \, d F$ den Wölbwiderstand des Stabquerschnittes bezüglich seines Schwerpunktes [cm^6].

Nach Eintragung von (29) in die Gleichung (30) folgt bei Bedachtnahme auf

$$\int_F x \, d F = 0, \; \int_F y \, d F = 0, \; \int_F x^2 \, d F = J_y, \; \int_F y^2 \, d F = J_x, \; \int_F x \, y \, d F = 0$$

für die gesamte Formänderungsarbeit unter der Voraussetzung konstanten Querschnittes

$$\begin{aligned} A_i = {} & \frac{E F}{2} \int_0^{s_1} \varepsilon_0^2 \, d s + \frac{2 R_x E}{2} \int_0^{s_1} (\varkappa_x - \varkappa_{x,0}) \frac{d^2 \vartheta}{d s^2} \, d s - \\ & - \frac{2 R_y E}{2} \int_0^{s_1} (\varkappa_y - \varkappa_{y,0}) \frac{d^2 \vartheta}{d s^2} \, d s + \frac{E J_x}{2} \int_0^{s_1} (\varkappa_x - \varkappa_{x,0})^2 \, d s + \\ & + \frac{E J_y}{2} \int_0^{s_1} (\varkappa_y - \varkappa_{y,0})^2 \, d s + \frac{E C_s}{2} \int_0^{s_1} \left(\frac{d^2 \vartheta}{d s^2}\right)^2 d s + \frac{C}{2} \int_0^{s_1} \tau^2 d s. \end{aligned} \tag{31}$$

Die Einheitsverwölbung φ_S ergibt sich aus folgender Überlegung:[1]

---

[1] *R. Kappus*, Luftfahrtforschung 14 (1937), S. 444.

Ein beliebiger Punkt B (Abb. 2) der Profilmittellinie des Querschnittes verschiebt sich in der Richtung der Stabachse um W (x y) und infolge der Verdrehung $\widetilde{\vartheta}$ des ganzen Querschnitts um eine Strecke, deren Komponente in Richtung der Tangente an die Profilmittellinie $p\,\widetilde{\vartheta}$ beträgt, wenn p den Normalabstand der Profiltangente des betrachteten Punktes B vom Schwerpunkt S bezeichnet. Da der rechte Winkel zwischen dem Bogenelement $d\,b$ der Profilmittellinie und dem Bogenelement $d\,s$ der zur Stabachse parallelen Stabfaser in B bei der St. Venant'schen Drillung erhalten bleiben muß, so gilt

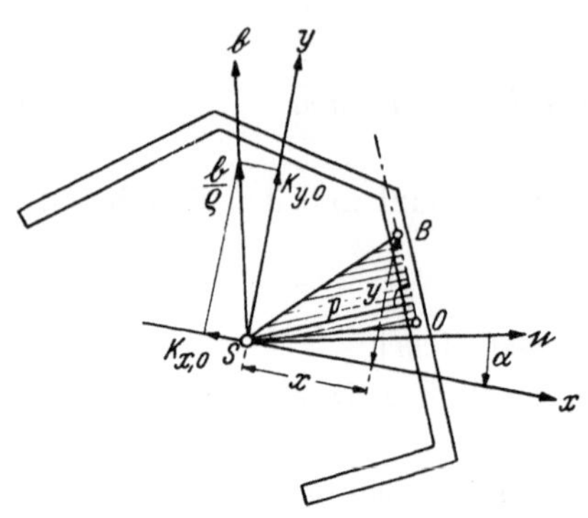

Abb. 2. Dünnwandiges offenes Profil.

$$\frac{d\,(p\,\widetilde{\vartheta})}{d\,s} + \frac{d\,W}{d\,b} = 0,$$

oder wegen (27): $p\,\dfrac{d\,\widetilde{\vartheta}}{d\,s} + \dfrac{d\,\varphi_S}{d\,b}\,\tau = 0$, woraus zufolge $\tau = \dfrac{d\,\widetilde{\vartheta}}{d\,s}$

$$\varphi_S = (\varphi_S)_0 - \int_0^b p\,d\,b \tag{32a}$$

folgt, wenn $(\varphi_S)_0$ die Einheitsverwölbung für den beliebig auf der Profilmittellinie gewählten Nullpunkt 0 angibt.

Wir setzen

$$\int_0^b p\,d\,b = \Phi_S, \tag{32b}$$

so daß Φ_S den doppelten Inhalt der in Abb. 2 schraffierten Fläche bedeutet und erhalten für die Einheitsverwölbung

$$\varphi_S = (\varphi_S)_0 - \Phi_S. \tag{33}$$

Da die Wölbkrafttorsion keine Längskraft senkrecht zum Stabquerschnitt liefern darf, so ist

$$E \int_F \widehat{\varepsilon}\,d\,F = 0$$

zu setzen; dies ergibt bei Beachtung von (28) und (33)

$$(\varphi_S)_0 = + \frac{1}{F} \int_F \Phi_S\,d\,F$$

und daher

$$\varphi_S = -\Phi_S + \frac{1}{F} \int_F \Phi_S \, d\,F. \tag{34}$$

Hiemit wird

$$R_x = \int_F \varphi_S \, y \, d\,F = -\int_F \Phi_S \, y \, d\,F, \; R_y = \int_F \varphi_S \, x \, d\,F = -\int_F \Phi_S \, x \, d\,F$$

und

$$C_S = \int_F \varphi_S^2 \, d\,F = \int_F \Phi_S^2 \, d\,F - F \, [(\varphi_S)_0]^2. \tag{35}$$

Für symmetrische Querschnittsformen wird der Nullpunkt 0 zweckmäßig auf der Symmetrieachse gewählt, womit $(\varphi_S)_0 = 0$ und demnach $\varphi_S = -\Phi_S$ wird. Ist sodann nach Gleichung (32) Φ_S berechnet, so lassen sich mit der nun längs der Profilmittellinie bekannten φ_S-Verteilung die oben definierten Querschnittsfestwerte R_x, R_y und C_S (d. h. die beiden Wölbmomente und der Wölbwiderstand) für verschiedene Querschnittsformen nach analytischen oder graphischen Methoden leicht ermitteln[1] (Vgl. Abschnitt B 6.)

Da wir voraussetzen wollen, daß durch Anordnung geeigneter Aussteifungen und Querschotte eine Änderung der *Querschnittsform* des Stabes beim Schwingungsvorgange verhindert wird, so ist durch (31) die gesamte Formänderungsarbeit dargestellt.

2. Kinetische Energie.

Mit ω als Kreisfrequenz und t als Zeit wird die Eigenschwingung des Bogenträgers beschrieben durch den von der Bogenkoordinate s und der Zeit t abhängigen Verschiebungsvektor $\mathfrak{p}\,(s, t)$ des Schwerpunktes S, den wir in der Form

$$\mathfrak{p}\,(s, t) = (\mathfrak{i}\,\overline{u} + \mathfrak{j}\,\overline{v} + \mathfrak{k}\,\overline{w}) \sin \omega\, t \tag{36}$$

ansetzen können, sowie durch

$$\beta\,(s, t) = \overline{\beta}\,(s) \sin \omega\, t,$$

wobei die überstrichenen, nur vom Orte s abhängigen Größen den Eigenfunktionen entsprechen.

---

[1] Bezüglich der hiefür ausgearbeiteten praktischen Verfahren sei verwiesen auf *R. Kappus*, Fußnote 1, S. 13. Ferner *R. Kappus*, Arbeitsblatt Nr. 3 des Institutes für Festigkeit der Deutschen Versuchsanstalt für Luftfahrt, Berlin 1939; vgl. auch *E. Chwalla*, Sitz.-Ber. Akad. Wiss. Wien, Abt. IIa, 153 (1944), S. 28—29, und *Timoshenko*, Journ. Franklin-Inst. 239 (1945), S. 201.

Um die Bewegungsgleichungen samt den Randbedingungen zu erhalten, haben wir zum Ausdrucke zu bringen, daß das kinetische Potential

$$\Psi = A_i - T \tag{37}$$

ein Extremum wird; d. h.

$$\delta \Psi = 0. \tag{38}$$

Wir lassen äußere und innere Reibungen unberücksichtigt, nehmen also an, daß die Schwingungen ohne Energiezerstreuung stattfinden; dann bedeutet in (37) A_i die maximale Formänderungsarbeit im Augenblicke des größten Schwingungsausschlages (für $\sin \omega t = 1$), T die größte kinetische Energie in den Augenblicken des Durchganges durch die Ruhelage des Bogenträgers (für $\cos \omega t = 1$).

Für ein dem Bogenelement $d\,s$ des Trägers entsprechendes Massenelement $\mu_1\, d\, s$ (μ_1 gleich Masse je Längeneinheit des Trägers, also $\mu_1 = \mu F$ mit μ als Dichte des Baustoffes) berechnet sich die kinetische Energie $d\,T$ aus $d\,T = d\,T_s + d\,T_r$.

Hierin ist $d\,T_s = \frac{1}{2} \mu_1\, d\, s\, \mathfrak{v}_s^2$ die kinetische Energie der im Schwerpunkte S vereinigten, mit

$$\mathfrak{v}_s = \frac{d\,\mathfrak{p}}{d\,t} = \omega \cos \omega t\, (\mathfrak{i}\, \overline{u} + \mathfrak{j}\, \overline{v} + \mathfrak{k}\, \overline{w})$$

bewegten Masse, so daß wegen $\cos \omega t = 1$

$$d\,T_s = \tfrac{1}{2} \mu_1\, d\, s\, .\, \omega^2 (\overline{u}^2 + \overline{v}^2 + \overline{w}^2) \tag{39}$$

folgt.

$d\,T_r$ bedeutet die Energie der Drehung des Elementes um den Schwerpunkt, die sich zu

$$d\,T_r = \tfrac{1}{2} \mu_1\, i_x^2\, ds \left(\frac{\partial M_k}{\partial t}\right)^2 + \tfrac{1}{2} \mu_1\, i_y^2\, d\, s \left(\frac{\partial L_k}{\partial t}\right)^2 + \tfrac{1}{2} \mu_1\, i_p^2\, d\, s \left(\frac{\partial \beta}{d\, t}\right)^2$$

berechnet, da den Verbiegungen in den Hauptebenen ($\mathfrak{j}$, $\mathfrak{k}$) und ($\mathfrak{i}$, $\mathfrak{k}$) die durch die Gl. (21) bestimmten Biegewinkel M_k und L_k und der Torsion der kleine Drehwinkel β zugehören. Bei Beachtung der Gln. (22), (36) und (21) ergibt sich

$$d\,T_r = \tfrac{1}{2}\, \mu_1\, i_x^2\, \omega^2\, d\, s \left[\frac{d\,\overline{v}}{d\, s} - \varkappa_{x,\,0}\, \overline{w}\right]^2 + \tfrac{1}{2}\, \mu_1\, i_y^2\, \omega^2\, d\, s \left[\frac{d\, \overline{u}}{d\, s} + \right.$$
$$\left. + \varkappa_{y,\,0}\, \overline{w}\right]^2 + \tfrac{1}{2}\, \mu_1\, i_p^2\, \omega^2\, d\, s\, \overline{\beta}^2, \tag{40}$$

wobei entsprechend Obigem $\cos \omega t = 1$ gesetzt worden ist.

Die Anwendung der Energiemethode gestattet es auch, den Einfluß der Trägheit der Bewegung infolge der Querschnittsverwölbung in Rechnung zu stellen. Für ein Massenelement $\mu\, d F\, d s$ beträgt die kinetische Energie dieses Bewegungsanteiles $\frac{1}{2}\mu\, d F\, d s\,\left(\frac{\partial W}{\partial t}\right)^2$.

Aus
$$W = \overline{W}(x, y) \sin \omega t = + \varphi_S \frac{\partial \overline{\vartheta}}{\partial t} \sin \omega t$$

folgt
$$\frac{\partial W}{\partial t} = + \varphi_S\, \omega \cos \omega t\, \frac{d \overline{\vartheta}}{d s};$$

somit ergibt sich für den ganzen Querschnitt mit $\cos \omega t = 1$ der Beitrag $d T_W$ zur kinetischen Energie je Längenelement $d s$ zu

$$d T_W = \tfrac{1}{2} \mu\, \omega^2\, d s \left(\frac{d \overline{\vartheta}}{d s}\right)^2 \int_F \varphi_S^2\, d F \text{ oder wegen } C_S = \int_F \varphi_S^2\, d F$$

$$d T_W = \tfrac{1}{2} \mu\, \omega^2\, d s\, C_S \left(\frac{d \overline{\vartheta}}{d s}\right)^2. \tag{41}$$

Das kinetische Potential Ψ ist demnach bei Beachtung der Gln. (31), (39), (40) und (41) dargestellt durch den Ausdruck

$$\begin{aligned}
\Psi = {} & \frac{E F}{2} \int_0^{s_1} \varepsilon_0^2\, d s + \frac{2 E R_x}{2} \int_0^{s_1} (\varkappa_x - \varkappa_{x,0}) \frac{d^2 \vartheta}{d s^2}\, d s - \\
& - \frac{2 E R_y}{2} \int_0^{s_1} (\varkappa_y - \varkappa_{y,0}) \frac{d^2 \vartheta}{d s^2}\, d s + \frac{E J_x}{2} \int_0^{s_1} (\varkappa_x - \varkappa_{x,0})^2\, d s + \\
& + \frac{E J_y}{2} \int_0^{s_1} (\varkappa_y - \varkappa_{y,0})^2\, d s + \frac{E C_S}{2} \int_0^{s_1} \left(\frac{d^2 \vartheta}{d s^2}\right)^2 d s + \frac{C}{2} \int_0^{s_1} \tau^2\, d s - \\
& - \frac{\mu_1 \omega^2}{2} \int_0^{s_1} (u^2 + v^2 + w^2)\, d s - \frac{\mu_1 i_x^2 \omega^2}{2} \int_0^{s_1} \left(\frac{d v}{d s} - \varkappa_{x,0}\, w\right)^2 d s - \\
& - \frac{\mu_1 i_y^2 \omega^2}{2} \int_0^{s_1} \left(\frac{d u}{d s} + \varkappa_{y,0}\, w\right)^2 d s - \frac{\mu_1 i_p^2 \omega^2}{2} \int_0^{s_1} \beta^2\, d s - \\
& - \frac{\mu\, \omega^2 C_S}{2} \int_0^{s_1} \left(\frac{d \vartheta}{d s}\right)^2 d s.
\end{aligned} \tag{42}$$

Da es sich in Hinkunft nur mehr um die Eigenfunktionen handelt, wurden die in (36) zu ihrer Kennzeichnung benutzten oberen Querstriche im Ausdrucke (42) fortgelassen.

Um mit dimensionslosen Beiwerten zu rechnen, führen wir mit Benutzung eines beliebig gewählten Vergleichsträgheitsmomentes $J\,[cm^4]$ der Querschnittsfläche folgende Abkürzungen ein:

$$\left.\begin{aligned} & k=\frac{\mu_1\, a^4\, \omega^2}{E\, J},\ f=\frac{F\, a^2}{J},\ \nu_y=\frac{J_y}{J}=\frac{F\, i_y^2}{J},\ \nu_x=\frac{J_x}{J}=\frac{F\, i_x^2}{J}, \\ & \nu_p=\nu_x+\nu_y=\frac{J_p}{J}=\frac{F\, i_p^2}{J}, \\ & \varrho_s=\frac{C_S}{J\, a^2},\ \varrho_x=\frac{R_x}{J\, a},\ \varrho_y=\frac{R_y}{J\, a};\ \nu_D=\frac{C}{E\, J}=\frac{G\, J_D}{E\, J}=\frac{m}{2\,(m+1)}\,\frac{J_D}{J}. \end{aligned}\right\}\quad (43)$$

Ferner setzen wir das Bogenelement $d\,s$ gleich $a\,d\,\varphi$ und bezeichnen alle nun nach φ genommenen Ableitungen durch hochgestellte römische Zahlen (z. B. $\frac{d\,u}{d\,\varphi}=u^{\mathrm{I}}, \ldots$). *Unter u, v, w wollen wir im weiteren homogene Koordinaten, und zwar die durch a dividierten Schwingungsamplituden verstehen*, ohne dies durch Hinzufügung eigener Zeiger anzudeuten; die Eigenfunktion β ist schon von Haus aus dimensionslos.

Wenn wir noch der kürzeren Schreibweise wegen $\sin\alpha \equiv s$, $\cos\alpha \equiv c$ setzen (eine Verwechslung mit dem Bogen s ist nicht möglich, da vorhin hiefür die Veränderliche φ eingeführt worden ist), so ist gemäß (22)

$$\varkappa_{x,\,0}=-\frac{s}{a},\ \varkappa_{y,\,0}=+\frac{c}{a}$$

und es folgt hiemit

$$\left.\begin{aligned} &\text{aus (23):} && \varkappa_x-\varkappa_{x,\,0}=\frac{1}{a}\,[-w^{\mathrm{I}}\,s+\beta\,c-v^{\mathrm{II}}], \\ & && \varkappa_y-\varkappa_{y,\,0}=\frac{1}{a}\,[+w^{\mathrm{I}}\,c+\beta\,s+u^{\mathrm{II}}], \\ &\text{aus (26):} && \varepsilon_0=[w^{\mathrm{I}}-u\,c-v\,s], \\ &\text{aus (25):} && \vartheta=[\beta-u\,s+v\,c], \\ &\text{aus (24):} && \tau=\frac{d\,\vartheta}{d\,s}=\frac{1}{a}\,[\beta^{\mathrm{I}}-u^{\mathrm{I}}\,s+v^{\mathrm{I}}\,c], \\ & && \frac{d\,v}{d\,s}-\varkappa_{x,\,0}\,w=[v^{\mathrm{I}}+w\,s], \\ & && \frac{d\,u}{d\,s}+\varkappa_{y,\,0}\,w=[u^{\mathrm{I}}+w\,c]. \end{aligned}\right\}\quad (44)$$

Hiemit geht (42) über in den dimensionslosen Ausdruck

$$\Psi\,\frac{2\,a}{E\,J}=\int_0^{\varphi_1}\{f\,[\varepsilon_0^2]+2\,\{\varrho_x\,[\varkappa_x-\varkappa_{x,\,0}]-\varrho_y\,[\varkappa_y-\varkappa_{y,\,0}]\}\,[\vartheta^{\mathrm{II}}]+$$

$$+ \nu_x [\varkappa_x - \varkappa_{x,0}]^2 + \nu_y [\varkappa_y - \varkappa_{y,0}]^2 + \varrho_s [\wedge\vartheta^{II}]^2 + \nu_D [\tau]^2 -$$

$$- k [u^2 + v^2 + w^2] - k \left(\frac{i_x}{a}\right)^2 [v^I + w s]^2 - k \left(\frac{i_y}{a}\right)^2 [u^I + w c]^2 -$$

$$- k \left(\frac{i_p}{a}\right)^2 \beta^2 - k \left(\frac{\varrho_s}{f}\right) [\wedge\vartheta^I]^2 \} \, d\varphi, \tag{45}$$

wobei für die in eckige Klammern gestellten Ausdrücke die ihnen gemäß (44) entsprechenden, auch dort in eckigen Klammern hervorgehobenen dimensionslosen Ausdrücke einzutragen sind.

Hienach erscheint das kinetische Potential Ψ mit Weglassung einer belanglosen multiplikativen Konstanten in der allgemeinen Form

$$\Psi = \int_0^{\varphi_1} F(u, v, w, \beta, u^I, v^I, w^I, \beta^I, u^{II}, v^{II}, \beta^{II}) \, d\varphi$$

und es verlangt die Forderung $\delta \Psi = 0$ nach der Vorschrift der Variationsrechnung

$$\int_0^{\varphi_1} \left(\frac{\partial F}{\partial q} \delta q + \frac{\partial F}{\partial q^I} \delta q^I + \frac{\partial F}{\partial q^{II}} \delta q^{II}\right) d\varphi = 0,$$

worin die Koordinate q durch die vier Eigenfunktionen u, v, w, β zu ersetzen ist. Beachtet man, daß $\delta q^I = (\delta q)^I$, $\delta q^{II} = (\delta q)^{II}$ ist, so entsteht nach ein-, bzw. zweimaliger Teilintegration

$$\int_0^{\varphi_1} \left\{\frac{\partial F}{\partial q} - \left(\frac{\partial F}{\partial q^I}\right)^I + \left(\frac{\partial F}{\partial q^{II}}\right)^{II}\right\} \delta q \, d\varphi + \left[\frac{\partial F}{\partial q^{II}} \delta q^I - \right.$$

$$\left. - \left\{\left(\frac{\partial F}{\partial q^{II}}\right)^I - \frac{\partial F}{\partial q^I}\right\} \delta q \right]_0^{\varphi_1} = 0. \tag{46}$$

Da die δq willkürlich sind, so folgen aus dem Verschwinden obigen Integrals die vier *Euler*'schen Gleichungen des Variationsproblems

$$\frac{\partial F}{\partial q} - \left(\frac{\partial F}{\partial q^I}\right)^I + \left(\frac{\partial F}{\partial q^{II}}\right)^{II} = 0 \quad \ldots (q = u, v, w, \beta) \tag{47}$$

und es liefert der gleich Null gesetzte eckige Klammerausdruck in (46) die von der Lösung der vier Gleichungen (47) zu befriedigenden zugehörigen Randbedingungen

$$\left[\frac{\partial F}{\partial q^{II}} \delta q^I - \left\{\left(\frac{\partial F}{\partial q^{II}}\right)^I - \frac{\partial F}{\partial q^I}\right\} \delta q\right]_0^{\varphi_1} = 0. \tag{48}$$

3. Die Differentialgleichungen der Eigenfunktionen.

Die explizite Entwicklung der vier Schwingungsgleichungen für die Eigenfunktionen auf Grund von (47) erfordert im Hinblicke auf den komplizierten Ausdruck von Ψ (Gl. 45) eine etwas langwierige Rechnung, die sich aber verlohnt, weil damit alle beim schwingenden Kreisbogen überhaupt möglichen Fälle ein für allemal erledigt sind. Diese vier Differentialgleichungen sind im folgenden — wie sie nacheinander bei Variation von u, v, w, β entstehen — mit I bis IV beziffert. Um sie in möglichst übersichtlicher Form darzustellen, sollen die darin vorkommenden, nur von den in (43) definierten Trägerkonstanten abhängigen Beiwerte der Ableitungen der einzelnen Eigenfunktionen mit γ bezeichnet werden, und zwar bedeute z. B. ${}_m\gamma_u^{(n)}$ den Beiwert der n-ten Ableitung der Eigenfunktion u in der m-ten Gleichung; der Zeiger m geht also von I bis IV.

Ferner wollen wir noch einen symbolischen Operator D in der Bedeutung $Du = u^{\mathrm{I}}$, $D^2 u = u^{\mathrm{II}}$ ...und die folgenden linear homogenen Differentialoperatoren Γ einführen:

$$\left.\begin{aligned} {}_m\Gamma_u &= {}_m\gamma_u^{(4)} D^4 + {}_m\gamma_u^{(2)} D^2 + {}_m\gamma_u^{(0)} \\ {}_m\Gamma_v &= {}_m\gamma_v^{(4)} D^4 + {}_m\gamma_v^{(2)} D^2 + {}_m\gamma_v^{(0)} \\ {}_m\Gamma_w &= {}_m\gamma_w^{(3)} D^3 + {}_m\gamma_w^{(1)} D^1 \qquad\qquad (m = \mathrm{I, II, III, IV}) \\ {}_m\Gamma_\beta &= {}_m\gamma_\beta^{(4)} D^4 + {}_m\gamma_\beta^{(2)} D^2 + {}_m\gamma_\beta^{(0)}, \end{aligned}\right\} \tag{49}$$

worin ${}_m\gamma_u^{(0)}$ und ${}_m\gamma_v^{(0)} = 0$ für $m = \mathrm{III, IV}$,

$${}_m\gamma_\beta^{(0)} = 0 \text{ für } m = \mathrm{I, II, III}.$$

Hiemit lassen sich die vier Schwingungsgleichungen in der folgenden endgültigen Form darstellen

$${}_m\Gamma_u\, u + {}_m\Gamma_v\, v + {}_m\Gamma_w\, w + {}_m\Gamma_\beta\, \beta = 0. \quad (m = \mathrm{I, II, III, IV}) \tag{50}$$

Hieraus folgt unmittelbar, daß jede der vier Schwingungskoordinaten u, v, w, β ein und derselben linearen homogenen Differentialgleichung 15. Ordnung mit konstanten Koeffizienten genügen muß, und zwar

$$\begin{vmatrix} {}_{\mathrm{I}}\Gamma_u & {}_{\mathrm{I}}\Gamma_v & {}_{\mathrm{I}}\Gamma_w & {}_{\mathrm{I}}\Gamma_\beta \\ {}_{\mathrm{II}}\Gamma_u & {}_{\mathrm{II}}\Gamma_v & {}_{\mathrm{II}}\Gamma_w & {}_{\mathrm{II}}\Gamma_\beta \\ {}_{\mathrm{III}}\Gamma_u & {}_{\mathrm{III}}\Gamma_v & {}_{\mathrm{III}}\Gamma_w & {}_{\mathrm{III}}\Gamma_\beta \\ {}_{\mathrm{IV}}\Gamma_u & {}_{\mathrm{IV}}\Gamma_v & {}_{\mathrm{IV}}\Gamma_w & {}_{\mathrm{IV}}\Gamma_\beta \end{vmatrix} (u, v, w, \beta) = 0. \tag{51}$$

Die konstanten Beiwerte ${}_m\gamma^{(n)}$ der Gln. (50) (I—IV) sind in der folgenden Liste (54) zusammengestellt; dabei bedeutet

$$\begin{aligned} \alpha_1 &= \varrho_x\, s + \varrho_y\, c \\ \alpha_2 &= \varrho_x\, c - \varrho_y\, s \end{aligned} \tag{52}$$

und es sind der kürzeren Schreibweise wegen noch folgende dimensionslose Hilfswerte eingeführt:

$$\lambda_x = k\left(\frac{i_x}{a}\right)^2,\ \lambda_y = k\left(\frac{i_y}{a}\right)^2,\ \lambda_p = k\left(\frac{i_p}{a}\right)^2,\ \lambda_s = k\,\frac{\varrho_s}{f},$$

$$\nu = \nu_D - k\,\frac{\varrho_s}{f} = \nu_D - \lambda_s. \tag{53}$$

Außerdem wurde zum Zwecke eines vollkommen gleichförmigen Aufbaues des Systems der Gln. (50) und der Differentialoperatoren Γ (Gl. (49)) die Schwingungskoordinate w ersetzt durch $w \equiv w^{*\mathrm{I}}$, womit sich wegen $Dw = w^{*\mathrm{II}} = D^2 w^*$ die Differentialoperatoren ${}_m\Gamma_w = {}_m\gamma_w^{(3)}\, D^3 + {}_m\gamma_w^{(1)}\, D^1$ ($m = \mathrm{I, II, III, IV}$) in die damit gleichwertigen ${}_m\Gamma_{w^*} = {}_m\gamma_{w^*}{}^{(4)}\, D^4 + {}_m\gamma_{w^*}{}^{(2)}\, D^2$ umschreiben lassen.

Beiwerte ${}_m\gamma^{(n)}$ ......(54).

m	n	u	v	w^*	β
	(4)	$\nu_y + 2\varrho_y s + \varrho_s s^2$	$\varrho_x s - \varrho_y c - \varrho_s sc$	$\alpha_1 s + \nu_y c$	$-(\varrho_y + \varrho_s s)$
I	(2)	$\lambda_y - \nu s^2$	$\nu s c$	$-(f - \lambda_y)\, c$	$-(\alpha_2 - \nu_y - \nu)\, s$
	(0)	$f c^2 - k$	$f s c$	0	0
	(4)	$\varrho_x s - \varrho_y c - \varrho_s s c$	$\nu_x - 2\varrho_x c + \varrho_s c^2$	$-(\alpha_1 c - \nu_x s)$	$-(\varrho_x - \varrho_s c)$
II	(2)	$\nu s c$	$\lambda_x - \nu c^2$	$-(f - \lambda_x)\, s$	$(\alpha_2 - \nu_x - \nu)\, c$
	(0)	$f s c$	$f s^2 - k$	0	0
	(4)	$-(\alpha_1 s + \nu_y c)$	$\alpha_1 c - \nu_x s$	$-(f + \nu_x s^2 + \nu_y c^2)$	$+\alpha_1$
III	(2)	$(f - \lambda_y)\, c$	$(f - \lambda_x)\, s$	$-(k + \lambda_x s^2 + \lambda_y c^2)$	$+(\nu_x - \nu_y)\, s c$
	(0)	0	0	0	0
	(4)	$-(\varrho_y + \varrho_s s)$	$-(\varrho_x - \varrho_s c)$	$-\alpha_1$	ϱ_s
IV	(2)	$-(\alpha_2 - \nu_y - \nu)\, s$	$(\alpha_2 - \nu_x - \nu)\, c$	$-(\nu_x - \nu_y)\, s c$	$2\alpha_2 - \nu$
	(0)	0	0	0	$\nu_x c^2 + \nu_y s^2 - \lambda_p$

Aus obiger Liste sind folgende Zusammenhänge der Beiwerte γ abzulesen

$$
\begin{array}{lll}
{}_{\mathrm{I}}\gamma_v^{(n)} = {}_{\mathrm{II}}\gamma_u^{(n)}, & {}_{\mathrm{II}}\gamma_{w^*}^{(n)} = -\,{}_{\mathrm{III}}\gamma_v^{(n)}, & \\
{}_{\mathrm{I}}\gamma_{w^*}^{(n)} = -\,{}_{\mathrm{III}}\gamma_u^{(n)}, & {}_{\mathrm{II}}\gamma_\beta^{(n)} = {}_{\mathrm{IV}}\gamma_v^{(n)}, & (n = 4,\ 2,\ 0) \\
{}_{\mathrm{I}}\gamma_\beta^{(n)} = {}_{\mathrm{IV}}\gamma_u^{(n)}, & {}_{\mathrm{III}}\gamma_\beta^{(n)} = -\,{}_{\mathrm{IV}}\gamma_{w^*}^{(n)}, &
\end{array}
$$

woraus für die in (49) angeschriebenen Differentialoperatoren die Beziehungen folgen

$$
\begin{array}{ll}
{}_{\mathrm{I}}\Gamma_v = {}_{\mathrm{II}}\Gamma_u, & {}_{\mathrm{II}}\Gamma_{w^*} = -\,{}_{\mathrm{III}}\Gamma_v, \\
{}_{\mathrm{I}}\Gamma_{w^*} = -\,{}_{\mathrm{III}}\Gamma_u, & {}_{\mathrm{II}}\Gamma_\beta = {}_{\mathrm{IV}}\Gamma_v, \\
{}_{\mathrm{I}}\Gamma_\beta = {}_{\mathrm{IV}}\Gamma_u, & {}_{\mathrm{III}}\Gamma_\beta = -\,{}_{\mathrm{IV}}\Gamma_{w^*}.
\end{array}
\tag{55}
$$

Die Schwingungsgleichungen (51) lassen sich hiemit in den von 16 Γ-Werten noch übrigbleibenden zehn Γ-Werten in der Form darstellen

$$
\begin{vmatrix}
{}_{\mathrm{I}}\Gamma_u & {}_{\mathrm{II}}\Gamma_u & -\,{}_{\mathrm{III}}\Gamma_u & {}_{\mathrm{IV}}\Gamma_u \\
{}_{\mathrm{II}}\Gamma_u & {}_{\mathrm{II}}\Gamma_v & -\,{}_{\mathrm{III}}\Gamma_v & {}_{\mathrm{IV}}\Gamma_v \\
{}_{\mathrm{III}}\Gamma_u & {}_{\mathrm{III}}\Gamma_v & {}_{\mathrm{III}}\Gamma_{w^*} & -\,{}_{\mathrm{IV}}\Gamma_{w^*} \\
{}_{\mathrm{IV}}\Gamma_u & {}_{\mathrm{IV}}\Gamma_v & {}_{\mathrm{IV}}\Gamma_{w^*} & {}_{\mathrm{IV}}\Gamma_\beta
\end{vmatrix}
(u, v, w^*, \beta) = 0.
\tag{56}
$$

Die Koeffizienten der Determinante (56) sind demnach bezüglich der Hauptdiagonalen abwechselnd symmetrisch und antimetrisch; durch Einführung von w^* erscheint (56) als Differentialgleichung 16. Ordnung.

Die durch u, v, w,* β beschriebenen Eigenschwingungen sind daher *im allgemeinsten Falle durchwegs miteinander gekoppelt.*

Schon in dem Grenzfalle des *geraden* Stabes verlangt die vom Verfasser[1] erledigte allgemeine Untersuchung der dann geltenden, unter (E 1) angeführten Gleichungen, die sich auf eine Grundgleichung 12. Ordnung reduzieren lassen, sehr weitläufige Rechnungen. Es wird daher von einer allgemeinen Untersuchung des Gleichungssystems (56) für den Kreisbogenträger abgesehen und es sollen in den folgenden Abschnitten solche *praktisch wichtige Sonderfälle* behandelt werden, bei denen die besondere Gestalt des Querschnittes, bzw. die besondere Lage der Querschnitt-Hauptachsen in bezug auf die Kreisebene erhebliche Vereinfachungen der Schwingungsgleichungen zur Folge haben, womit eine übersichtliche Darstellung der zugehörigen Frequenzengleichungen und ihre numerische Diskussion ermöglicht wird. Auch diese Sonderfälle haben im Schrifttum bisher entweder überhaupt

---

[1] *K. Federhofer*, Sitz.-Ber. Akad. Wiss. Wien, Abt. IIa, 156 (1948), S. 393–416.

keine oder noch keine erschöpfende Darstellung gefunden. Vorerst seien noch die Ausdrücke für die resultierenden Kräfte und Momente eines Bogenquerschnittes entwickelt, deren Kenntnis bei der mechanischen Deutung der in (48) angegebenen Randbedingungen erforderlich ist.

4. Die resultierenden Kräfte und Momente eines Bogenquerschnittes.

Alle einen Bogenträgerquerschnitt belastenden inneren Kräfte lassen sich in bekannter Weise auf einen in dessen Schwerpunkt S angesetzten resultierenden Kraftvektor und auf ein resultierendes Moment reduzieren. Die Zerlegung dieser beiden Vektoren nach den Hauptachsenrichtungen x y und nach der Bogentangente z liefert die Querkräfte Q_x, Q_y und die Längskraft T, sowie die Biegungsmomente B_x, B_y und das Drehmoment H.

Die Schwingungsgleichungen I—IV bringen zum Ausdruck, daß die an einem Element des Bogenträgers entsprechend dem Ansatze (29) wirkenden inneren Kräfte mit den daran angebrachten Trägheitskräften und deren Momenten nach dem *d'Alembert*'schen Prinzip im Gleichgewichte stehen und ergeben sich daher auch aus den hienach geltenden 6 Gleichgewichtsgleichungen[1], wenn darin die 3 Spannungsmomente und die Längskraft durch die 4 Koordinaten u, v, w, β und deren Ableitungen ausgedrückt und sodann die beiden Querkräfte aus den 6 Gleichungen eliminiert werden.

Es lauten diese Gleichgewichtsgleichungen[2]

$$\left.\begin{array}{ll} Q_x^{\mathrm{I}}+c\,T=-\mu_1\,a\,\omega^2\,u, & B_x^{\mathrm{I}}+cH-aQ_y=\mu_1 a\,i_x^2\,\omega^2(v^{\mathrm{I}}+s\,w), \\ Q_y^{\mathrm{I}}+s\,T=-\mu_1 a\omega^2 v, & B_y^{\mathrm{I}}+s\,H+aQ_x=-\mu_1 a\,i_y^2\,\omega^2(u^{\mathrm{I}}+c\,w), \\ T^{\mathrm{I}}-cQ_x-sQ_y=-\mu_1 a\omega^2 w, & H^{\mathrm{I}}-c\,B_x-s\,B_y=-\mu_1 a\omega^2 i_p^2\beta. \end{array}\right\} \qquad (57)$$

Mit dem Ansatze (29) berechnen sich die Biegungsmomente B_x, B_y für die x- und y-Achse unmittelbar zu

---

[1] Vgl. *A. E. H. Love*, Fußnote 1 auf Seite 4 [Gl. (26) u. (27), S. 456].

[2] Bei Berücksichtigung der Trägheitswirkung infolge der Querschnittsverwölbung ist die rechte Seite der Gl. (57,6) noch zu ergänzen durch das Glied $\mu\,a\,\omega^2\,C_S\,\frac{d^2\,\vartheta}{d\,s^2}$; denn dieses entspricht der Änderung, welche das aus Gl. (41) leicht entnehmbare Moment dieser Trägheitswirkung bei Fortschreiten in der z-Richtung wegen der die Querschnittsverwölbung verursachenden Änderung von $\frac{d\,\vartheta}{ds}$ erfährt. Die Hinzufügung dieses Gliedes kann übrigens, wie aus der Gl. (45) unmittelbar hervorgeht, dadurch erspart werden, daß im Ansatze (61) für das gesamte Drehmoment der Beiwert ν_D durch $\nu_D - k\,\frac{\varrho_S}{f}$ ersetzt wird.

$$B_x = E\,J_x\,(\varkappa_x - \varkappa_{x,\,0}) + E\,R_x\,\frac{d^2 \vartheta}{d s^2},$$

$$B_y = E\,J_y\,(\varkappa_y - \varkappa_{y,\,0}) - E\,R_y\,\frac{d^2 \vartheta}{d s^2},$$

woraus mit Beachtung der Formelgruppe (44) und mit den in (43) eingeführten Abkürzungen die dimensionsfreie Darstellung folgt:

$$\frac{B_x\,a}{E\,J} = -\varrho_x\,(u^{\mathrm{II}}\,s - v^{\mathrm{II}}\,c - \beta^{\mathrm{II}}) - \nu_x\,(v^{\mathrm{II}} + w^{\mathrm{I}}\,s - \beta\,c), \tag{58}$$

$$\frac{B_y\,a}{E\,J} = +\varrho_y\,(u^{\mathrm{II}}\,s - v^{\mathrm{II}}\,c - \beta^{\mathrm{II}}) + \nu_y\,(u^{\mathrm{II}} + w^{\mathrm{I}}\,c + \beta\,s), \tag{59}$$

während die in der z-Richtung wirkende Längskraft T durch

$$\frac{T\,a^3}{E J}\cdot\frac{1}{f} = w^{\mathrm{I}} - u\,c - v\,s \tag{60}$$

ausgedrückt ist.

Um das gesamte Drehmoment H zu erhalten, ersetzen wir in der letzten der 6 Gleichgewichtsgleichungen, die das Drehungsgleichgewicht um die z-Achse zum Ausdruck bringt, die Biegungsmomente durch die in (58) und (59) angegebenen Ausdrücke, womit die Gleichung [50 ($m = \mathrm{IV}$)] entstehen muß. Nach Durchführung dieser Rechnung zeigt sich, daß die zu fordernde Übereinstimmung beider Gleichungen folgenden Ansatz für das gesamte Drehmoment H vorschreibt:

$$\frac{H\,a}{E\,J} = \nu_D\,\vartheta^{\mathrm{I}} - h^*, \tag{61}$$

worin $\nu_D\,\vartheta^{\mathrm{I}}$ das aus der *St. Venant*'schen Drillung bekannte (dimensionslos gemachte) Drehmoment bedeutet, während h^* dem (dimensionslos gemachten) Drehmomente jener zusätzlichen Schubspannungen im Querschnitte entspricht, die infolge der Veränderlichkeit des bezogenen Drillwinkels ϑ^{I} mit der Bogenkoordinate s, bzw. durch Behinderung der Querschnittsverwölbung auftreten; die eben angedeutete, hier in ihren Einzelheiten übergangene Rechnung ergibt

$$h^* = \varrho_s\,\vartheta^{\mathrm{III}} - \varrho_y\,u^{\mathrm{III}} - \varrho_x\,v^{\mathrm{III}} - \alpha_1\,w^{\mathrm{II}} + \alpha_2\,\beta^{\mathrm{I}}. \tag{62}$$

Um den Vergleich mit dem hiefür beim *geraden* Stab von *R. Kappus*[1] gefundenen Zusatzdrehmoment deutlich zu machen, bringen wir Gl. (61) mit Beachtung von (62) und (43) auf die Form

[1] Vgl. Fußnote 1 auf S. 13.

$$H = G J_D \frac{d\vartheta}{ds} - E\left[C_S \frac{d^3\vartheta}{ds^3} - R_y \frac{d^3u}{ds^3} - R_x \frac{d^3v}{ds^3} - \right.$$
$$\left. - \frac{1}{a}(R_x s + R_y c)\frac{d^2 w}{ds^2} + \frac{1}{a}(R_x c - R_y s)\frac{d\beta}{ds}\right], \tag{63}$$

worin wieder das Bogenelement $ds = a\,d\varphi$ eingeführt wurde und unter u, v, w die wirklichen Verschiebungen eines Punktes der Bogenachse an der Stelle s nach den Achsenrichtungen x, y, z zu verstehen sind. Da für den geraden Stab mit $a \longrightarrow \infty$ gemäß (44) $\vartheta \equiv \beta$ wird, so folgt aus (63) mit $ds \equiv dz$ übereinstimmend mit *R. Kappus*

$$H = G J_D \frac{d\beta}{dz} - E\left(C_S \frac{d^3\beta}{dz^3} - R_y \frac{d^3u}{dz^3} - R_x \frac{d^3v}{dz^3}\right). \tag{64}$$

Es stellt mithin Gl. (63) die beim *kreisförmig gekrümmten Stab* mit beliebiger Querschnittsform notwendige Erweiterung des für den *geraden* Stab gültigen Ansatzes[1] für das gesamte auf den Schwerpunkt S bezogene Drehmoment dar.

Zu Kontrollzwecken wurden aus den übrigen fünf Gleichgewichtsgleichungen (57) des mit den Trägheitskräften belasteten Bogenträgerelementes die beiden Schubkräfte Q_x, Q_y beseitigt; bei Benutzung des in (62) gefundenen Ansatzes für das Zusatzdrehmoment wurden die Schwingungsgleichungen [(50), $m =$ I—III] bestätigt.

5. Die Randbedingungen.

Die in (48) allgemein angeschriebenen Randbedingungen lassen sich mit den in der Einleitung zu (B, 3) erklärten und in der Formelgruppe (54) im einzelnen angegebenen γ-Beiwerten durch die folgenden, den beiden Bogenenden ($\varphi = 0$, $\varphi = \varphi_1$) vorgeschriebenen Bedingungsgleichungen explizit darstellen:

---

[1] Während der Drucklegung dieses Buches erschien eine Arbeit von *Sverre E. Kindem*, Biegung, Drehung und Knickung gerader Stäbe mit offenem Profil, Trondheim 1949, worin u. a. festgestellt wird, daß die Normalspannungen bei offenen Profilen einen in der Gl. (64) nicht berücksichtigten Beitrag zur Drehungssteifigkeit liefern, der vor allem bei sehr dünnwandigen Querschnitten zur Geltung kommt und dadurch berücksichtigt werden kann, daß in (64) und daher auch in Gl. (63) die St. Venant'sche Torsionssteifigkeit $G J_D$ durch eine „ideelle Torsionssteifigkeit" nach Gl. (38) der angeführten Arbeit ersetzt wird, die dem Einflusse der Axialkraft und der Biegemomente des Querschnittes Rechnung trägt.

$$\{\delta u^{\mathrm{I}}\,[{}_{\mathrm{I}}\gamma_u^{(4)}\,u^{\mathrm{II}} + {}_{\mathrm{I}}\gamma_v^{(4)}\,v^{\mathrm{II}} + {}_{\mathrm{I}}\gamma_w^{(3)}\,w^{\mathrm{I}} + {}_{\mathrm{I}}\gamma_\beta^{(4)}\,\beta^{\mathrm{II}} - (\alpha_2\, s - \nu_y\, s)\,\beta]\}_0^{\varphi_1} = 0,$$

$$\{\delta u\,[{}_{\mathrm{I}}\gamma_u^{(4)}\,u^{\mathrm{III}} + {}_{\mathrm{I}}\gamma_v^{(4)}\,v^{\mathrm{III}} + {}_{\mathrm{I}}\gamma_w^{(3)}\,w^{\mathrm{II}} + {}_{\mathrm{I}}\gamma_\beta^{(4)}\,\beta^{\mathrm{III}} - (\alpha_2\, s - \nu_y\, s)\,\beta^{\mathrm{I}} + \\ + \nu\,(\beta^{\mathrm{I}} - u^{\mathrm{I}}\, s + v^{\mathrm{I}}\, c)\, s + \lambda_y\,(u^{\mathrm{I}} + w c)]\}_0^{\varphi_1} = 0,$$

$$\{\delta v^{\mathrm{I}}\,[{}_{\mathrm{II}}\gamma_u^{(4)}\,u^{\mathrm{II}} + {}_{\mathrm{II}}\gamma_v^{(4)}\,v^{\mathrm{II}} + {}_{\mathrm{II}}\gamma_w^{(3)}\,w^{\mathrm{I}} + {}_{\mathrm{II}}\gamma_\beta^{(4)}\,\beta^{\mathrm{II}} + (\alpha_2\, c - \nu_x\, c)\,\beta]\}_0^{\varphi_1} = 0,$$

$$\{\delta v\,[{}_{\mathrm{II}}\gamma_u^{(4)}\,u^{\mathrm{III}} + {}_{\mathrm{II}}\gamma_v^{(4)}\,v^{\mathrm{III}} + {}_{\mathrm{II}}\gamma_w^{(3)}\,w^{\mathrm{II}} + {}_{\mathrm{II}}\gamma_\beta^{(4)}\,\beta^{\mathrm{III}} + (\alpha_2\, c - \nu_x\, c)\,\beta^{\mathrm{I}} - \\ - \nu\,(\beta^{\mathrm{I}} - u^{\mathrm{I}}\, s + v^{\mathrm{I}}\, c)\, c + \lambda_x\,(v^{\mathrm{I}} + w s)]\}_0^{\varphi_1} = 0,$$

$$\{\delta w\,[f\varepsilon_0 - (\varrho_x\, s + \varrho_y\, c)\,(\beta^{\mathrm{II}} - u^{\mathrm{II}}\, s + v^{\mathrm{II}}\, c) + \nu_x\, s\,(w^{\mathrm{I}}\, s - \beta c + v^{\mathrm{II}}) + \\ + \nu_y\, c\,(w^{\mathrm{I}}\, c + \beta s + u^{\mathrm{II}})]\}_0^{\varphi_1} = 0,$$

$$\{\delta \beta^{\mathrm{I}}\,[{}_{\mathrm{IV}}\gamma_u^{(4)}\,u^{\mathrm{II}} + {}_{\mathrm{IV}}\gamma_v^{(4)}\,v^{\mathrm{II}} + {}_{\mathrm{IV}}\gamma_w^{(3)}\,w^{\mathrm{I}} + {}_{\mathrm{IV}}\gamma_\beta^{(4)}\,\beta^{\mathrm{II}} + \alpha_2\,\beta]\}_0^{\varphi_1} = 0,$$

$$\{\delta \beta\,[{}_{\mathrm{IV}}\gamma_u^{(4)}\,u^{\mathrm{III}} + {}_{\mathrm{IV}}\gamma_v^{(4)}\,v^{\mathrm{III}} + {}_{\mathrm{IV}}\gamma_w^{(3)}\,w^{\mathrm{II}} + {}_{\mathrm{IV}}\gamma_\beta^{(4)}\,\beta^{\mathrm{III}} + \alpha_2\,\beta^{\mathrm{I}} - \\ - \nu(\beta^{\mathrm{I}} - u^{\mathrm{I}}\, s + v^{\mathrm{I}}\, c)]\}_0^{\varphi_1} = 0,$$

worin nach (53_5) $\nu = \nu_D - \lambda_s$.

Diese noch wenig übersichtlichen Randbedingungsgleichungen erhalten bei Beachtung der in (B, 4) dargestellten Zusammenhänge der 6 Schnittgrößen eines Querschnittes mit den Formänderungsgrößen u, v, w, β folgende einfache Form:

$$\left.\begin{aligned} &\left\{\delta u^{\mathrm{I}}\left[\frac{B_y\, a}{EJ} - s\int h^*\, d\varphi\right]\right\}_0^{\varphi_1} = 0, \quad \left\{\delta v^{\mathrm{I}}\left[-\frac{B_x\, a}{EJ} + c\int h^*\, d\varphi\right]\right\}_0^{\varphi_1} = 0, \\ &\left\{\delta u\left[\frac{a^2 Q_x}{EJ}\right]\right\}_0^{\varphi_1} = 0, \quad \left\{\delta v\left[\frac{a^2}{EJ}\, Q_y\right]\right\}_0^{\varphi_1} = 0, \\ &\left\{\delta w\left[\frac{T f}{EF} + \frac{a}{EJ}\,(B_y\, c - B_x s)\right]\right\}_0^{\varphi_1} = 0, \quad \left\{\delta \beta^{\mathrm{I}}\,\left[\int h^*\, d\varphi\right]\right\}_0^{\varphi_1} = 0, \\ &\left\{\delta \beta\left[\frac{a}{EJ}\, H\right]\right\}_0^{\varphi^1} = 0. \end{aligned}\right\} \quad (65)$$

Sind den beiden Bogenenden als geometrische Randbedingungen bestimmte Werte vorgeschrieben für die Verschiebungen (u, v, w), für den Drillwinkel ϑ (und damit gemäß 44_4 auch für den Winkel β), sowie für die Biegewinkel

$$M_k = \frac{dv}{ds} + w\,\frac{s}{a},\; L_k = \frac{du}{ds} + w\,\frac{c}{a}$$

und schließlich für die Querschnittsverwölbung ϑ^{I} (und daher auch für β^{I}), so sind die Variationen δu, δv, δw, $\delta\beta$, δu^{I}, δv^{I}, $\delta\beta^{\mathrm{I}}$, gleich Null zu setzen, womit obigen Randbedingungen vollständig entsprochen wird.

Für einen frei verschieblichen und frei verdrehbaren Randquerschnitt ohne Wölbbehinderung liefern hingegen die gleich Null gesetzten

Ausdrücke in den eckigen Klammern obiger Gleichungen die zugehörigen dynamischen Randbedingungen; das nach der vorletzten dieser Gleichungen bedingte Verschwinden des Integrals $\int h^* \, d\varphi$ — welches die frei zugelassene Verwölbung dieses Querschnittes ausdrückt — hat aber das Verschwinden der beiden Biegungsmomente und hiemit auch der Längskraft T zur Folge, so daß — da auch $Q_x = 0$, $Q_y = 0$ und $H = 0$ wird — diese Randbedingungsgleichungen dann die vollkommene Kräftefreiheit des betreffenden Randes zum Ausdrucke bringen. Obige Gleichungen können auch zur Entwicklung der Übergangsbedingungen bei kontinuierlichen Bogenträgern herangezogen werden, worauf jedoch hier nicht eingegangen wird; solche Fälle sollen in einer späteren eigenen Schrift im einzelnen untersucht werden, in der auch jene Erweiterung der hier vorgetragenen Schwingungstheorie behandelt werden soll, die bei Vorhandensein von Aussteifungen zum Zwecke der Erhaltung der aus Einzelprofilen zusammengesetzten Querschnittsform erforderlich ist, wobei eine mehr oder minder wölbungsverhindernde Wirkung ausgeübt wird.[1]

6. Wölbmomente, Wölbwiderstand, Schubmittelpunkt.

Für die praktisch im Stahlbau verwendeten dünnwandigen, offenen Profile kann die Profilmittellinie genügend genau durch einen einfach oder mehrfach geknickten Geradlinienzug ersetzt werden. Für ein Geradenstück des Profiles von der konstanten Dicke t_{ik} und Länge Δs_{ik} (Abb. 3) ist gemäß (32b) Φ_s linear über die Profilmittellinie verteilt und es ist

$$\int_i^k \varphi_S \, y \, dF = \frac{\Delta s_{ik} \cdot t_{ik}}{6} \left[2 (\varphi_S)_i \, y_i + (\varphi_S)_i \, y_k + (\varphi_S)_k \, y_i + 2 (\varphi_S)_k \, y_k\right],$$

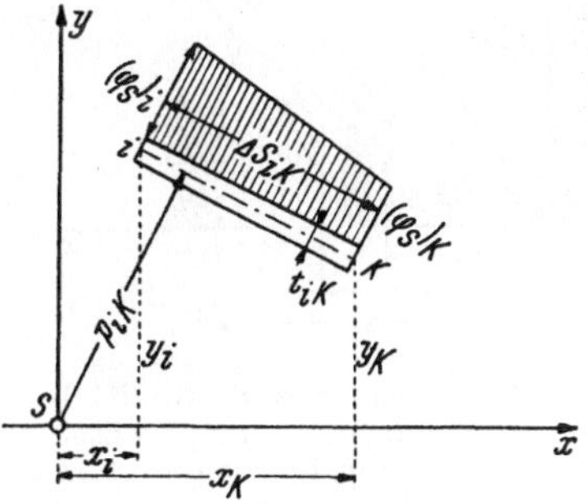

Abb. 3. Verteilung der Einheitsverwölbung φ_S längs einer geraden Profilmittellinie i, k bei konstanter Profildicke t_{ik}.

[1] Die hier bestehenden elastostatischen Zusammenhänge für den doppeltsymmetrischen I-Querschnitt wurden systematisch erforscht von *H. Nylander*, „Die Einwirkung von Aussteifungen auf die Drehungsvorgänge und gebundene Kippung im elastischen Bereich bei geraden Trägern mit konstantem, doppeltsymmetrischem I-Querschnitt"; Dissertation, Kgl. Techn. Hochschule Stockholm 1942.

$$\int_i^k \varphi_S\, x\, dF = \frac{\Delta s_{ik} \cdot t_{ik}}{6} [2 (\varphi_S)_i\, x_i + (\varphi_S)_i\, x_k + (\varphi_S)_k\, x_i + 2 (\varphi_S)_k\, x_k], \quad (66)$$

$$\int_i^k \varphi_S^2\, dF = \frac{\Delta s_{ik} \cdot t_{ik}}{3} [(\varphi_S)^2_i + (\varphi_S)_i (\varphi_S)_k + (\varphi_S)_k^2],$$

so daß durch algebraische Summation über alle Geradenstücke des Profiles die beiden Wölbmomente R_x, R_y und der Wölbwiderstand tabellarisch berechnet werden können. Für Punktsymmetrie (z. B. ⌉_ Profil mit gleichen Flanschen) und für Doppelsymmetrie bezüglich der x- und y-Achse verschwindet R_{Sx} und R_{Sy}; bei einfacher Symmetrie bezüglich der x bzw. y-Achse verschwindet R_y bzw. R_x und es genügt bei der Berechnung der von Null verschiedenen Werte R_x bzw. R_y und von C_S die Summation über die Profilhälfte und Verdoppelung des Ergebnisses.

Wird anstatt des Schwerpunktes S ein beliebiger anderer Punkt $P(x_P, y_P)$ als Bezugspunkt (Drillruhepunkt) gewählt, so unterscheiden sich die zugehörigen Einheitsverwölbungen des Punktes B der Profilmittellinie nach der folgenden Rechnung nur um linear von x, y abhängige Beträge.

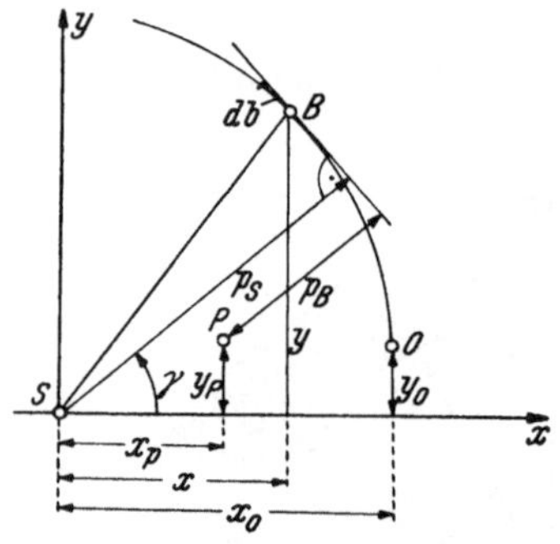

Abb. 4. Gekrümmte Profilmittellinie mit Querschnittshauptachsen in S und neuem Bezugspunkt P.

Schließt der Normalabstand p_S (Abb. 4) des Schwerpunktes S von der Profiltangente im Punkte B mit der x-Achse den Winkel γ ein und ist p_P der Normalabstand des neuen Bezugspunktes P von der gleichen Tangente, so gilt

$$p_P = p_S - x_P \cos\gamma - y_P \sin\gamma$$

und mit db als Bogenelement der Profilmittellinie

$$db \sin\gamma = -dx, \quad db \cos\gamma = dy,$$

so daß gemäß (32b)

$$\Phi_P = \Phi_S - x_P\, y + y_P\, x + (x_P\, y_0 - y_P\, x_0), \quad (67)$$

worin x_0, y_0 die Koordinaten des Anfangspunktes O der Profilmittellinie bedeuten.

Wegen $(\varphi_S)_0 = \frac{1}{F} \int^F \Phi_S\, dF$ und $(\varphi_P)_0 = \frac{1}{F} \int^F \Phi_P\, dF$

folgt aus (67) $(\varphi_P)_0 = (\varphi_S)_0 + (x_P\, y_0 - y_P\, x_0)$,
so daß sich mit den nach (33) gültigen Ansätzen

$$\varphi_P = (\varphi_P)_0 - \Phi_P,$$
$$\varphi_S = (\varphi_S)_0 - \Phi_S$$

unter Bedachtnahme auf (67)

$$\varphi_P = \varphi_S + x_P\, y - y_P\, x \qquad (68)$$

ergibt.

Hiemit lassen sich bei Wahl des beliebigen Bezugspunktes P die folgenden Reduktionsformeln für die beiden Wölbmomente und für den Wölbwiderstand in bezug auf P unmittelbar hinschreiben

$$\left.\begin{aligned} R_{P,\,x} &= \int^F \varphi_P\, y\, dF = R_{S,\,x} + J_x\, x_P, \\ R_{P,\,y} &= \int^F \varphi_P\, x\, dF = R_{S,\,y} - J_y\, y_P, \\ C_P &= C_S + J_x\, x_P^2 + J_y\, y_P^2 + 2\, R_x\, x_P - 2\, R_y\, y_P. \end{aligned}\right\} \qquad (69)$$

Während die Wölbmomente bei Änderung des Bezugspunktes einem Vorzeichenwechsel unterliegen können, trifft dies beim Wölbwiderstand seiner Definition gemäß nicht zu; trägt man den einem Koordinatenpaar $(x_P,\, y_P)$ nach (69_3) entsprechenden Wert von C_P im jeweiligen Bezugspunkte P senkrecht zum Querschnitt auf, so liegen die Endpunkte dieser Ordinaten auf einem elliptischen Paraboloid (da J_x und J_y positiv), und es ergibt sich für dessen Scheitel P^* $(x_{P*},\, y_{P*})$ der *kleinste* Wölbwiderstand C_{P*}.

Aus $\dfrac{\partial C_P}{\partial x_P} = 0$, $\dfrac{\partial C_P}{\partial y_P} = 0$ folgt

$$\left.\begin{aligned} x_{P*} &= -\frac{R_x}{J_x}, \\ y_{P*} &= +\frac{R_y}{J_y}. \end{aligned}\right\} \qquad (70)$$

Dies sind aber — wie sogleich gezeigt werden wird — die Koordinaten des Schubmittelpunktes M des Querschnittes, so daß $P^* \equiv M$ und zufolge (70) und (69)

$$C_{P,\,\min} \equiv C_M = C_S + R_x\, x_M - R_y\, y_M \qquad (71)$$

wird. Dieser kleinstmögliche Wölbwiderstand sinkt nur beim streng wölbfreien Kreis- und Kreisringquerschnitt auf den Wert Null ab. Es sind aber gewisse dünnwandige offene Querschnittsformen dadurch ausgezeichnet, daß sie bei der Drillung nur vernachlässigbar kleine Verwölbungen innerhalb ihrer Wanddicken erfahren, so daß auch hier $C_M = 0$ zu setzen ist; solche Querschnitte werden nach *E. Chwalla*[1] als „quasi-wölbfreie" benannt.

Bei allen doppelt-symmetrischen Querschnitten fällt der Schubmittelpunkt M mit dem Schwerpunkt S zusammen, d. h. es ist $x_M = y_M = 0$; es kann indessen dieses Zusammenfallen auch bei einfachsymmetrischen Querschnitten durch passende Wahl der Querschnittsabmessungen erreicht werden, man nennt sie dann nach *Chwalla*[1] einfach-symmetrische „Sonderquerschnitte". Beide Fälle haben nicht unerhebliche Vereinfachungen der Schwingungsgleichungen zur Folge, auf welche im Abschnitte D noch näher eingegangen wird.

Um die Bedeutung des durch (70) festgelegten Bezugspunktes P^* als Schubmittelpunkt M des Querschnittes eines Bogenträgers zu erkennen, brauchen wir nur nachzuweisen, daß die Koppelung von Biegung und Torsion, wie sie bei Wahl des Querschnittspunktes S als Bezugspunkt durch die Gln. (58), (59), (61) und (62) für die beiden Biegungsmomente und das auf S bezogene Drehmoment H dargestellt ist, für diese besondere Lage des Bezugspunktes P^* vollkommen aufgehoben wird; die Verbiegungen erfolgen dann drillfrei, so daß die elastostatischen Grundbeziehungen für die 3 Größen B_x, B_y, H voneinander vollkommen unabhängig werden. Zum Zwecke dieses Nachweises gehen wir von der Erwägung aus, daß die räumliche Verformung eines Bogenträgers, dessen Querschnittsgestalt erhalten bleiben soll, anstatt durch die Angabe der beiden ∞ kleinen Verschiebungen u_S, v_S des Schwerpunktes und des ∞ kleinen Drehwinkels β auch durch die Verschiebungskomponenten u_P, v_P eines *beliebigen* Querschnittspunktes (mit den Koordinaten x, y) und durch den Drehwinkel β festgelegt werden kann. Wird der Querschnitt um u_S, v_S verschoben, wobei S nach S^* gelangt, und sodann um S^* um den kleinen Winkel β gedreht, so gelangt der Punkt P des Querschnittes von P nach P^* und hat dabei die Verschiebungswege

$$\left.\begin{aligned} u_P &= u_S - \eta\,\beta, \\ v_P &= v_S + \xi\,\beta \end{aligned}\right\} \tag{a}$$

in der x- und y-Richtung zurückgelegt. Darin bedeuten $\xi = \dfrac{x}{a}$,

[1] *E. Chwalla*, Sitz.-Ber. Akad. Wiss. Wien, Abt. IIa, 153 (1944), S. 25.

$\eta = \frac{y}{a}$ die auf den Bogenhalbmesser a reduzierten (homogenen) Koordinaten des Punktes P, deren Einführung notwendig ist, weil auch unter u, v wie bisher die durch a dividierten, also dimensionslosen Verschiebungen verstanden werden sollen.

Die durch (58) und (59) dargestellten Beziehungen für die beiden Biegungsmomente B_x, B_y gehen damit über in

$$\frac{B_x a}{EJ} = -\varrho_x [s u_P^{II} - c v_P^{II} + \beta^{II}(s\eta + c\xi - 1)] - \nu_x [v_P^{II} - \xi \beta^{II} + w^I s - \beta c],$$

$$\frac{B_y a}{EJ} = +\varrho_y [s u_P^{II} - c v_P^{II} + \beta^{II}(s\eta + c\xi - 1)] + \nu_y [u_P^{II} + \eta \beta^{II} + w^I c + \beta s].$$

Bei torsionsfreier Biegung müssen aber die Gleichungen

$$\left.\begin{aligned} \frac{B_x a}{EJ} &= -\nu_x (v_P^{II} + w^I s - \beta c), \\ \frac{B_y a}{EJ} &= +\nu_y (u_P^{II} + w^I c + \beta s) \end{aligned}\right\} \qquad \text{(b)}$$

gelten. Der Punkt P muß demnach eine solche Lage haben, daß

$$\left.\begin{aligned} &-\varrho_x [s u_P^{II} - c v_P^{II} + \beta^{II}(s\eta + c\xi - 1)] + \nu_x \xi \beta^{II} = 0 \quad \text{und} \\ &+\varrho_y [s u_P^{II} - c v_P^{II} + \beta^{II}(s\eta + c\xi - 1)] + \nu_y \eta \beta^{II} = 0; \end{aligned}\right\} \qquad \text{(c)}$$

aus diesen in β^{II} und $(s u_P^{II} - c v_P^{II})$ homogenen Gleichungen folgt unmittelbar

$$\nu_x \varrho_y \xi + \nu_y \varrho_x \eta = 0 \qquad \text{(d)}$$

als erste Bedingungsgleichung, der die reduzierten Koordinaten ξ, η von P bei drillfreier Verbiegung genügen müssen. Für das auf S bezogene Drehmoment H gilt nach (61), (62) mit Eintragung der Ansätze (a)

$$\frac{H a}{EJ} = \nu_D \vartheta^I - [\varrho_s \vartheta^{III} - \varrho_y (u_P^{III} + \eta \beta^{III}) - \varrho_x (v_P^{III} - \xi \beta^{III}) - \alpha_1 w^{II} + \alpha_2 \beta^I]. \qquad \text{(e)}$$

Nun folgt aber aus (b):

$$v_P^{III} = -\frac{B_x^I a}{EJ \nu_x} - w^{II} s + \beta^I c,$$

wofür wegen der Gleichgewichtsgleichung (57_4) auch

$$v_P^{III} = -\frac{a}{EJ \nu_x}(a Q_y - cH) - w^{II} s + \beta^I c$$

gesetzt werden kann. Analog findet man

$$u_P^{\mathrm{III}} = -\frac{a}{EJ\,\nu_y}(a\,Q_x + s H) - w^{\mathrm{II}} c - \beta^{\mathrm{I}} s.$$

Hiemit geht (e) bei Beachtung von (52) zunächst über in

$$\frac{H a}{EJ} = \nu_D \,\vartheta^{\mathrm{I}} - \varrho_s \,\vartheta^{\mathrm{III}} + \beta^{\mathrm{III}}(\varrho_y \eta - \varrho_x \xi) - \frac{a^2}{EJ}\Big(\frac{Q_x \varrho_y}{\nu_y} + \frac{Q_y \varrho_x}{\nu_x}\Big) +$$
$$+ \frac{a H}{EJ}\Big(\frac{c\,\varrho_x}{\nu_x} - \frac{s\,\varrho_y}{\nu_y}\Big). \tag{f}$$

Für die bezogene Änderung ϑ^{I} des Drillwinkels ergibt sich aus (44_5) mit Eintragung der Ansätze (a)

$$\vartheta^{\mathrm{I}} = \beta^{\mathrm{I}}(1 - s\,\eta - c\,\xi) - s\,u_P^{\mathrm{I}} + c\,v_P^{\mathrm{I}},$$

womit nach zweimaliger Differentiation und Verwertung der beiden Bedingungsgleichungen (c) die einfachen Zusammenhänge

$$\varrho_y \,\vartheta^{\mathrm{III}} = \nu_y\, \eta\, \beta^{\mathrm{III}}, \quad \varrho_x \,\vartheta^{\mathrm{III}} = -\,\nu_x\, \xi\, \beta^{\mathrm{III}}$$

gewonnen werden; ihre Eintragung in (f) liefert

$$\nu_D \,\vartheta^{\mathrm{I}} - \Big(\varrho_s - \frac{\varrho_y^2}{\nu_y} - \frac{\varrho_x^2}{\nu_x}\Big)\vartheta^{\mathrm{III}} = \frac{aH}{EJ}\Big(1 - c\,\frac{\varrho_x}{\nu_x} + s\,\frac{\varrho_y}{\nu_y}\Big) +$$
$$+ \frac{a^2}{EJ}\Big(Q_x\,\frac{\varrho_y}{\nu_y} + Q_y\,\frac{\varrho_x}{\nu_x}\Big). \tag{g}$$

Für die biegungsfreie Drillung muß der Angriffspunkt der aus Q_x, Q_y zusammengesetzten Querkraft im Drillruhepunkt liegen, der nach *C. Weber*[1] identisch mit dem Schubmittelpunkt M ist, d. h. es muß in Gleichung (g) der letzte Summand übereinstimmen mit dem durch Verschiebung der Querkraft aus dem Schwerpunkt nach dem Bezugspunkt P hinzutretenden Reduktionsmomente und es muß ferner der Faktor von ϑ^{III} gleich sein dem auf den Bezugspunkt $P \equiv M$ „reduzierten" Wölbwiderstand. Dieser Forderung und der Bedingungsgleichung (d) wird ersichtlich entsprochen durch

$$\frac{\varrho_x}{\nu_x} = -\,\xi_M, \quad \frac{\varrho_y}{\nu_y} = +\,\eta_M \tag{h}$$

[1] *C. Weber*, Z. angew. Math. Mech. 6 (1926), S. 85.

in Übereinstimmung mit den Gln. (70), wenn sie auf die reduzierten Koordinaten von M bei Benutzung der in (43) eingeführten Beiwerte $\varrho_x, \varrho_y, \nu_x, \nu_y$ umgeschrieben werden.

Hiemit erhält die Gleichung (g) ihre endgültige Form[1]

$$\nu_D\, \vartheta^{\mathrm{I}} - \varrho_M\, \vartheta^{\mathrm{III}} = \frac{a}{EJ}\, H\,(1 + c\,\xi_M + s\,\eta_M) + \frac{a^2}{EJ}\,(Q_x\,\eta_M - Q_y\,\xi_M). \tag{i}$$

Eine getrennte Berechnung der beiden Verschiebungen u_M, v_M und des Drillwinkels ϑ auf Grund der Gleichungen (b) und (i) ist freilich nur dann möglich, wenn auch die jeweiligen diesen 3 Gleichungen zugeordneten Randbedingungen eine solche Entkoppelung zulassen.

C. Sonderfall des Kreisbogenträgers mit einfach-symmetrischem Querschnitte, dessen eine Hauptachse in der Kreisebene liegt.

Die Schwingungsgleichungen für diesen in den technischen Anwendungen zumeist vorliegenden Sonderfall fallen verschieden aus, je nachdem die Symmetrieachse des Querschnittes mit der in die Kreisebene gelegten x-Achse zusammenfällt (Fall a) oder auf ihr senkrecht steht (Fall b).

Fall a: Die Symmetrieachse des Querschnittes liegt in der Kreisebene.

Wegen des Zusammenfallens der Symmetrieachse mit der x-Achse ist $R_y = 0$, mithin $\underline{\varrho_y = 0}$; da auch $\alpha = 0$ ist, so gilt weiters nach (52):

$$\underline{\alpha_1 = 0, \ \alpha_2 = \varrho_x.}$$

Die Beiwerte ${}_m\gamma^{(n)}$ betragen daher im Falle (a) nach (54):

[1] Das Hinzutreten des rechts von H stehenden Faktors erklärt sich daraus, daß hier die räumliche Biegung und Drillung der durch M gehenden kreisförmigen Längsfaser des Bogenträgers beschrieben wird, der im ursprünglichen Zustande ein Kreishalbmesser $a\,(1 + c\,\xi_M + s\,\eta_M)$ zugehört.

Beiwerte ${}_m\gamma^{(n)}$ (72)

m	n	u	v	w^*	β
	(4)	ν_y	0	ν_y	0
I	(2)	λ_y	0	$-(f-\lambda_y)$	0
	(0)	$f-k$	0	0	0
	(4)	0	$\nu_x - 2\varrho_x + \varrho_s$	0	$-(\varrho_x - \varrho_s)$
II	(2)	0	$\lambda_x - \nu$	0	$+(\varrho_x - \nu_x - \nu)$
	(0)	0	$-k$	0	0
	(4)	$-\nu_y$	0	$-(f+\nu_y)$	0
III	(2)	$f-\lambda_y$	0	$-(k+\lambda_y)$	0
	(0)	0	0	0	0
	(4)	0	$-(\varrho_x - \varrho_s)$	0	ϱ_s
IV	(2)	0	$+(\varrho_x - \nu_x - \nu)$	0	$+2\varrho_x - \nu$
	(0)	0	0	0	$\nu_x - \lambda_p$

Obige Tabelle zeigt, daß nun von den durch die Gln. (49) definierten Γ-Operatoren die nachstehenden verschwinden:

$$
{}_{\mathrm{I}}\Gamma_v \qquad {}_{\mathrm{I}}\Gamma_\beta \qquad {}_{\mathrm{III}}\Gamma_v \qquad {}_{\mathrm{III}}\Gamma_\beta
$$
$$
{}_{\mathrm{II}}\Gamma_u \qquad {}_{\mathrm{II}}\Gamma_{w^*} \qquad {}_{\mathrm{IV}}\Gamma_u \qquad {}_{\mathrm{IV}}\Gamma_{w^*}
$$

Die Schwingungsgleichungen (56) lauten daher im *Falle a*

$$
\begin{vmatrix}
{}_{\mathrm{I}}\Gamma_u & 0 & -{}_{\mathrm{III}}\Gamma_u & 0 \\
0 & {}_{\mathrm{II}}\Gamma_v & 0 & {}_{\mathrm{IV}}\Gamma_v \\
{}_{\mathrm{III}}\Gamma_u & 0 & {}_{\mathrm{III}}\Gamma_{w^*} & 0 \\
0 & {}_{\mathrm{IV}}\Gamma_v & 0 & {}_{\mathrm{IV}}\Gamma_\beta
\end{vmatrix}
(u, v, w^*, \beta) = 0, \qquad (73)
$$

woraus folgt

$$
\{{}_{\mathrm{I}}\Gamma_u \cdot {}_{\mathrm{III}}\Gamma_{w^*} + ({}_{\mathrm{III}}\Gamma_u)^2\}\ (u, w^*) = 0, \qquad (73\mathrm{a})
$$

und

$$
\{{}_{\mathrm{II}}\Gamma_v \cdot {}_{\mathrm{IV}}\Gamma_\beta - ({}_{\mathrm{IV}}\Gamma_v)^2\}\ (v, \beta) = 0. \qquad (73\mathrm{b})
$$

Es tritt demnach eine vollständige Entkoppelung der durch u, w^* beschriebenen *Biegungs-Dehnungsschwingungen in der Kreisebene* (Hauptebene) und der durch v, β beschriebenen *Biegungs-Torsionsschwingungen* *senkrecht zur Hauptebene* ein; jede der beiden Schwingungsgruppen genügt nach (73) einer Differentialgleichung 8. Ordnung. Mit den hier geltenden Sonderwerten von γ ergibt sich aus (49) mit Beachtung der vorstehenden γ-Tabelle:

$$\left.\begin{aligned}
&{}_{\mathrm{I}}\Gamma_u = \nu_y D^4 + \lambda_y D^2 + f - k, \\
&{}_{\mathrm{III}}\Gamma_u = -\nu_y D^4 + (f - \lambda_y) D^2, \quad {}_{\mathrm{III}}\Gamma_{w*} = -(f + \nu_y) D^4 - (k + \lambda_y) D^2, \\
&{}_{\mathrm{II}}\Gamma_v = (\nu_x - 2\varrho_x + \varrho_s) D^4 + (\lambda_x - \nu) D^2 - k \\
&{}_{\mathrm{IV}}\Gamma_v = -(\varrho_x - \varrho_s) D^4 + (\varrho_x - \nu_x - \nu) D^2, \\
&\qquad {}_{\mathrm{IV}}\Gamma_\beta = \varrho_s D^4 + (2\varrho_x - \nu) D^2 + (\nu_x - \lambda_p).
\end{aligned}\right\} \tag{74}$$

Wird bei der expliziten Darstellung der Schwingungsgleichung (73a) das willkürlich wählbare Vergleichsträgheitsmoment J gleich J_y gewählt, womit nach der dritten der Formeln (43) $\nu_y = 1$ wird, so ergibt sich aus (73a) — wenn darin für $w^{*\mathrm{I}}$ wieder der Wert w eingetragen und beachtet wird, daß ihre Partikularlösung $w = C$ eine Drehung des starren Bogens in der Kreisebene um seinen Mittelpunkt darstellt, — die Grundgleichung für die

Biegungs-Dehnungsschwingungen in der Kreisebene

in der folgenden expliziten Form[1]

$$w^{\mathrm{VI}} + [2 + \lambda_y + \frac{k}{f}]\, w^{\mathrm{IV}} + [1 - \{k - 2\lambda_y + \frac{k}{f}(1 - \lambda_y)\}]\, w^{\mathrm{II}} + \\ + (k + \lambda_y)(1 - \frac{k}{f})\, w = 0. \tag{75a}$$

Eine ebensolche Gleichung 6. Ordnung besteht für die Schwingungskoordinate u.

Da $\frac{1}{f} = \frac{J_y}{Fa^2} = \frac{i_y^2}{a^2} = \frac{\lambda_y}{k}$, so ließen sich die Koeffizienten von (75a) noch weiter vereinfachen, wovon aber abgesehen wurde, um die Herkunft der einzelnen Teile dieser Koeffizienten klar hervortreten zu lassen; die mit $\frac{1}{f}$ versehenen Anteile sind auf die Berücksichtigung der Achsdehnung des Bogens zurückzuführen, während die Glieder mit λ_y ihre

[1] Mit der Annahme einer dehnungslosen Bogenachse (d. h. mit $^1/_f = 0$) wurde diese Gleichung sowohl aus den für *Fall a* unmittelbar aufgestellten Bewegungsgleichungen als auch nach der Energiemethode abgeleitet von *K. Federhofer*, Ing.-Arch. 4, 1933, S. 110 und 276.

Entstehung dem Einflusse der Drehungsträgheit verdanken. Beide Einflüsse sind an sich von gleicher Größenordnung und äußern sich in den einzelnen Koeffizienten obiger Gleichung mit Beträgen, die gegenüber dem zu ermittelnden Werte k im Falle von *Bogenträgern* (Schlankheitsgrade $\frac{l}{f} \lesseqgtr \frac{1}{1000}$) verschwindend klein sind.

Lediglich im Koeffizienten von w kann der Einfluß der Achsdehnung zu beträchtlichem Einfluß gelangen, indem hier dem Falle $f = k$ — wie die eingehenden Untersuchungen von *F. W. Waltking*[1] gezeigt haben — die Bedeutung einer kritischen Beziehung zukommt, welche den Schlüssel für die Erklärung der in diesem Bereiche von ihm festgestellten „Verlagerung" der Frequenzen der symmetrischen und gegensymmetrischen Schwingungen eines Zweigelenkbogens liefert (vgl. hiezu D, 3a).

Wird aus diesem Grunde *nur* die Achsdehnung berücksichtigt, so vereinfacht sich (75a) zur Schwingungsgleichung

$$w^{VI} + \left(2 + \frac{k}{f}\right) w^{IV} + \left(1 - k - \frac{k}{f}\right) w^{II} + k \left(1 - \frac{k}{f}\right) w = 0, \qquad (75^*)$$

die schon *F. W. Waltking*[1] unmittelbar abgeleitet und der Aufstellung seiner in sehr übersichtliche Form gebrachten transzendenten Frequenzengleichungen eines *Zweigelenkbogens* zugrunde gelegt hat.

Im Falle eines doppelt-symmetrischen und quasi-wölbfreien Querschnittes besteht, wie in (D, 3a, b) gezeigt werden wird, eine weitgehende Analogie der Frequenzengleichungen für die Schwingungen in der Kreisebene und senkrecht zu dieser.

Für die explizite Darstellung der dem *Falle a* zugehörigen Grundgleichung der

Biegungs-Torsionsschwingungen senkrecht zur Kreisebene

setzen wir zweckmäßig $J \equiv J_x$, womit nach der vierten der Formeln (43) $\nu_x = 1$ wird.

Die Gleichung (73b) läßt sich sodann auf die Form bringen

$$v^{VIII} + a_2 v^{VI} + a_4 v^{IV} + a_6 v^{II} + a_8 v = 0, \qquad (75b)$$

worin

---

[1] *F. W. Waltking*, Ing.-Arch. 5 (1934), S. 429.

$$\left.\begin{aligned} a_2 &= 2 - \frac{\nu - \lambda_x \varrho_s}{\varrho_s - \varrho_x^2}, \\ a_4 &= 1 - \frac{1}{\varrho_s - \varrho_x^2} \{\lambda_p (-2\varrho_x + \varrho_s + 1) + k\varrho_s - 2\varrho_x \lambda_x + \nu(2 + \lambda_x)\}, \\ a_6 &= \frac{1}{\varrho_s - \varrho_x^2} [(\lambda_x - \nu)(1 - k - \lambda_p) + k(-2\varrho_x + \lambda_x)], \\ a_8 &= -\frac{k(1 - \lambda_p)}{\varrho_s - \varrho_x^2}. \end{aligned}\right\} \quad (76)$$

Einer mit (75b) übereinstimmenden Gleichung genügt zufolge (73b) auch die Schwingungskoordinate β.

Da sich die „reduzierte" Koordinate ξ_M des auf der Symmetrieachse liegenden Schubmittelpunktes M gemäß Gl. (h) (Abschnitt B 6) wegen $\nu_x = 1$ mit $\underline{\xi_M = -\varrho_x}$ ergibt, so bringt der in den Koeffizienten a_2 bis a_8 (Gln. 76) vorkommende Beiwert ϱ_x den Einfluß der Exzentrizität des Schubmittelpunktes bezüglich des Schwerpunktes zum Ausdrucke. Für den auf den Schubmittelpunkt bezogenen „reduzierten" Wölbwiderstand $\varrho_M = \frac{C_M}{J_x a^2}$ liefert die Gleichung (71) im vorliegenden Falle

$$\varrho_M = \frac{C_S}{J_x a^2} - \frac{x_M^2}{a^2} = \varrho_S - \varrho_x^2;$$

damit ist der in den Koeffizienten a_2 bis a_8 vorkommende Nennerausdruck $\varrho_S - \varrho_x^2$ als der auf den Schubmittelpunkt bezogene reduzierte Wölbwiderstand ϱ_M erkannt.

Fall b: Die Symmetrieachse des Querschnittes steht senkrecht auf der Kreisebene.

Da in diesem *Falle b* die Symmetrieachse des Querschnittes mit der y-Achse zusammenfällt, so ist $R_x = 0$, mithin $\underline{\varrho_x = 0}$ und nach (52), da auch $\alpha = 0$ ist:

$$\underline{a_1 = \varrho_y, a_2 = 0.}$$

Hiemit ergeben sich aus (54) folgende Beiwerte ${}_m\gamma^{(n)}$:

(77)

m	n	u	v	w^*	β
	(4)	ν_y	$-\varrho_y$	ν_y	$-\varrho_y$
I	(2)	λ_y	0	$-(f-\lambda_y)$	0
	(0)	$f-k$	0	0	0
	(4)	$-\varrho_y$	$\nu_x+\varrho_s$	$-\varrho_y$	ϱ_s
II	(2)	0	$\lambda_x-\nu$	0	$-(\nu_x+\nu)$
	(0)	0	$-k$	0	0
	(4)	$-\nu_y$	$+\varrho_y$	$-(f+\nu_y)$	$+\varrho_y$
III	(2)	$f-\lambda_y$	0	$-(k+\lambda_y)$	0
	(0)	0	0	0	0
	(4)	$-\varrho_y$	ϱ_s	$-\varrho_y$	ϱ_s
IV	(2)	0	$-(\nu_x+\nu)$	0	$-\nu$
	(0)	0	0	0	$\nu_x-\lambda_p$

Aus den Gleichungen (49) folgt hiemit

$$_{\mathrm{II}}\Gamma_u = {}_{\mathrm{IV}}\Gamma_u = {}_{\mathrm{IV}}\Gamma_{w^*} = -{}_{\mathrm{III}}\Gamma_v = -\varrho_y D^4$$

und es lauten daher die Schwingungsgleichungen (56) im *Falle b*

$$\begin{vmatrix} {}_{\mathrm{I}}\Gamma_u & -\varrho_y D^4 & -{}_{\mathrm{III}}\Gamma_u & -\varrho_y D^4 \\ -\varrho_y D^4 & {}_{\mathrm{II}}\Gamma_v & -\varrho_y D^4 & {}_{\mathrm{IV}}\Gamma_v \\ {}_{\mathrm{III}}\Gamma_u & +\varrho_y D^4 & {}_{\mathrm{III}}\Gamma_{w^*} & +\varrho_y D^4 \\ -\varrho_y D^4 & {}_{\mathrm{IV}}\Gamma_v & -\varrho_y D^4 & {}_{\mathrm{IV}}\Gamma_\beta \end{vmatrix} (u, v, w^*, \beta) = 0,$$

oder entwickelt

$$\{[{}_{\mathrm{I}}\Gamma_u \cdot {}_{\mathrm{III}}\Gamma_{w^*} + ({}_{\mathrm{III}}\Gamma_u)^2]\,[{}_{\mathrm{II}}\Gamma_v \cdot {}_{\mathrm{IV}}\Gamma_\beta - ({}_{\mathrm{IV}}\Gamma_v)^2] + \varrho_y{}^2 D^8 ({}_{\mathrm{I}}\Gamma_u + 2\,{}_{\mathrm{III}}\Gamma_u - {}_{\mathrm{III}}\Gamma_{w^*})({}_{\mathrm{II}}\Gamma_v - 2\,{}_{\mathrm{IV}}\Gamma_v + {}_{\mathrm{IV}}\Gamma_\beta)\}\;(u, v, w^*, \beta) = 0. \tag{78}$$

Mit Eintragung der in (49) angeführten Γ-Werte erhält diese Gleichung die Form

$$\sum_{n=0}^{8} a_{2n}\, D^{2(8-n)}\,(q) = 0, \qquad \begin{matrix}(q = u, v, w^*, \beta),\\ (n = 0, 1, \ldots 8),\end{matrix} \tag{79}$$

worin die Beiwerte a lediglich von den in (77) angeschriebenen ${}_m\gamma^{(n)}$-Werten abhängig sind.

Es ergibt sich

$$\left.\begin{aligned}
a_0 &= f\,\nu_x\,(\varrho_y{}^2 - \nu_y\,\varrho_s)\\
a_2 &= [k\,\nu_x + f\,(\lambda_x + 4\,\nu_x)]\,(\varrho_y{}^2 - \nu_y\,\varrho_s) - f\,\nu_x\,(\varrho_s\,\lambda_y - \nu\,\nu_y),\\
&\dots\dots\dots\dots\dots\dots\\
&\dots\dots\dots\dots\dots\dots\\
a_{14} &= k\,(f - k)\,(k + \lambda_y)\,(\nu_x - \lambda_p),\\
a_{16} &= 0.
\end{aligned}\right\} \quad (79a)$$

Die Entwicklung der übrigen Koeffizienten a in allgemeiner Form führt zu sehr unhandlichen Ausdrücken, die hier nicht angeschrieben werden, weil es sich in praktischen Fällen empfiehlt, die Koeffizienten a, in denen neben den durch die Gruppe (43) eingeführten gegebenen Querschnittsfestwerten nur der unbekannte Wert k (mit der darin enthaltenen Kreisfrequenz ω) auftritt, sofort numerisch zu berechnen. Die homogene Differentialgleichung (79) ist von 16. Ordnung, reduziert sich aber wegen $a_{16} = 0$ nach 2 Quadraturen auf eine von 14. Ordnung. Eine Entkoppelung der durch (u, v, w^*, β) beschriebenen vier Teilschwingungen in 2 Schwingungsgruppen, wie sie im Falle a festgestellt worden ist, tritt hier, solange ϱ_y von Null verschieden, d. h. der Schubmittelpunkt M außerhalb der Kreisebene gelegen ist, nicht ein. Lediglich für $\varrho_y = 0$, d. h. bei Zusammenfallen der Punkte M und S des Querschnittes, zerfällt Gl. (78) in zwei simultane Differentialgleichungen 8. Ordnung, und zwar in

$$\{{}_{\mathrm{I}}\Gamma_u \cdot {}_{\mathrm{III}}\Gamma_{w^*} + ({}_{\mathrm{III}}\Gamma_u)^2\}\,(u, w^*) = 0, \quad (80a)$$

$$\{{}_{\mathrm{II}}\Gamma_v \cdot {}_{\mathrm{IV}}\Gamma_\beta - ({}_{\mathrm{IV}}\Gamma_v)^2\}\quad (v, \beta) \quad = 0, \quad (80b)$$

die nicht nur formal, sondern auch inhaltlich mit den Gleichungen (73a) und (73b) des Falles a übereinstimmen, da bei dem dann vorliegenden doppelt-symmetrischen Querschnitte wegen $\varrho_x = 0$ *und* $\varrho_y = 0$ die zugehörigen Γ-Werte für die Fälle a und b einander gleich werden. Von der eben erwähnten Ausnahme abgesehen, verursacht ersichtlich die ins Einzelne gehende Untersuchung des Falles b, nämlich die Aufstellung der zugehörigen Frequenzengleichungen und vor allem deren Auflösung, weitaus größere Schwierigkeiten als im Falle a.

D. Einfluß der Querschnittsform auf die Schwingungsgleichungen in den Sonderfällen des Abschnittes C.

1. Doppeltsymmetrischer I- Querschnitt.

Bei diesem fällt der Schubmittelpunkt in den Schwerpunkt, somit ist $\varrho_x = 0$, $\varrho_y = 0$; daher wird $\varrho_M = \varrho_s$. Aus der dritten der Gleichungen (35) ergibt sich bei Beachtung von (32) und wegen $(\varphi_s)_0 = 0$ der Wölbwiderstand C_S des I-Querschnittes zu

$$C_S = \frac{h^2}{4} J_{Fl}, \tag{81}$$

mit h als Abstand der beiden Flansch-Schwerachsen und mit J_{Fl} $[cm^4]$ als auf die Stegachse bezogenem Trägheitsmoment des Flanschpaares. Für breitflanschige Träger kann J_{Fl} näherungsweise gleichgesetzt werden dem auf die Stegachse bezogenen Hauptträgheitsmoment des ganzen Querschnitts, also gleich J_x oder J_y, je nachdem die Stegachse in die Kreisebene fällt oder auf dieser senkrecht steht. Der letztere Fall (Abb. 5) als der praktisch wichtigere von beiden soll hier eingehender untersucht werden. Die Gleichung (75a) für die Biegungs-Dehnungs-schwingungen in der Kreisebene erfährt keine weitere Vereinfachung, hingegen erfahren die durch (76) definierten Beiwerte a der Gleichung (75b) für die *Biegungs-Drillungs-schwingungen senkrecht zur Kreisebene* wegen $\varrho_x = 0$ einige Vereinfachungen. Neben den in (53) eingeführten Hilfswerten λ_x, λ_p empfiehlt sich noch die Verwendung der folgenden dimensionslosen Hilfswerte[1]

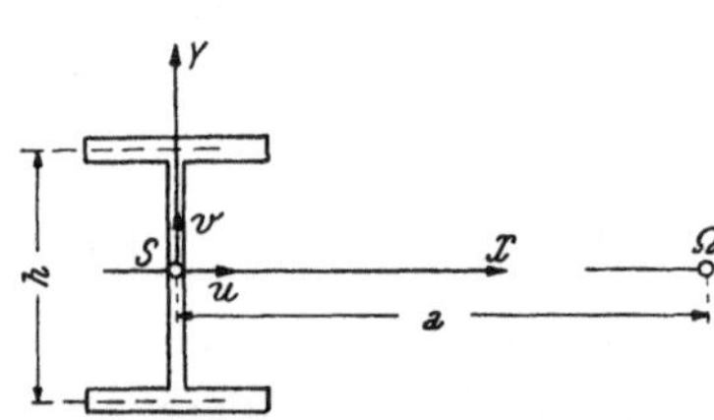

Abb. 5. Kreisbogenträger mit Krümmungshalbmesser a und doppeltsymmetrischem I-Querschnitt.

[1] Die in (82) eingeführten beiden Hilfswerte λ und p entsprechen den bereits in einer Arbeit von *G. Unold:* Der Kreisträger, Berlin 1922, berechneten, mit ε und ϱ^2 bezeichneten Kennwerten; sie sind dort sowohl für die gebräuchlichen deutschen I-Normalprofilträger als auch für breitflanschige Differdinger I-Träger tabellarisch zusammengestellt.

$$\lambda = \frac{1}{\nu_D}, \quad p = \frac{\nu_D}{\varrho_s} = \frac{1}{\lambda\,\varrho_s}. \tag{82}$$

Hierin bedeutet nach (82) und (43_9) der Hilfswert

$$\lambda = \frac{1}{\nu_D} = \frac{E\,J_x}{C}$$

das Verhältnis der Biegungs- und Drehungssteifigkeit des Querschnittes, wofür sich mit $m = \frac{10}{3}$

$$\lambda = 2{,}6\,\frac{J_x}{J_D} \tag{83}$$

ergibt. Für den die Flanschbiegung (den „Wölbeinfluß des Querschnittes") kennzeichnenden Parameter p gilt nach (82) und ($43_{6,\,9}$),

$$p = \frac{1}{2\left(1 + \frac{1}{m}\right)}\,\frac{J_D}{J_x} \cdot \frac{J_x\,a^2}{C_S}$$

oder wegen (81)

$$p = \frac{2}{1 + \frac{1}{m}}\left(\frac{a}{h}\right)^2 \frac{J_D}{J_{Fl}}$$

und mit $m = \frac{10}{3}$

$$p = 1{,}54\left(\frac{a}{h}\right)^2 \frac{J_D}{J_{Fl}}. \tag{84}$$

Mit diesen Hilfswerten ergeben sich aus (76) die Beiwerte a der Schwingungsgleichung (75b) zu

$$\left.\begin{aligned}
a_2 &= 2 - p + \lambda_x + \frac{k}{f},\\
a_4 &= 1 - k - \lambda_p + \frac{k}{f}(2 + \lambda_x) - p\,(2 + \lambda_x + \lambda\,\lambda_p),\\
a_6 &= p\,\{-1 + k + \lambda_p + \lambda\,\lambda_x\,(1 - \lambda_p)\} + \frac{k}{f}(1 - \lambda_p - k),\\
a_8 &= -\,\lambda\,p\,k\,(1 - \lambda_p),
\end{aligned}\right\} \tag{85a}$$

die in

$$v^{\mathrm{VIII}} + a_2\,v^{\mathrm{VI}} + a_4\,v^{\mathrm{IV}} + a_6\,v^{\mathrm{II}} + a_8\,v = 0 \tag{85}$$

einzutragen sind. Einer ebensolchen Gleichung 8. Ordnung hat auch die Schwingungskoordinate β zu genügen.

Die Schwingungsgleichung (85) deckt sich im Wesentlichen mit der für den Sonderfall des Kreisträgers mit I-Querschnitt vom Verfasser[1] unmittelbar (ohne Benutzung der Energiemethode) abgeleiteten Schwingungsgleichung, verschärft aber letztere noch durch Berücksichtigung des Einflusses der Trägheit der Querschnittsverwölbung, der in den Gliedern mit dem Faktor $\frac{k}{f}$ zum Ausdruck gebracht ist. Das allgemeine Integral der Gleichung (85) lautet

$$v(\varphi) = \sum_{\varkappa=1}^{4} (A_\varkappa \cos n_\varkappa \varphi + B_\varkappa \sin n_\varkappa \varphi), \tag{86}$$

worin n_1, n_2, n_3, n_4 die Wurzeln der Hauptgleichung

$$n^8 - a_2 n^6 + a_4 n^4 - a_6 n^2 + a_8 = 0 \tag{87}$$

sind.

Diese Hauptgleichung vereinfacht sich übrigens unter Berücksichtigung des Umstandes, daß für die gebräuchlichen Normalträgerprofile bei niederer Ordnungszahl der Eigenschwingung die Werte λ_x, λ_p und $\frac{k}{f} = \frac{k J_x}{F a^2} = \lambda_x$ als klein gegenüber der Einheit gestrichen werden können, in

[1] *K. Federhofer*, Z. angew. Math. Mech. 20 (1940), S. 15, Gleichung (I), in der — abweichend von der obigen Gl. (85) — im Koeffizienten von v^{II} noch zusätzlich der Wert k steht. Diese Abweichung ist darauf zurückzuführen, daß bei der damaligen Herleitung der Gleichung I das Flanschbiegungsmoment $M = \frac{E J_{Fl}}{2} \left(\frac{d^2 u}{ds^2} + \frac{u}{a^2}\right)$ mit $u = \frac{h}{2} \beta$ gesetzt wurde, während hiefür mit ψ als Biegewinkel streng der Ausdruck $M = \frac{E J_{Fl}}{2} \frac{d\psi}{ds}$ zu setzen ist. Zufolge der Verdrehung β des Querschnittes und der Verschiebung v senkrecht zur Kreisebene erfährt nun der Flansch eine radiale Verschiebung $u = \frac{h}{2} \beta$ und eine tangentiale Verschiebung $w = \frac{h}{2} \frac{dv}{ds}$, so daß $\psi = \frac{du}{ds} + \frac{w}{a} = \frac{h}{2} \left(\frac{d\beta}{ds} + \frac{1}{a} \frac{dv}{ds}\right)$ wird, wofür mit dem Drillwinkel $\vartheta = \beta + \frac{v}{a}$ (Gl. (44_4)) $\psi = \frac{h}{2} \frac{d\vartheta}{ds}$ gesetzt werden kann. Damit ergibt sich das Flanschbiegungsmoment zu $M = \frac{E J_{Fl}}{4} h \frac{d^2 \vartheta}{ds^2}$. Die dieser Flanschbiegung zugehörigen Querkräfte $Q = \frac{dM}{ds}$ in beiden Flanschen liefern, da sie gleich groß und entgegengesetzt gerichtet sind, ein Kraftpaar vom Betrage $Q h = -\frac{E J_{Fl}}{4} h^2 \frac{d^3 \vartheta}{ds^3}$ oder wegen Gl. (81) $Qh = -EC_s \frac{d^3 \vartheta}{ds^3}$, das sich dem Verdrehungsmomente $C\tau$ widersetzt, so

$$n^8-(2-p)n^6+[1-k-p(2+\lambda\lambda_p)]n^4+p(1-k-\lambda\lambda_x)n^2-\lambda pk=0. \tag{87a}$$

a) Die Frequenzengleichung für den geschlossenen, freien Ring.

Für diesen muß n eine ganze Zahl sein, die größer als Eins ist; denn $n=0$ liefert gemäß (86) eine Parallelverschiebung des starren Ringes um das Maß A_x und $n=1$ führt auf eine Drehung des starren Ringes um den zu $\varphi=\frac{\pi}{2}$, bzw. $\varphi=0$ gehörigen Durchmesser. Für den jedem gewählten n entsprechenden Wert k, mit dessen Kenntnis die zur Ordnungszahl n gehörige Kreisfrequenz ω_n gemäß der ersten der Gleichungen (43) bestimmt ist, folgt aus (87a)

$$k=\frac{n^2(n^2-1)^2+\frac{n^4(n^2-1)^2}{p}}{n^2+\lambda+\lambda n^2\frac{i_p{}^2 n^2+i_x{}^2}{a^2}+\frac{n^4}{p}}. \tag{88}$$

Das hierin im Nenner stehende dritte Glied

$$\lambda n^2\frac{i_p{}^2 n^2+i_x{}^2}{a^2}=\chi_1 \tag{89}$$

ist auf die Berücksichtigung der Drehungsträgheit zurückzuführen; hiernach ist der Torsionseinfluß (Glied mit $i_p{}^2$) das n^2-fache des Biegungseinflusses (Glied mit $i_x{}^2$). Die mit p behafteten Glieder in (88) verdanken ihre Entstehung der Wirkung des Wölbwiderstandes (Flanschenbiegung).

---

daß die bekannte Beziehung $H=C\tau$ bei Anwendung auf I-Träger zu ersetzen ist durch die folgende:

$$\text{Drehmoment } H=C\tau-E\,C_S\frac{d^3\vartheta}{ds^3}=C\tau-E\,C_S\left(\frac{d^3\beta}{ds^3}+\frac{1}{a}\frac{d^3v}{ds^3}\right), \tag{a}$$

übereinstimmend mit Gl. (63), wenn darin dem doppelt-symmetrischen Querschnitte entsprechend die Wölbmomente R_x und R_y gleich Null gesetzt werden.

In meiner oben angeführten Arbeit steht hiefür die Beziehung

$$H=C\tau-E\,C_S\left(\frac{d^3\beta}{ds^3}+\frac{1}{a^2}\frac{d\beta}{ds}\right),$$

in der somit der Einfluß von v fehlt. Die Verwendung des in (a) richtig gestellten Ansatzes für H in der damaligen Ableitung der Schwingungsgleichung führt sodann zur Gleichung (85). Das Hinzutreten des Wertes k im Koeffizienten von v^{II} hat indessen auf die zahlenmäßigen Ergebnisse meiner Arbeit zumindest für die Grundschwingung keinen nennenswerten Einfluß, weil k gegenüber dem danebenstehenden Werte p, der den Einfluß der Wirkung des Wölbwiderstandes kennzeichnet, *klein* ist, wie aus den für die gebräuchlichen I-Profile in Zahlentafel 1 zusammengestellten Werten von p und k_0 ohneweiters zu ersehen ist.

Bei Vernachlässigung beider Einflüsse (d. h. $\chi_1 = 0$, $p = \infty$) vereinfacht sich Gleichung (88) in die bereits an anderer Stelle[1] abgeleitete Formel

$$k_0 = \frac{n^2 (n^2 - 1)^2}{n^2 + \lambda}. \tag{90}$$

In der Zahlentafel 1 sind für die dort angegebenen Trägerprofile zu-

Zahlentafel 1. *Steifigkeitsverhältnis* λ *(Gl. 83), Wölbparameter* p *(Gl.* 84_4*) und. Werte* k_0 *(Gl. 90) beim geschlossenen Kreisring für 12 I-Profile Nr. 8 bis 60 (Biegungs-Drillungsschwingungen).*

I-Profil	λ	Wölbparameter p			k_0		
		$\frac{a}{h} = 5$	10	20	$n = 2$	3	4
8	281	4,40	17,60	70,60	0,126	1,986	12,121
10	333	4,20	16,79	67,16	0,107	1,684	10,315
15	433	3,87	15,47	61,88	0,082	1,303	8,018
20	495	3,71	14,85	59,40	0,072	1,143	7,045
25	534	3,64	14,56	58,24	0,067	1,061	6,546
30	538	4,03	16,12	64,48	0,066	1,053	6,498
36	538	4,50	18,00	72,00	0,066	1,053	6,498
40	538	4,71	18,84	73,36	0,066	1,053	6,498
45	538	4,98	19,90	79,60	0,066	1,053	6,498
50	538	5,21	20,82	83,28	0,066	1,053	6,498
55	538	5,29	21,15	84,60	0,066	1,053	6,498
60	535	5,58	22,33	89,32	0,067	1,059	6,534

sammengestellt: die zugehörigen Werte λ Gleichung (83), die damit aus (90) berechneten Werte k_0 für die Wellenzahlen $n = 2, 3, 4$ und endlich die Flanschbiegungsparameter p (Gl. 84) für $a/h = 5, 10, 20$.

Mit Beachtung von (90) läßt sich Gl. (88) in der Form

$$k = k_0 F(\chi_1, p) \tag{91}$$

[1] *K. Federhofer*, Ing.-Arch. 4 (1933), S. 115. Gleichung (90) ist die Verallgemeinerung der von *J. H. Michell*, Messenger of Math. 19 (1890), S. 82 für den Sonderfall eines *kreisförmigen* Ringquerschnittes entwickelten Formel $k_0 = \frac{n^2 (n^2 - 1)^2}{n^2 + 1 + \frac{1}{m}}$, wo $1/m$ die Poisson-Zahl bedeutet.

darstellen, wo

$$F(\chi_1, p) = \frac{1 + \frac{n^2}{p}}{1 + \frac{\chi_1}{n^2+\lambda} + \frac{n^4}{p\,(n^2+\lambda)}} \tag{92}$$

den Gesamteinfluß der Drehungsträgheit und des Wölbwiderstandes auf den Wert k zum Ausdruck bringt; Zahlentafel 2 enthält für die

Zahlentafel 2. *Einflußzahl $F(\chi_1, p)$ nach Gl. 92 für vereinigte Wirkung der Drehungsträgheit und des Wölbwiderstandes beim geschlossenen Kreisring mit I-Querschnitt (Biegungs-Drillungsschwingungen).*

I-Profil	Einflußzahl $F(\chi_1, p)$ für vereinigte Wirkung der Drehungsträgheit und Flanschenbiegung								
	$\frac{a}{h} = 5$			$\frac{a}{h} = 10$			$\frac{a}{h} = 20$		
	$n = 2$	3	4	$n = 2$	3	4	$n = 2$	3	4
8	1,6303	1,7275	1,4914	1,1773	1,2693	1,2186	1,0457	1,0765	1,0750
10	1,6737	1,7968	1,4880	1,1887	1,2937	1,2937	1,2534	1,0460	1,0866
15	1,7531	1,9326	1,6270	1,2102	1,3403	1,3219	1,0541	1,0960	1,1092
20	1,7947	2,0038	1,6998	1,2213	1,3642	1,3567	1,0569	1,1026	1,1206
25	1,8157	2,0386	1,7359	1,2269	1,3761	1,3745	1,0584	1,1098	1,1263
30	1,7292	1,9176	1,6369	1,2023	1,3302	1,3204	1,0520	1,0927	1,1072
36	1,6433	1,7935	1,5110	1,1782	1,2841	1,2561	1,0458	1,0796	1,0855
40	1,6108	1,7475	1,4688	1,1691	1,2669	1,2343	1,0448	1,0778	1,0830
45	1,5725	1,6913	1,4157	1,1585	1,2466	1,2075	1,0408	1,0690	1,0690
50	1,5436	1,6504	1,3783	1,1504	1,2314	1,1882	1,0386	1,0647	1,0624
55	1,5321	1,6302	1,3564	1,1472	1,2244	1,1775	1,0378	1,0628	1,0589
60	1,5100	1,5874	1,3254	1,1382	1,2079	1,1571	1,0355	1,0581	1,0520

dort angegebenen Trägerprofile die nach (92) zugehörigen Einflußzahlen $F(\chi_1, p)$ für $a/h = 5, 10, 20$ und für die Wellenzahlen $n = 2, 3, 4$.

Da die Drehungsträgheit für sich allein jedenfalls eine Abnahme von k_0 und damit auch der Schwingzahlen zur Folge hat, die sich um so stärker äußert, je höher die Wellenzahl n ist, und da andererseits die in Zahlentafel 2 enthaltenen Einflußzahlen $F(\chi_1, p)$ für die vereinigte Wirkung der Drehungsträgheit und des Wölbwiderstandes größer als

Eins sind, so ist ersichtlich, daß der versteifende Einfluß des Wölbwiderstandes den abschwächenden der Drehungsträgheit im Bereiche der Wellenzahlen $n = 2$ bis 4 überwiegt. Der Ausgleich beider Wirkungen wird, wie die Tabelle 2 zeigt, durch zunehmendes n und a/h begünstigt.

b) Die Frequenzengleichungen für den an beiden Enden eingespannten Kreisbogenträger.

Zufolge der Einspannung des Bogens an der Stelle $\varphi = 0$ bestehen die Randbedingungen $v(0) = 0$, $v^{I}(0) = 0$, $\beta(0) = 0$; eine vollkommene Einspannung des Querschnittes $\varphi = 0$ verhindert auch dessen Verwölbung, somit ist dort $\vartheta^{I} = 0$ und hiemit auch $\beta^{I} = 0$.

Um diese 4 Randbedingungen und die im folgenden noch anzugebenden 4 weiteren Randbedingungen am zweiten Bogenkämpfer durch die in der Lösung (86) enthaltenen 8 Integrationskonstanten $A_\varkappa$, $B_\varkappa$ $(\varkappa = 1, 2, 3, 4)$ ausdrücken zu können, ist es vorerst noch erforderlich, die Schwingungskoordinate β in linearer Abhängigkeit von v und deren Ableitungen darzustellen. Zu diesem Zwecke gehen wir von den beiden für v, β bestehenden Schwingungsgleichungen (73) aus

$$
\begin{aligned}
{}_{II}\Gamma_v\, v + {}_{IV}\Gamma_v\, \beta &= 0,\\
{}_{IV}\Gamma_v\, v + {}_{IV}\Gamma_\beta\, \beta &= 0,
\end{aligned}
$$

die mit Benutzung der Formeln (49) und mit

$$
\Lambda_1(v) = {}_{II}\Gamma_v\, v, \quad \Lambda_2(v) = {}_{IV}\Gamma_v\, v
$$

übergeführt werden in

$$
\begin{aligned}
&{}_{IV}\gamma_v^{(4)}\, D^4\beta + {}_{IV}\gamma_v^{(2)}\, D^2\beta + \Lambda_1 = 0,\\
&{}_{IV}\gamma_\beta^{(4)}\, D^4\beta + {}_{IV}\gamma_\beta^{(2)}\, D^2\beta + (\Lambda_2 + {}_{IV}\gamma_\beta^{(0)}\,\beta) = 0.
\end{aligned}
$$

Werden beide Gleichungen zweimal nach φ abgeleitet, so entsteht zusammen mit den eben hingeschriebenen Gleichungen und mit leicht ersichtlichen Abkürzungen das folgende, in D^6, D^4, D^2, 1 homogene Gleichungssystem

$$
\begin{aligned}
a_4 D^4 + a_2 D^2 + \Lambda_1 &= 0,\\
b_4 D^4 + b_2 D^2 + (\Lambda_2 + b_0\beta) &= 0,\\
a_4 D^6 + a_2 D^4 + \Lambda_1^{II} &= 0,\\
b_4 D^6 + b_2 D^4 + b_0 D^2 + \Lambda_2^{II} &= 0,
\end{aligned}
$$

woraus die gesuchte lineare Abhängigkeit der Koordinate β von v und deren Ableitungen unmittelbar in der Form

$$\begin{vmatrix} 0 & a_4 & a_2 & \Lambda_1 \\ 0 & b_4 & b_2 & \Lambda_2 + b_0 \beta \\ a_4 & a_2 & 0 & \Lambda_1^{\text{II}} \\ b_4 & b_2 & b_0 & \Lambda_2^{\text{II}} \end{vmatrix} = 0$$

hervorgeht oder in expliziter Darstellung mit Benutzung der in (82) und (53) eingeführten Hilfswerte λ, λ_x, λ_p und p

$$\beta(1-\lambda_p)\left[1+\lambda+\frac{1}{p}\left(1-\lambda_p-\frac{k}{f}\right)\right] = v^{\text{IV}} + (2+\lambda+\lambda_x)\, v^{\text{II}} - k\, v -$$

$$-\frac{1}{p}\left[v^{\text{VI}} + v^{\text{IV}}\left(1+\lambda_x+\lambda_p+\frac{k}{f}\right) - v^{\text{II}}\left\{k + (1+\lambda_x)(1-\lambda_p) -\right.\right.$$

$$\left.\left.-\frac{k}{f}(2+\lambda_x)\right\} + v\, k\left(1-\lambda_p-\frac{k}{f}\right)\right]. \tag{93}$$

Die am Rande $\varphi = 0$ zu erfüllenden Randbedingungen führen nun bei Beachtung der Gleichungen (86) und (93) zu dem Gleichungssystem

$$\sum_{\varkappa=1}^{4} A_\varkappa = 0, \quad \sum_{\varkappa=1}^{4} n_\varkappa B_\varkappa = 0, \quad \sum_{\varkappa=1}^{4} c_\varkappa A_\varkappa = 0, \quad \sum_{\varkappa=1}^{4} n_\varkappa c_\varkappa B_\varkappa = 0, \tag{94}$$

worin

$$c_\varkappa = n_\varkappa^4 - (2+\lambda+\lambda_x)\, n_\varkappa^2 - k + \frac{1}{p}\left[n_\varkappa^6 - \left(1+\lambda_x+\lambda_p+\frac{k}{f}\right) n_\varkappa^4 -\right.$$

$$\left. -\left\{k + (1+\lambda_x)(1-\lambda_p) - \frac{k}{f}(2+\lambda_x)\right\} n_\varkappa^2 - k\left(1-\lambda_p-\frac{k}{f}\right)\right]. \tag{95}$$

$$(\varkappa = 1, 2, 3, 4)$$

Die weiteren vier Gleichungen für die 8 Integrationskonstanten ergeben sich verschieden, je nachdem die symmetrischen oder gegensymmetrischen Schwingungen untersucht werden.

α) Symmetrische Schwingungen.

Die Symmetriebedingungen an der Stelle des Bogenscheitels $\varphi = \alpha$ (wo $2\,\alpha = \varphi_1$ den Öffnungswinkel des ganzen Bogens angibt) sind

$$v^{\text{I}}(\alpha) = 0, \quad Q_y(\alpha) = 0, \quad H(\alpha) = 0, \quad \vartheta^{\text{I}}(\alpha) = 0,$$

(da der Scheitelquerschnitt eben bleibt). Dies führt zur Forderung $v^{\text{I}}(\alpha) = 0$, $\beta^{\text{I}}(\alpha) = 0$, $v^{\text{III}}(\alpha) = 0$ und $\beta^{\text{III}}(\alpha) = 0$.

Die Erfüllung dieser Bedingungen liefert gemäß (86) und (93) die vier Gleichungen

$$\begin{aligned}
&\Sigma\, n_\varkappa \quad [-A_\varkappa \sin n_\varkappa \alpha + B_\varkappa \cos n_\varkappa \alpha] = 0,\\
&\Sigma\, n_\varkappa^3 \quad [-A_\varkappa \sin n_\varkappa \alpha + B_\varkappa \cos n_\varkappa \alpha] = 0, \qquad (\varkappa = 1,2,3,4)\\
&\Sigma\, n_\varkappa c_\varkappa [-A_\varkappa \sin n_\varkappa \alpha + B_\varkappa \cos n_\varkappa \alpha] = 0,\\
&\Sigma\, n_\varkappa^3 c_\varkappa [-A_\varkappa \sin n_\varkappa \alpha + B_\varkappa \cos n_\varkappa \alpha] = 0,
\end{aligned}$$

aus denen folgt $-A_\varkappa \sin n_\varkappa \alpha + B_\varkappa \cos n_\varkappa \alpha = 0$.

Da demnach

$$B_\varkappa = A_\varkappa \operatorname{tg} n_\varkappa \alpha, \ (\varkappa = 1, 2, 3, 4) \tag{94a}$$

so führt die Eintragung dieser Werte in (94) zu vier homogenen, linearen Gleichungen für die vier Integrationskonstanten $A_\varkappa$, deren gleich Null gesetzte Koeffizientendeterminante die gesuchte Frequenzengleichung darstellt; sie lautet

$$\begin{vmatrix}
1 & 1 & 1 & 1\\
n_1 \operatorname{tg} n_1 \alpha & n_2 \operatorname{tg} n_2 \alpha & n_3 \operatorname{tg} n_3 \alpha & n_4 \operatorname{tg} n_4 \alpha\\
c_1 & c_2 & c_3 & c_4\\
n_1 c_1 \operatorname{tg} n_1 \alpha & n_2 c_2 \operatorname{tg} n_2 \alpha & n_3 c_3 \operatorname{tg} n_3 \alpha & n_4 c_4 \operatorname{tg} n_4 \alpha
\end{vmatrix} = 0. \tag{96}$$

β) Gegensymmetrische Schwingungen.

Für diese gelten die Scheitelbedingungen $v(\alpha) = 0$, $\beta(\alpha) = 0$, $\int h^* d\varphi = 0$, $B_x = 0$; die beiden letzteren liefern nach (62) und (58): $\beta^{\mathrm{II}}(\alpha) = 0$, $v^{\mathrm{II}}(\alpha) = 0$. Die Erfüllung dieser Bedingungen der Gegensymmetrie ergibt das Gleichungssystem

$$\begin{aligned}
&\Sigma \quad (A_\varkappa \cos n_\varkappa \alpha + B_\varkappa \sin n_\varkappa \alpha) = 0,\\
&\Sigma\, n_\varkappa^2 (A_\varkappa \cos n_\varkappa \alpha + B_\varkappa \sin n_\varkappa \alpha) = 0,\\
&\qquad\qquad (\varkappa = 1, 2, 3, 4)\\
&\Sigma\, c_\varkappa \ (A_\varkappa \cos n_\varkappa \alpha + B_\varkappa \sin n_\varkappa \alpha) = 0,\\
&\Sigma\, n_\varkappa^2 c_\varkappa (A_\varkappa \cos n_\varkappa \alpha + B_\varkappa \sin n_\varkappa \alpha) = 0.
\end{aligned}$$

Hiernach ist $\quad A_\varkappa \cos n_\varkappa \alpha + B_\varkappa \sin n_\varkappa \alpha = 0$

oder $\quad B_\varkappa = -A_\varkappa \operatorname{ctg} n_\varkappa \alpha, \ (\varkappa = 1, 2, 3, 4)$ (94b),

womit das Gleichungssystem (94) die folgende Frequenzengleichung liefert

$$\begin{vmatrix}
1 & 1 & 1 & 1\\
n_1 \operatorname{ctg} n_1 \alpha & n_2 \operatorname{ctg} n_2 \alpha & n_3 \operatorname{ctg} n_3 \alpha & n_4 \operatorname{ctg} n_4 \alpha\\
c_1 & c_2 & c_3 & c_4\\
n_1 c_1 \operatorname{ctg} n_1 \alpha & n_2 c_2 \operatorname{ctg} n_2 \alpha & n_3 c_3 \operatorname{ctg} n_3 \alpha & n_4 c_4 \operatorname{ctg} n_4 \alpha
\end{vmatrix} = 0. \tag{97}$$

Die Ermittlung der kleinsten Wurzeln der Frequenzengleichungen (96) und (97) erfordert ersichtlich sehr langwierige Rechnungen, denn in ihnen kommen verschiedene Argumente $n_\varkappa \alpha$ vor, die der Hauptgleichung (87a) — einer Gleichung vierten Grades für $n_\varkappa^2$ — genügen müssen, deren Wurzeln auch imaginär und komplex sein können. Im Falle des doppelt-symmetrischen und quasi-wölbfreien Querschnittes reduziert sich die Hauptgleichung (87a) zu einer Gleichung dritten Grades für $n_\varkappa^2$, wodurch die Deutung der dann durch dreireihige Determinanten dargestellten Frequenzengleichungen und die Berechnung ihrer kleinsten Wurzeln für die symmetrischen und gegensymmetrischen Schwingungen einigermaßen erleichtert wird (vgl. hiezu Abschnitt D, 3b). Für die Ermittlung der kleinsten Wurzeln der Frequenzengleichungen (96) und (97) kommen bei der geschilderten Sachlage wohl nur Näherungsverfahren in Frage.

c) Näherungsformel zur Ermittlung der Grundschwingzahl für die symmetrischen Eigenschwingungen des an beiden Enden eingespannten Kreisbogenträgers.

Die vorläufig unbekannte genaue Schwingform des Bogenträgers ist dadurch ausgezeichnet, daß für sie das kinetische Potential $\Psi = A_i - T$ zu einem Extremum wird, aus welcher Bedingung im Abschnitt B 1—3 die Differentialgleichungen für die Eigenfunktionen samt den Randbedingungen entwickelt worden sind.

Ersetzen wir die genaue Schwingform des Bogenträgers durch eine genäherte, welche alle Randbedingungen erfüllt, so liefert die Extremalbedingung für Ψ eine Näherungsformel für die Kreisfrequenz ω.

Wir beschränken uns auf die Untersuchung der symmetrischen Schwingung, welche die kleinste Grundschwingzahl besitzt und wählen als angenäherte Schwingform jene elastische Linie, die sich unter der Wirkung einer im Bogenscheitel angreifenden, zur Kreisebene senkrechten Einzelkraft P einstellt. Sie genügt einer Differentialgleichung 8. Ordnung, die aus der Schwingungsgleichung (85) für die Eigenfunktion $v(\varphi)$ unmittelbar hervorgeht, wenn in ihr alle von den Trägheitswirkungen herrührenden (d. h. den Faktor k enthaltenden) Glieder gestrichen werden; sie lautet daher

$$(v^{\mathrm{VIII}} + 2\,v^{\mathrm{VI}} + v^{\mathrm{IV}}) - p\,(v^{\mathrm{VI}} + 2\,v^{\mathrm{IV}} + v^{\mathrm{II}}) = 0. \qquad (98)$$

Hierin ist der mit p behaftete Teil der Gleichung auf die Berücksichtigung des Einflusses der Querschnittsverwölbung zurückzuführen und es stellt daher Gl. (98) die beim I-Querschnitte erforderliche Erweiterung der vom Verfasser[1] aufgestellten Grundgleichung für die

[1] *K. Federhofer*, Zeitschr. f. Math. u. Phys. 62 (1913), S. 40.

Querbiegung eines senkrecht zur Kreisebene nur durch Einzellasten belasteten Kreisträgers dar.

Mit der Abkürzung

$$p^2 = \zeta \tag{99}$$

ist die allgemeine Lösung von (98) gegeben durch

$$v(\varphi) = C_1 + C_2 \operatorname{Sin} \zeta\varphi + C_3 \operatorname{Cof} \zeta\varphi + C_4 \sin\varphi + C_5 \cos\varphi + C_6 \varphi \sin\varphi + \\ + C_7 \varphi \cos\varphi + C_8 \varphi. \tag{100}$$

Wird der Winkel φ von der Bogensymmetralen aus gemessen, so sind die acht Integrationskonstanten C_{1-8} aus den Bedingungen der Symmetrie und der vollkommenen Einspannung an den Bogenenden zu berechnen:

$$\varphi = 0 \begin{cases} v^{\mathrm{I}} = 0, \\ \beta^{\mathrm{I}} = 0, \\ \beta^{\mathrm{III}} = 0, \\ Q_y = -\dfrac{P}{2} \end{cases} \qquad \varphi = \alpha \begin{cases} v = 0, \\ v^{\mathrm{I}} = 0, \\ \beta = 0, \\ \beta^{\mathrm{I}} = 0. \end{cases}$$

Für die Winkelkoordinate β und die Schubkraft Q_y gilt gemäß (93) und (57_4, 58, 61) bei Streichung der mit k behafteten Glieder (womit auch λ_x, λ_p zu unterdrücken ist)

$$\beta(1 + \lambda) = v^{\mathrm{IV}} + (2 + \lambda) v^{\mathrm{II}} - \frac{1}{p} (v^{\mathrm{VI}} + v^{\mathrm{IV}} - v^{\mathrm{II}}),$$

$$\frac{Q_y a^2}{C} = (1 + \lambda) \beta^{\mathrm{I}} + v^{\mathrm{I}} - \lambda v^{\mathrm{III}} - \frac{1}{p} (\beta^{\mathrm{III}} + v^{\mathrm{III}}).$$

Die Berechnung der acht Konstanten auf Grund der obigen Bedingungen erfordert natürlich ziemlich umfangreiche Rechnungen, deren ausführliche Wiedergabe unterbleiben soll. Wir beschränken uns im folgenden auf den Sonderfall des

eingespannten Halbkreisbogens.

Mit den Abkürzungen

$$\mathfrak{S}_1 \equiv \operatorname{Sin} \zeta \frac{\pi}{2}, \; \mathfrak{C}_1 \equiv \operatorname{Cof} \zeta \frac{\pi}{2}, \; \frac{Pa^3}{2C} = m_1, \; \Lambda = \frac{2 \lambda p}{1 + p(1 + \lambda)}$$

läßt sich die Senkung v_0 des Bogenscheitels, auf deren Kenntnis es bei der hier beabsichtigten Entwicklung einer Näherungsformel für die Grundschwingzahl wesentlich ankommt, aus Gl. (100) mit $\varphi = 0$ in der Form $v_0 = m_1 \, . \, \Phi$ darstellen, worin

$$\Phi \,.\, \Lambda\,(p+1)^2\,[p\Lambda\,\mathfrak{C}_1 - \frac{\pi}{2}\,\zeta\,(1+p)\,\mathfrak{S}_1] =$$

$$= p\Lambda\;[5 - \frac{\pi}{2} + p\,(1 - \frac{\pi}{2})] + (1+p)\,[p\,(2-\pi) - 2\,\pi] +$$

$$+ (1+p)\,\mathfrak{C}_1\,\{\Lambda^2 p^2\,(\frac{\pi}{2} - 2) + p\Lambda\,[p\,(\pi-2) + \frac{3}{2}\pi - 5] + p\,(\pi-2) + 2\pi\} +$$

$$+ \zeta\,\mathfrak{S}_1\,\left\{\Lambda\left[\frac{\pi}{2}\,p\,(1+p)\,[p\,(2-\frac{\pi}{2}) + 1 - \frac{\pi}{2}] + p\,(p+3) - 2\right] +\right.$$

$$\left. + (1+p)\,[p\,(p+3+\pi) - \frac{\pi^2}{4}\,(p+1)\,(p+2)]\right\}. \tag{101}$$

Da die Formänderungsarbeit A_i gleich ist der Arbeit $\frac{P\,v_0}{2}$ der Last P, so ergibt sich wegen $P = \frac{2\,C}{a^3}\,m_1$ und $v_0 = m_1\,.\,\Phi$

$$A_i = \frac{C}{a^3\,\Phi}\,v_0^2.$$

Die kinetische Energie T beträgt einschließlich des rotatorischen Anteiles (ohne Berücksichtigung des geringfügigen Anteiles der Trägheit der Querschnittsverwölbung)

$$T = \mu_1 a\omega^2 \int\limits_0^{\frac{\pi}{2}} v^2 d\varphi + \mu_1 a\omega^2 i_x^2 \int\limits_0^{\frac{\pi}{2}} \left(\frac{dv}{ds}\right)^2 d\varphi + \mu_1 a\omega^2 i_p^2 \int\limits_0^{\frac{\pi}{2}} \beta^2 d\varphi.$$

Wollte man die kinetische Energie T unter Zugrundelegung des Ansatzes (100) für $v\,(\varphi)$ tatsächlich berechnen, so würde dies eine ungemein umständliche Rechnung erfordern. Da es uns auf die Gewinnung einer Näherungsformel ankommt, vereinfachen wir die Rechnung dadurch, daß wir für die Berechnung obiger Integrale die Schwingungskoordinaten $v\,(\varphi)$ und $\beta\,(\varphi)$ durch die einfachen Ansätze

$$\begin{aligned} v\,(\varphi) &= v_0 \cos^2 \varphi, \\ \beta\,(\varphi) &= \beta_0 \cos^2 \varphi, \end{aligned} \tag{102}$$

ersetzen, womit den für diese Koordinaten vorgeschriebenen Rand- und Symmetriebedingungen entsprochen ist; v_0 bedeutet die schon berechnete Scheitelsenkung des Bogens bei Wirkung der Scheitellast P. Der Zusammenhang von v_0 und β_0 ergibt sich aus der Gleichung (93) bei

Benutzung von (102) mit $\varphi = 0$ und mit einigen zulässigen Vernachlässigungen zu

$$\beta_0 (1 + \lambda) = v_0 \cdot \eta$$

worin der Beiwert η durch

$$\eta = 4 - 2\lambda - k + \frac{22 - 3k}{p} \tag{103}$$

bestimmt ist.

Hiemit ergibt sich

$$T = \frac{3\pi}{16} \mu_1 a \omega^2 (1 + \tau) v_0^2,$$

wo

$$\tau = \frac{i_p^2 \eta^2 + {}^4/_3\, i_x^2}{a^2} \tag{104}$$

den Einfluß der rotatorischen Trägheit darstellt.

Die Extremumbedingung für das kinetische Potential

$$\Psi = A_i - T = \frac{C v_0^2}{a^3 \Phi} - \frac{3\pi}{16} \mu_1 a \omega^2 v_0^2 (1 + \tau)$$

ergibt, wenn mit Hilfe der Gl. (43_1) anstatt ω^2 wieder der dimensionslose Wert k eingeführt wird,

$$k = \frac{16}{3\pi \lambda \Phi (1 + \tau)} \tag{105}$$

als Näherungsformel zur Berechnung der Grundfrequenz der betrachteten symmetrischen Eigenschwingung.

Für $p = \infty$ geht dieser Ausdruck nach Durchführung des Grenzüberganges in (101) und Vernachlässigung der rotatorischen Trägheit ($\tau = 0$) über in

$$[k] = \frac{16}{3\left[\left(\frac{3\pi^2}{4} - 2\pi - 1\right)\lambda + \left(\frac{\pi^2}{4} - 1\right)\right]}. \tag{106}$$

Dieses $[k]$ stimmt überein mit jenem Werte, der sich aus der von *F. H. Brown*[1] ohne Rücksicht auf Flanschenbiegung abgeleiteten Formel für den Sonderfall des Halbkreisbogens ergibt. (Vgl. hiezu Abschnitt

[1] *F. H. Brown.* J.-Franklin-Inst. 218 (1934), S. 41. Man findet die *Brown*sche Formel umgeschrieben auf den dimensionslosen Wert k und für $\alpha = \pi/_2$ in der Arbeit von *K. Federhofer*, Sitz.-Ber. Akad. Wiss. Wien, Abt. IIa, Bd. 145 (1936), S. 29, Gl. (22b) und (23).

D, 3, b, γ.) Zahlentafel 3 enthält eine Zusammenstellung der aus Gl. (104)

Zahlentafel 3. *Einflußzahl τ (Gl. 104) für Drehungsträgheit in Abhängigkeit von a/h beim beidseitig eingespannten Halbkreisbogen mit I-Querschnitt (Erste Biegungs-Drillungsschwingung).*

I-Profil	Einflußzahl τ für Drehungsträgheit		
	$\frac{a}{h} = 5$	10	20
8	0,0411	0,0104	0,00260
10	0,0407	0,0103	0,00257
15	0,0396	0,00997	0,00250
20	0,0392	0,00986	0,00247
25	0,0390	0,00980	0,00245
30	0,0383	0,00962	0,00241
36	0,0377	0,00948	0,00237
40	0,0374	0,00940	0,00235
45	0,0372	0,00935	0,00234
50	0,0369	0,00926	0,00232
55	0,0372	0,00934	0,00234
60	0,0367	0,00909	0,00230

berechneten τ-Werte, wobei für $k \sim [k]$ (nach Gl. (106)) eingetragen wurde. Diese Tafel zeigt, daß für die hier allein betrachtete symmetrische Grundschwingung der Einfluß der Drehungsträgheit auf k selbst bei dem stark gekrümmten Bogenträger $\frac{a}{h} = 5$ nur rund 4 v. H. ausmacht und für schwächere Krümmung der Bogenachse rasch abfällt. Da es uns im weiteren auf die Ermittlung des weitaus größeren Einflusses des Wölbwiderstandes ankommt, so wollen wir einfach $\tau = 0$ setzen und schreiben nun Gl. (105) mit einem nur vom Parameter p abhängigen Beiwert $\vartheta(p)$ zweckmäßig in der Form

$$k = [k]\,\vartheta(p) \tag{107}$$

und es ist, wie der Vergleich mit (105) und (106) zeigt,

$$\vartheta(p) = \frac{1}{\pi\lambda\Phi}\left[\left(\frac{3\pi^2}{4} - 2\pi - 1\right)\lambda + \frac{\pi^2}{4} - 1\right]. \tag{108}$$

Dieser Beiwert ϑ gestattet die Beurteilung des Einflusses des „Wölbwiderstandes" auf die Größe von k und damit auf ω^2 und auf die Grundschwingzahl der symmetrischen Eigenschwingung des an den Enden eingespannten Halbkreisbogens.

Man findet in Zahlentafel 4 eine Zusammenstellung der Beiwerte ϑ

Zahlentafel 4. *Erste Biegungs-Drillungsschwingung des beidseitig eingespannten Halbkreisbogens mit I-Querschnitt. Einflußzahl ϑ (p) (Gl. 108) für Wölbwiderstand in Abhängigkeit vom Profile und von a/h. — Werte der Einsenkungsfunktion Φ (Gl. 101); Werte $[k]$ (Gl. 106) bei Vernachlässigung der Flanschbiegung und Drehungsträgheit.*

I-Profil	$[k]$	$a/h = 5$		$a/h = 10$		$a/h = 20$	
		ϕ	ϑ	ϕ	ϑ	ϕ	ϑ
8	0,153	0,0075	5,29	0,0160	2,47	0,0255	1,55
10	0,130	0,0070	5,61	0,0154	2,55	0,0249	1,57
15	0,101	0,0063	6,17	0,0145	2,69	0,0240	1,61
20	0,088	0,0060	6,46	0,0141	2,76	0,0238	1,63
25	0,082	0,0059	6,61	0,0139	2,80	0,0236	1,64
30	0,081	0,0063	6,17	0 0146	2,66	0 0242	1.60
36	0.081	0,0068	5,72	0,0154	2,53	0,0249	1,56
40	0,081	0,0070	5,54	0,0157	2,47	0,0250	1,55
45	0,081	0,0073	5,34	0,0161	2,41	0,0255	1,52
50	0,081	0,0075	5,18	0,0164	2,36	0,0257	1,51
55	0,081	0,0076	5,13	0,0166	2,34	0,0258	1,50
60	0,082	0,0079	4,94	0,0170	2,29	0,0261	1,48

für verschiedene I-Profile nebst Angabe der aus (106) und (101) gerechneten Werte $[k]$ und Φ.[1]

Aus dieser Zahlentafel ist zu entnehmen, daß sich die versteifende Wirkung des Wölbwiderstandes in einer sehr beträchtlichen Erhöhung des Wertes k und damit auch der Grundschwingzahl ω äußert. Dieser Einfluß wächst mit zunehmender Bogenkrümmung, er ist aber von

[1] Die gleichzeitig in dieser Zahlentafel eingetragenen Werte ϕ ermöglichen — da $v_0 = \frac{Pa^3}{2C} \phi$ — die unmittelbare Berechnung der Scheitelsenkung des mit der Scheitellast P belasteten Balkonträgers mit I-Querschnitt bei Berücksichtigung des Wölbwiderstandes.

der Profilhöhe nahezu unabhängig. Bei einem Bogenträger $\frac{a}{h} = 5$ steigt der Wert k infolge des Wölbwiderstandes auf das rund 5-fache an, was einer Erhöhung der Grundfrequenz ω auf mehr als das Doppelte gleichkommt; aber auch bei dem viel schwächer gekrümmten Bogenträger $\frac{a}{h} = 20$ bewirkt der Wölbwiderstand noch immer eine Erhöhung der Grundfrequenz um rund 20 v. H. Beim Vergleiche der ϑ und τ-Werte erkennt man auch die Zulässigkeit der Vernachlässigung der rotatorischen Trägheit bei Berechnung des Einflusses der Flanschenbiegung.

d) Die Frequenzengleichungen für den an beiden Enden gelenkig festgehaltenen Kreisbogenträger.

Der Bogenträger sei an beiden Enden in einem das I-Profil umschließenden Rahmen (Abb. 6) so gelagert, daß dort eine Drehung um die durch S gehende, mit der Hauptnormalen der Zentrallinie AA zusammenfallende *feste* Achse DD ermöglicht, hingegen eine Verdrillung ϑ restlos verhindert wird. Da hienach an den so festgehaltenen Enden die Verschiebung v verschwindet, so wird auch $\beta = 0$. Hingegen ist die Stirnflächenverwölbung der beiden Endquerschnitte bei dieser Lagerungsart frei zugelassen, womit (wegen $\varepsilon = 0$) $\vartheta^{\mathrm{II}} = 0$ wird. Da die Variationen $\delta(\beta^{\mathrm{I}})$ und $\delta(v^{\mathrm{I}})$ nicht Null sind, so fordern die Randbedingungen $(65_{4,6})$ das Verschwinden von $\int h^* \, d\varphi$ und B_x an den Enden; somit hat das Integral der Schwingungsgleichung (85) folgende Bedingungen an den beiden Bogenenden zu erfüllen:

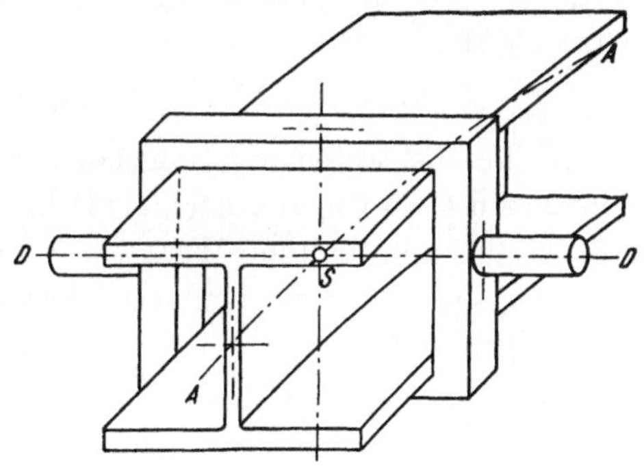

Abb. 6. Gelenkige Lagerung des Bogenendes in der festen Drehachse DD bei Behinderung der Verdrillung und ohne Behinderung der Stirnflächenverwölbung.

$$v = 0, \beta = 0, v^{\mathrm{II}} = 0, \beta^{\mathrm{II}} = 0.$$

Hiezu treten noch die im Abschnitte b (α), bzw. (β) angeführten 4 Symmetrie-, bzw. Gegensymmetriebedingungen an der Stelle des

Bogenscheitels. Wir messen den Winkel φ zweckmäßig von der Bogensymmetralen aus und befriedigen die Schwingungsgleichung (85) im Falle der

symmetrischen Schwingungen mit dem Ansatze

$$v(\varphi) = v_0 \cos \frac{n\pi}{2} \frac{\varphi}{\alpha}, \tag{109}$$

($n = 1, 3, 5 \ldots$), der sämtliche Rand- und Symmetriebedingungen befriedigt, und im Falle der

gegensymmetrischen Schwingungen mit dem Ansatze

$$v(\varphi) = v_n \sin \frac{n\pi}{2} \frac{\varphi}{\alpha}, \tag{110}$$

($n = 2, 4, 6 \ldots$), der alle Bedingungen der Gegensymmetrie und die Randbedingungen erfüllt.

Wird zur Abkürzung

$$\frac{n\pi}{2\alpha} = \nu \tag{111}$$

gesetzt, so ergibt die Einsetzung obiger Ansätze in die Schwingungsgleichung (85)

$$\nu^8 - a_2\nu^6 + a_4\nu^4 - a_6\nu^2 + a_8 = 0, \tag{112}$$

wodurch für die aufeinanderfolgenden Ordnungszahlen n der Teilschwingungen (also für nun nach (111) bekanntes ν) unmittelbar der in den Beiwerten a enthaltene Wert k_n und damit die zugehörige Kreisfrequenz ω_n sowohl für die symmetrischen als auch gegensymmetrischen Schwingungen bestimmt ist.

Mit der hier wie beim vollen Ring mit I-Querschnitt erlaubten Vernachlässigung der Werte λ_x und λ_p als klein gegenüber der Einheit lautet diese Frequenzengleichung nach Eintragen der in (85a) angegebenen Beiwerte a

$$\nu^8 - (2-p)\nu^6 + [1-k-p(2+\lambda\lambda_p)]\,\nu^4 + p(1-k-\lambda\lambda_x)\nu^2 - \lambda p k = 0. \tag{113}$$

Hieraus folgt

$$k = \frac{\nu^2(\nu^2-1)^2 + \dfrac{\nu^4(\nu^2-1)^2}{p}}{\nu^2 + \lambda + \lambda\nu^2 \dfrac{i_p{}^2\nu^2 + i_x{}^2}{a^2} + \dfrac{\nu^4}{p}}, \tag{114}$$

übereinstimmend mit Gl. (88), wenn dort das ganzzahlige n durch den hier gemäß (111) i. a. *nicht* ganzzahligen Wert ν ersetzt wird.

Setzen wir das im Nenner stehende, die Drehungsträgheit berücksichtigende Glied

$$\lambda \nu^2 \frac{i_p^2 \nu^2 + i_x^2}{a^2} = \chi_2$$

und bezeichnen wieder den aus (114) bei Vernachlässigung der rotatorischen Trägheit und des Wölbwiderstandes aus (114) entstehenden Wert mit k_0, so daß

$$k_0 = \frac{\nu^2 (\nu^2 - 1)^2}{\nu^2 + \lambda} \tag{115}$$

wird, so läßt sich Gl. (114) in der Form

$$k = k_0 F(\chi_2, p) \tag{116}$$

darstellen, wo

$$F(\chi_2, p) = \frac{1 + \frac{\nu^2}{p}}{1 + \frac{\chi_2}{\nu^2 + \lambda} + \frac{\nu^4}{p(\nu^2 + \lambda)}} \tag{117}$$

den Gesamteinfluß von Wölbwiderstand und Drehungsträgheit auf den Wert k angibt.

In der Zahlentafel 5 sind für den *Halbkreisbogen* $\alpha = \frac{\pi}{2}$ und die dort angegebenen I-Profile die Zahlen $\frac{\chi_2}{\nu^2 + \lambda}$ für die Beurteilung des Einflusses der Drehungsträgheit (zweites Glied im Nenner der Gl. 117) zusammengestellt, und zwar für die erste „Symmetrische" ($n = 3$) und erste „Gegensymmetrische" ($n = 2$); der ersteren entspricht im Ansatze (109) für $v(\varphi)$ ein $n = 3$, denn $n = 1$ liefert — da beim Halbkreisbogen die beiden Gelenkachsen in einen Kreisdurchmesser fallen — eine Drehung des starren halben Kreisringes um diesen Durchmesser und daher gemäß (115) den Wert $k_0 = 0$. Da beim Halbkreisbogen wegen $\alpha = \frac{\pi}{2}$ gemäß (111) $\nu = n$ wird, so deckt sich Formel (115) für k_0 mit Gl. (90) und es können daher die zu $n = 2$ und $n = 3$ gehörigen Werte von k_0 der Zahlentafel 1 entnommen werden.

Zahlentafel 5. *Biegungs-Drillungsschwingungen von der Ordnung $n = 2$ und 3 des Halbkreisbogens mit gelenkiger Lagerung seiner Enden und I-Querschnitt. — Einflußzahl* $\frac{\chi_2}{\nu^2 + \lambda}$ *(Gl. 117) für Drehungsträgheit.*

I-Profil	$\frac{a}{h} = 5$		$\frac{a}{h} = 10$		$\frac{a}{h} = 20$	
	$n = 2$	$n = 3$	$n = 2$	$n = 3$	$n = 2$	$n = 3$
8	0,1570	0,6995	0,0392	0,1749	0,00981	0,0437
10	0,1552	0,6928	0,0388	0,1732	0,00970	0,0433
15	0,1505	0,6735	0,0376	0,1684	0,00941	0,0421
20	0,1487	0,6661	0,0372	0,1665	0,00930	0,0416
25	0,1478	0,6624	0,0370	0,1656	0,00924	0,0414
30	0,1450	0,6493	0,0362	0,1623	0,00906	0,0406
36	0,1429	0,6398	0,0357	0,1600	0,00893	0,0400
40	0,1417	0,6340	0,0354	0,1585	0,00885	0,0396
45	0,1408	0,6301	0,0352	0,1575	0,00880	0,0394
50	0,1395	0,6240	0,0349	0,1560	0,00872	0,0400
55	0,1406	0,6290	0,0351	0,1573	0,00879	0,0393
60	0,1385	0,6194	0,0346	0,1549	0,00865	0,0387

Der Einfluß der Drehungsträgheit macht sich hier, wie der Vergleich mit den Angaben der Zahlentafel 3 zeigt, wegen der größeren Biegewinkel, viel stärker bemerkbar als beim gleichbemessenen, an den Enden vollkommen eingespannten Halbkreisbogen. Die Anlage einer eigenen Zahlentafel für die den Gesamteinfluß von Drehungsträgheit und Wölbwirkung auf den Wert k kennzeichnende Einflußzahl $F(\chi_2, p)$ nach Gl. (117) erweist sich hier überflüssig, da diese Zahl mit den Angaben der Zahlentafel 2 für $F(\chi_1, p)$ beim geschlossenen Kreisring (Gl. 92) wegen $n = \nu$ in den Spalten $n = 2$ und $n = 3$ vollkommen übereinstimmt. Die an den Endquerschnitten frei zugelassene Stirnflächenverwölbung hat eine wesentliche Abschwächung des Verwölbungseinflusses gegenüber jenem beim vollkommen eingespannten Halbkreisbogen (Werte ϑ in Zahlentafel 4) zur Folge, trotzdem überwiegt aber seine versteifende Wirkung den frequenzverkleinernden Einfluß der Drehungsträgheit im Bereiche $n = 2, 3$, denn die Werte $F(\chi_2, p)$ sind durchwegs größer als Eins.

2. Einfach-symmetrische, quasi-wölbfreie Querschnitte.

Bei der Drillung erfahren diese Querschnittsformen nur kleine Verwölbungen innerhalb ihrer Wanddicken, so daß solche einfach symmetrische Querschnitte (Abb. 7) dadurch gekennzeichnet sind, daß der auf den Schubmittelpunkt M bezogene Wölbwiderstand $C_M = 0$ und daher auch $\varrho_M = 0$ gesetzt werden darf.

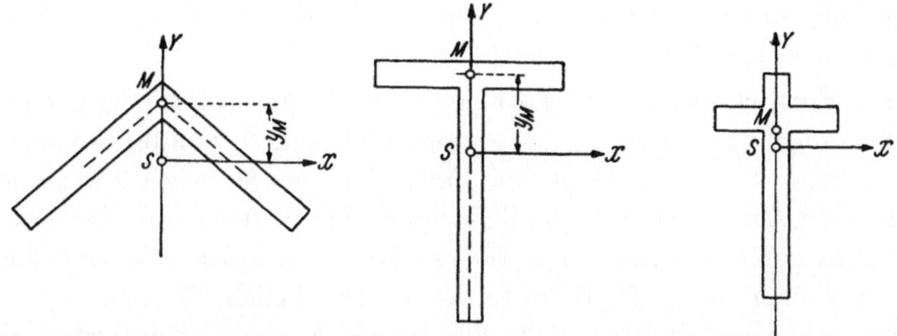

Abb. 7. Einige einfach-symmetrische, quasi-wölbfreie dünnwandige Querschnitte.

a) Fällt die den Schubmittelpunkt enthaltende Symmetrieachse des Querschnitts *in* die Kreisebene, so daß $\varrho_y = 0$ und somit auch $\varrho_s - \frac{\varrho_x^2}{\nu_x} = 0$ ist, so gilt für die *Biegungs-Dehnungsschwingungen in der Kreisebene* die Gleichung (75a) unverändert, denn diese Schwingungen werden wegen der durch $\varrho_y = 0$ eingetretenen Entkoppelung des Systems (56) der allgemeinen vier Schwingungsgleichungen von den Biegungs-Drillungsschwingungen senkrecht zur Kreisebene nicht beeinflußt.

Hingegen vereinfacht sich die Grundgleichung (75b) für die durch (v, β) beschriebenen *Biegungs-Drillungsschwingungen senkrecht zur Kreisebene* wegen $\varrho_M = 0$ zu

$$\bar{a}_2\, v^{\mathrm{VI}} + \bar{a}_4\, v^{\mathrm{IV}} + \bar{a}_6\, v^{\mathrm{II}} + \bar{a}_8\, v = 0, \tag{118}$$

wobei die Koeffizienten $\bar{a}$ mit Hilfe der korrespondierenden Beiwerte a der Gl. (76) und mit Verwendung der in (53) und (82) eingeführten Hilfswerte λ_x, λ_p, λ und p sich in der Form

$$\bar{a}_2 = 1 - \frac{1}{p}\left(\frac{k}{f} + \lambda_x\right),$$

$$\bar{a}_4 = \left(1 - \frac{k}{f}\,\frac{1}{p}\right)(2 + \lambda_x) + \lambda\lambda_p(1 - 2\varrho_x) + \frac{1}{p}\,(k + \lambda_p) - 2\varrho_x\lambda\lambda_x, \tag{119}$$

$$\bar{a}_6 = (1 - k - \lambda_p)(1 - \lambda \lambda_x - \frac{k}{f}\frac{1}{p}) - \lambda k(-2\varrho_x + \lambda_x),$$

$$\bar{a}_8 = \lambda k(1 - \lambda_p)$$

darstellen lassen. Es tritt demnach eine Reduktion der Differentialgleichung 8. Ordnung in eine von der *6. Ordnung* ein; naturgemäß entfallen hiemit auch zwei Randbedingungen, und zwar jene, die sich zufolge der vorausgesetzten Wölbfreiheit auf die Verwölbung der Endquerschnitte beziehen.

Die Entwicklung der zu (118) gehörigen Frequenzengleichung dieser Schwingungen auf Grund von vorgeschriebenen 6 Randbedingungen bietet keine Schwierigkeiten; im Falle eines *geschlossenen* Ringes ist auch deren Auflösung, d. h. die Berechnung des Wertes k (und der damit bestimmten Kreisfrequenzen ω) für die dann *ganzzahligen* Wellenzahlen n — wie schon unter (D, a) erörtert — leicht möglich. Dagegen können solche Schwierigkeiten im Falle des *offenen* Kreisringes auftreten, da dann in der Frequenzengleichung drei verschiedene, von k abhängige Argumente vorkommen, die der zu (118) gehörigen Hauptgleichung genügen müssen, deren Wurzeln auch imaginär und komplex sein können. Über diesen Sachverhalt wird in (D 3) berichtet werden.

b) Wenn die den Schubmittelpunkt enthaltende Symmetrieachse *senkrecht* zur Kreisebene steht, so daß $\varrho_x = 0$ und mithin gemäß (71)

$$\varrho_M = \varrho_S - \frac{\varrho_y^2}{\nu_y} = 0 \tag{120}$$

wird, so bleibt die Koppelung der durch (u, v, w^*, β) beschriebenen vier Teilschwingungen zwar aufrecht, aber in Folge der vorausgesetzten Wölbfreiheit tritt eine Reduktion der im Abschnitte (C b), (Gl. 79) entwickelten Schwingungsgleichungen 16. Ordnung in solche von 14. Ordnung ein; denn von den dort in (79a) angeschriebenen Koeffizienten a_{2n} verschwindet neben a_{16} wegen Gl. (120) auch a_0, während a_2 und $a_{14} \neq 0$ sind. Diese Vereinfachung, die den Grad der Frequenzengleichung um zwei Einheiten ermäßigt, erstreckt sich natürlich auch auf die Zahl der Randbedingungen.

3. Doppelt-symmetrische und quasi-wölbfreie Querschnitte.

Solche Sonderquerschnitte sind gekennzeichnet durch $\varrho_x = 0$, $\varrho_y = 0$, $\varrho_s = 0$. Ausgehend von dem für die Anwendungen im Stahlbau wichtigsten, in (D 1) ausführlich behandelten doppelt-symmetrischen I-Querschnitt mit dünnem Steg und verhältnismäßig breiten Flanschen, für den $J_{Fl} \neq 0$ ist, kann das bei den hier zu besprechenden quasiwölbfreien Querschnitten zu fordernde Verschwinden von ϱ_S (d. h. von C_S) gemäß (81) in zweifacher Art erzielt werden: Durch Fortnahme des Flanschenpaares, so daß nur mehr der schmale Stegquerschnitt verbleibt ($J_{Fl} = 0$) oder bei Beibehaltung der Flanschen und des Steges durch Verkleinerung des Abstandes h der Flanschachsen bis auf den Wert Null herab, so daß in der Grenze ein aus zwei schmalen Rechtecken gebildeter Kreuzquerschnitt (Abb. 8) entsteht[1].

Abb. 8. Kreuzquerschnitt.

Beiden Grenzformen entspricht wegen $\varrho_s = 0$ nach (82) ein unendlich großer Parameter p; für zwischen dem Breitflansch I-Profil und dem

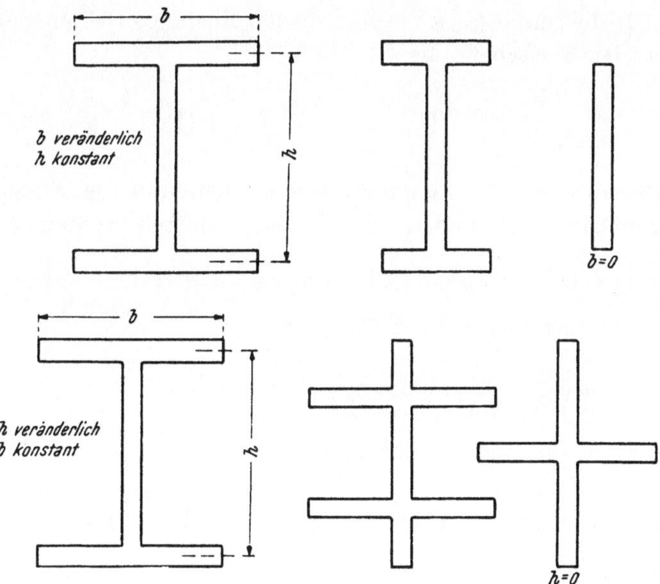

Abb. 9. Übergang vom Breitflansch I-Profil zum quasi-wölbfreien schmalen Rechteck oder zum Kreuzquerschnitt.

schmalen Rechteck, bzw. Kreuzquerschnitt liegende Profile (Abb. 9) kann daher ein und derselbe endliche Parameter p durch geeignete Wahl

[1] Durch solche Überlegungen gelangte *E. Chwalla* zu einer Klassifizierung der Ergebnisse seiner Untersuchungen über die Kippung gerader Stäbe mit

einer geringeren Flanschenbreite *oder* eines kleineren Abstandes der Flanschachsen erreicht werden.

Mit den beim doppelt-symmetrischen und quasi-wölbfreien Querschnitt gültigen Werten $\varrho_x = 0$, $\varrho_s = 0$, $p = \infty$ geht die Grundgleichung (118) über in

$$v^{VI} + (2 + \lambda_x + \lambda\,\lambda_p)\,v^{IV} + [(1 - k - \lambda_p)\,(1 - \lambda\,\lambda_x) - k\,\lambda\lambda_x]\,v^{II} + \\ + \lambda\,k\,(1 - \lambda_p)\,v = 0, \qquad (121)$$

so daß bei Unterdrückung jener Glieder, die dem Einflusse der Drehungsträgheit Rechnung tragen, folgende Grundgleichung für die durch (v, β) beschriebenen Biegungs-Drillungsschwingungen senkrecht zur Kreisebene entsteht[1]

$$v^{VI} + 2\,v^{IV} + (1 - k)\,v^{II} + \lambda\,k\,v = 0. \qquad (122)$$

Unter den gleichen Voraussetzungen gilt nach den Ausführungen in (C, a) für die durch (u, w) beschriebenen Biegungs-Dehnungsschwingungen in der Kreisebene die Gl. (75*)

$$w^{VI} + (2 + \frac{k}{f})\,w^{IV} + (1 - k - \frac{k}{f})\,w^{II} + k\,(1 - \frac{k}{f})\,w = 0. \qquad (123)$$

Für diese beiden Schwingungsklassen sollen nun die Frequenzengleichungen aufgestellt und deren Wurzeln ermittelt werden.

a) Biegungs-Dehnungsschwingungen in der Kreisebene.

Das allgemeine Integral von (123) ist

$$w\,(\varphi) = \sum_{\varkappa=1}^{3} (A_\varkappa \cos n_\varkappa \varphi + B_\varkappa \sin n_\varkappa \varphi), \qquad (124)$$

worin n_1, n_2, n_3 die Wurzeln der Hauptgleichung

$$n^6 - (2 + \frac{k}{f})\,n^4 + (1 - k - \frac{k}{f})\,n^2 - k\,(1 - \frac{k}{f}) = 0 \qquad (125)$$

---

einfach-symmetrischen dünnwandigen offenen Querschnitten, wobei die klassische Kipptheorie von *Prandtl* und *Michell* (für einen schmalen Rechteckquerschnitt) und jene von *Timoshenko* (für das symmetrische breitflanschige I-Profil) als Grenzfälle seiner allgemeinen Kipptheorie festgestellt wurden. Vgl. Sitz.-Ber. Akad. Wiss. Wien, Abt. IIa, 153 (1944), S. 25.

[1] Vgl. *K. Federhofer*, Sitz.-Ber. Akad. Wiss. Wien, Abt. IIa, 145 (1936), S. 29. Dort ist diese Differentialgleichung für die Eigenfunktion $v\,(\varphi)$ unmittelbar aus jener der Biegelinie für den senkrecht zu seiner Ebene mit den translatorischen Trägheitskräften $\mu_1\,v\,\omega^2$ belasteten Kreisbogen abgeleitet und die hiezugehörige Frequenzberechnung durchgeführt.

sind. Die vom Ansatz (124) zu erfüllenden Randbedingungen liefern sechs lineare, homogene Gleichungen für die sechs Integrationskonstanten $A_\varkappa$, B und es führt die Bedingung des Nullwerdens ihrer Koeffizientendeterminante zur gesuchten Frequenzengleichung, deren Wurzeln k zu berechnen sind; mit ihnen sind die Kreisfrequenzen ω und sekundlichen Schwingzahlen $n_s = \frac{\omega}{2\pi}$ bestimmt.

Da in der Frequenzengleichung drei verschiedene Argumente vorkommen, die der Gl. (125) genügen müssen, deren Wurzeln auch imaginär und komplex sein können, so bereitet ihre Auflösung und die Diskussion der Ergebnisse gewisse Schwierigkeiten, die *H. Lamb*[1] zu der Feststellung veranlaßten, daß „die Deutung der Lösungen im allgemeinen schwierig sein wird, außer in dem Falle, daß die Anfangskrümmung gering ist". Die verhältnismäßig einfache Behebung dieser Deutungsschwierigkeiten gelang *F. W. Waltking*[2], der in seiner den Fall des *Zweigelenkbogens* erschöpfend behandelnden Untersuchung mit Verwertung der von *Den Hartog*[3] nach der energetischen Methode gewonnenen Näherungswerte der Frequenzengleichungen zunächst festgestellt hat, daß diese grundsätzlichen Schwierigkeiten im allgemeinen dann nicht vorhanden sind, wenn beim Zweigelenkbogen der Zentriwinkel $2\alpha < 145^0$, beim eingespannten Bogen $< 180^0$ ist, womit für die praktisch verwendeten Formen von Bogenträgern zumeist wohl das Auslangen gefunden wird. Für solche Bogenträger tritt dann in der für n^2 kubischen Hauptgleichung der „irreduzible" Fall ein, so daß alle drei Wurzeln n^2 reell sind. Bei *dehnungsloser* Bogenachse ($f = \infty$) ist das Vorliegen dieses Falles dadurch gekennzeichnet, daß k oberhalb eines Grenzwertes $k_g = 17{,}637$ gelegen ist; dann bleibt eine der Wurzeln, z. B. n_1^2, immer positiv, während n_2^2 und n_3^2 stets negative Werte annehmen, so daß die Wurzel n_1 reell ist, n_2 und n_3 aber rein imaginär werden, wobei n_3 nahezu konstant bleibt und mit wachsendem k der Grenze $n_3 = i$ $(i = \sqrt{-1})$ zustrebt.

Unterhalb der Grenze k_g fallen die Wurzeln der Hauptgleichung zum Teil komplex aus und dies ist der Bereich, auf welchen die obige Bemerkung von *H. Lamb* zu beschränken ist.

---

[1] *H. Lamb*, Proc. Lond. math. Soc. 19 (1888), S. 365. Vgl. auch *A. E. H. Love*, Lehrbuch der Elastizität, S. 519, Leipzig 1907 und *S. Timoshenko*, Schwingungsprobleme der Technik, S. 325, Berlin 1932.

[2] *F. W. Waltking*, Ing.-Arch. 5 (1934), S. 429.

[3] *J. P. Den Hartog*, Phil. Mag. 5 (1928), S. 400.

Bei *dehnbarer* Bogenachse sind die Wurzeln n_1, n_2, n_3 zwar abhängig von f, doch zeigt sich in den Werten n_1 und n_2 für die praktisch in Betracht kommenden Schlankheitsgrade $(\frac{1}{f} \lesseqgtr \frac{1}{1000})$ fast völlige Übereinstimmung mit jenen bei dehnungsloser Bogenachse, während die Abhängigkeit der Wurzel n_3 von k sich jetzt wesentlich verschieden von jener bei dehnungsloser Bogenachse ergibt: Der imaginäre Wert n_3 bleibt *nicht* konstant, sondern nimmt zunächst bis auf Null (an der Stelle $k = f$) ab, wird von hier an wieder reell und steigt mit wachsendem k über Eins hinaus an. Im Falle der dehnungslosen Bogenachse rückt demnach übereinstimmend mit der obigen Angabe $n_3 = i$ die Nullstelle ($k = f$) ins Unendliche.

Der nun folgenden Aufstellung der Frequenzengleichungen sei ein *Zweigelenkbogen* zugrundegelegt. Um die Randbedingungen durch die in der Lösung (124) enthaltenen 6 Integrationskonstanten ausdrücken zu können, muß vorerst die zweite (radiale) Schwingungskoordinate u in linearer Abhängigkeit von w und deren Ableitungen dargestellt werden. Zu diesem Zwecke benutzen wir die beiden für w^*, u bestehenden Gleichungen (73)

$$\begin{aligned} {}_{\mathrm{I}}\Gamma_u\, u - {}_{\mathrm{III}}\Gamma_u\, w^* &= 0, \\ {}_{\mathrm{III}}\Gamma_u\, u + {}_{\mathrm{III}}\Gamma_w\, w^* &= 0, \end{aligned}$$

die mit Benutzung der Formeln (49) und mit

$$\begin{aligned} \Lambda_3 (w^*) &= {}_{\mathrm{III}}\Gamma_u\, w^* \\ \Lambda_4 (w^*) &= {}_{\mathrm{III}}\Gamma_w\, w^* \end{aligned}$$

übergeführt werden in

$$\begin{aligned} {}_{\mathrm{I}}\gamma_u^{(4)} D^4 u + {}_{\mathrm{I}}\gamma_u^{(2)} D^2 u + ({}_{\mathrm{I}}\gamma_u^{(0)} u - \Lambda_3) &= 0, \\ {}_{\mathrm{III}}\gamma_u^{(4)} D^4 u + {}_{\mathrm{III}}\gamma_u^{(2)} D^2 u + \Lambda_4 &= 0, \end{aligned}$$

woraus mit leicht ersichtlichen Abkürzungen das folgende in D^6, D^4, D^2, 1 homogene Gleichungssystem entsteht

$$\begin{aligned} a_4 D^4 + a_2 D^2 + (a_0\, u - \Lambda_3) &= 0, \\ b_4 D^4 + b_2 D^2 + \Lambda_4 &= 0, \\ a_4 D^6 + a_2 D^4 + a_0 D^2 - \Lambda_3^{\mathrm{II}} &= 0, \\ b_4 D^6 + b_2 D^4 + \Lambda_4^{\mathrm{II}} &= 0. \end{aligned}$$

Demnach ist die gesuchte lineare Beziehung zwischen u und w^* und dessen Ableitungen gegeben durch

$$\begin{vmatrix} 0 & a_4 & a_2 & a_0 u - \Lambda_3 \\ 0 & b_4 & b_2 & \Lambda_4 \\ a_4 & a_2 & a_0 & -\Lambda_3^{II} \\ b_4 & b_2 & 0 & \Lambda_4^{II} \end{vmatrix} = 0.$$

Bei Vernachlässigung der Drehungsträgheit ($\lambda_y = 0$) und mit $\nu_y = 1$ ergibt sich aus (72): $a_4 = 1$, $a_2 = 0$, $a_0 = f - k$, $b_4 = -1$, $b_2 = f$, so daß, wenn wieder $D^2 w^* = w^I$ gesetzt wird, obige Gleichung in

$$(f-k)(f^2+f-k)\,u = (f^3+f^2-k^2)\,w^I - (f^2+2kf)\,w^{III} - f^2 w^V \qquad (126)$$

übergeht.

Mit den in der Arbeit *Waltking's* benutzten Abkürzungen

$$\alpha = \frac{1}{f},\ \frac{1}{\beta} = (1-\alpha k)(1+\alpha-\alpha^2 k),$$
$$c_I = 1+\alpha-\alpha^3 k^2,$$
$$c_{II} = \alpha(1+2\alpha k)$$

lautet Gl. (126)

$$u = \beta\,(c_I\, w^I - c_{III}\, w^{III} - \alpha\, w^V). \qquad (127)$$

Für den Biegewinkel ψ (im Abschnitte $A_{2,\,3}$ mit L_k bezeichnet) gilt nach Gl. (21) $\psi = u^I + w$; bei Beachtung von (127) und (123) und mit Benutzung der weiteren Abkürzungen

$$\frac{1}{\gamma} = 1+\alpha-\alpha^2 k,$$
$$c_0 = 1+\alpha+\alpha k-\alpha^2 k,$$
$$c_{II} = 1+2\alpha+\alpha^2 k$$

läßt sich der Ausdruck ψ leicht umformen in

$$\psi = \gamma\,(c_0\, w + c_{II}\, w^{II} + \alpha\, w^{IV}), \qquad (127a)$$

womit auch das Biegungsmoment B_y und die Querkraft Q_y unmittelbar durch die Eigenfunktion w und deren Ableitungen dargestellt werden können; denn es gilt nach Gl. (59):

$$\frac{B_y\, a}{E\, J_y} = u^{II} + w^I = \psi^I$$

und nach Gl. (57_5):

$$Q_x\, a = -B_y^I.$$

Am Rande $\varphi = 0$ hat die Lösung (124) die Bedingungen

$$w = 0,\ u = 0,\ B_y = 0$$

zu erfüllen; dies gibt die drei Bedingungsgleichungen

$$\Sigma A_\varkappa = 0, \qquad (a)$$
$$\Sigma n_\varkappa g_\varkappa B_\varkappa = 0, \quad (\varkappa = 1, 2, 3) \qquad (128)\,(b)$$
$$\Sigma n_\varkappa h_\varkappa B_\varkappa = 0, \qquad (c)$$

worin zur Abkürzung

$$\left.\begin{aligned} g_\varkappa &= c_{\mathrm{I}} + c_{\mathrm{III}}\, n_\varkappa^2 - \alpha\, n_\varkappa^4 \\ h_\varkappa &= c_0 - c_{\mathrm{II}}\, n_\varkappa^2 + \alpha\, n_\varkappa^4 \end{aligned}\right\} \quad (\varkappa = 1, 2, 3)$$

gesetzt ist.

α) Symmetrische Schwingungen.

Die am Bogenscheitel ($\varphi = \varphi_1$) zu erfüllenden Symmetriebedingungen $w = 0$, $\psi = 0$, $Q_x = 0$ liefern folgende drei Gleichungen

$$\Sigma (A_\varkappa \cos n_\varkappa \varphi_1 + B_\varkappa \sin n_\varkappa \varphi_1) = 0,$$
$$\Sigma h_\varkappa (A_\varkappa \cos n_\varkappa \varphi_1 + B_\varkappa \sin n_\varkappa \varphi_1) = 0,$$
$$\Sigma n_\varkappa^2 h_\varkappa (A_\varkappa \cos n_\varkappa \varphi_1 + B_\varkappa \sin n_\varkappa \varphi_1) = 0,$$

denen durch $A_\varkappa \cos n_\varkappa \varphi_1 + B_\varkappa \sin n_\varkappa \varphi_1 = 0$ genügt wird.

Da hienach

$$A_\varkappa = - B_\varkappa \operatorname{tg} n_\varkappa \varphi_1, \; (\varkappa = 1, 2, 3) \qquad (129)$$

so führt die Einsetzung dieses Ergebnisses in Gl. (128a) unmittelbar zur Frequenzengleichung in der Form

$$\begin{vmatrix} \operatorname{tg} n_1 \varphi_1 & \operatorname{tg} n_2 \varphi_1 & \operatorname{tg} n_3 \varphi_1 \\ n_1 g_1 & n_2 g_2 & n_3 g_3 \\ n_1 h_1 & n_2 h_2 & n_3 h_3 \end{vmatrix} = 0.$$

Bezeichnen e_1, e_2, e_3 die Unterdeterminanten der Elemente der ersten Zeile, so wird

$$\begin{aligned} e_1 &= n_2 n_3 (n_2^2 - n_3^2) [1 + \alpha (n_1^4 - k)], \\ e_2 &= n_3 n_1 (n_3^2 - n_1^2) [1 + \alpha (n_2^4 - k)], \\ e_3 &= n_1 n_2 (n_1^2 - n_2^2) [1 + \alpha (n_3^4 - k)] \end{aligned} \qquad (130)$$

und es lautet daher die Frequenzengleichung

$$e_1 \operatorname{tg} n_1 \varphi_1 + e_2 \operatorname{tg} n_2 \varphi_1 + e_3 \operatorname{tg} n_3 \varphi_1 = 0. \qquad (131)$$

Da zufolge der beiden in B_1, B_2, B_3 homogenen Gleichungen (128 b, c)

$$B_1 = e_1 C, \; B_2 = e_2 C, \; B_3 = e_3 C$$

sein muß, wo C eine neue, für die Frequenzengleichungen unwesentliche Konstante bedeutet, so entsteht bei Eintragung dieser Werte $B_\varkappa$ in

(127) mit Beachtung von (129) die Gleichung für die radiale Schwingungsamplitude $u(\varphi)$; wird dabei die betrachtete Bogenstelle φ durch den von der Symmetrieachse aus gemessenen Winkel $\vartheta = \varphi_1 - \varphi$ festgelegt, so entsteht

$$u(\vartheta) = C\beta\left(n_1 e_1 g_1 \frac{\cos n_1 \vartheta}{\cos n_1 \varphi_1} + n_2 e_2 g_2 \frac{\cos n_2 \vartheta}{\cos n_2 \varphi_1} + n_3 e_3 g_3 \frac{\cos n_3 \vartheta}{\cos n_3 \varphi_1}\right), \tag{132}$$

und es bestätigt das Auftreten der reinen cos-Funktionen die Symmetrie dieser Schwingungen bezüglich des Bogenscheitels.

β) Gegensymmetrische Schwingungen.

Da am Scheitel $\varphi = \varphi_1$ die Bedingungen $w^{\mathrm{I}} = 0$, $u = 0$, $u^{\mathrm{II}} = 0$ zu erfüllen sind, so entstehen die Gleichungen

$$\begin{aligned} &\Sigma\, n_\varkappa (-A_\varkappa \sin n_\varkappa \varphi_1 + B_\varkappa \cos n_\varkappa \varphi_1) = 0, \\ &\Sigma\, n_\varkappa g_\varkappa (-A_\varkappa \sin n_\varkappa \varphi_1 + B_\varkappa \cos n_\varkappa \varphi_1) = 0, \quad (\varkappa = 1, 2, 3) \\ &\Sigma\, n_\varkappa^3 g_\varkappa (-A_\varkappa \sin n_\varkappa \varphi_1 + B_\varkappa \cos n_\varkappa \varphi_1) = 0, \end{aligned}$$

aus denen folgt

$$-A_\varkappa \sin n_\varkappa \varphi_1 + B_\varkappa \cos n_\varkappa \varphi_1 = 0$$

oder

$$A_\varkappa = B_\varkappa \operatorname{ctg} n_\varkappa \varphi_1. \tag{133}$$

Hiemit ergibt sich in analoger Weise wie im Falle (α) die Frequenzengleichung

$$e_1 \operatorname{ctg} n_1 \varphi_1 + e_2 \operatorname{ctg} n_2 \varphi_1 + e_3 \operatorname{ctg} n_3 \varphi_1 = 0 \tag{134}$$

und es lautet die dazugehörige Amplitudengleichung

$$u(\vartheta) = C\beta\left(n_1 e_1 g_1 \frac{\sin n_1 \vartheta}{\sin n_1 \varphi_1} + n_2 e_2 g_2 \frac{\sin n_2 \vartheta}{\sin n_2 \varphi_1} + n_3 e_3 g_3 \frac{\sin n_3 \vartheta}{\sin n_3 \varphi_1}\right). \tag{135}$$

γ) Wurzeln der Frequenzengleichungen.

Die numerische Bestimmung der Wurzeln der Frequenzengleichungen (131) und (134), welche die allgemeine Form $F(k) = 0$ haben, kann nur versuchsweise in der Art erfolgen, daß für eine Reihe von beliebig gewählten Werten k die zugehörigen Funktionswerte $F(k)$ berechnet und die Nullstellen der so erhaltenen Kurve aufgesucht werden; diese liefern die gesuchten Wurzeln k, mit denen die Kreisfrequenzen bestimmt sind. (Über die hiebei zweckmäßig zu wählenden Näherungswerte k vgl. Abschnitt (G 1)).

Diese sehr mühsamen und langwierigen Zahlenrechnungen wurden von *F. W. Waltking* zum Zwecke der grundsätzlichen Klärung der diesen Schwingungserscheinungen eigentümlichen Zusammenhänge durchgeführt und die hiebei gerechneten Wurzeln k in ihrer Abhängigkeit von verschieden gewählten Schlankheitsgraden (somit als Funktion von $\alpha = \frac{1}{f}$) graphisch dargestellt. Dabei erwies es sich aus verschiedenen Gründen zweckmäßig, die jeweilige Gestalt des Bogenträgers nicht durch den Bogenhalbmesser a und Öffnungswinkel $2\,\varphi_1$, sondern durch die Stützweite l_0 und Pfeilhöhe f_0 zu kennzeichnen.

In Abb. 10 ist ein dieser Arbeit entnommenes, für das Pfeilverhältnis $\frac{f_0}{l_0} = \frac{1}{8}$ erhaltenes Diagramm wiedergegeben, das den Zusammenhang

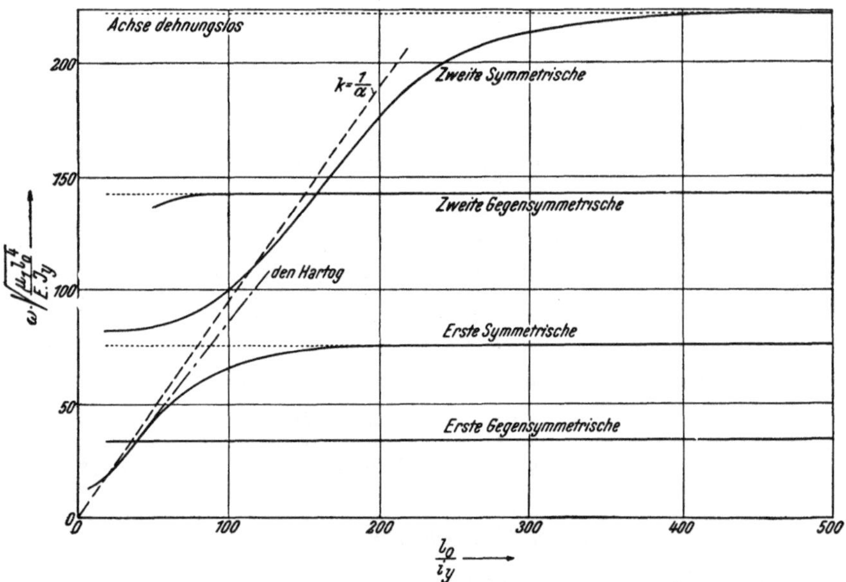

Abb. 10. Abhängigkeit der Frequenz ω vom Schlankheitsgrad $\frac{l_0}{i_y}$ beim Zweigelenkbogenträger mit einem Pfeilverhältnis 1/8. (Nach *F. W. Waltking*, Ing.-Arch. 1934, S. 444, Abb. 6).

der Zahl $\omega \sqrt{\frac{\mu_1 l_0^4}{E J_y}}$ (gleich $4\sqrt{k}\sin^2\varphi_1$) mit dem Schlankheitsgrad $\frac{l_0}{i_y}$ (gleich $2\sqrt{f}\sin\varphi_1$) darstellt.

Alle Frequenzkurven dieses Diagramms haben die Eigenschaft, daß sie bei großen Werten $\frac{l_0}{i_y}$ übergehen in jene punktiert eingetragenen Parallelen zur Abszissenachse, die den Lösungen mit der Annahme einer dehnungslosen Bogenachse entsprechen; d. h. diese den meisten Schwingungsuntersuchungen von Haus aus zugrundegelegte Annahme[1] liefert bei *sehr schlanken Stäben* immer brauchbare Ergebnisse. Für die „Gegensymmetrische" ist diese Annahme schon bei viel kleineren Schlankheitsgraden zulässig als bei den „Symmetrischen" (bei der ersten Gegensymmetrischen kommt die Abhängigkeit der Frequenz von $\frac{l_0}{i_y}$ in dem Diagramm überhaupt nicht mehr zum Ausdruck). Das Übergangsgebiet von kleinen zu großen Schlankheitsgraden ist bei den symmetrischen Schwingungen im Gegensatze zu jenem der unsymmetrischen durch eine starke Abhängigkeit der Frequenzen vom Schlankheitsgrad ausgezeichnet; hier steigen die Frequenzen so stark an, daß sogar in der Reihenfolge gegenüber den Frequenzen der gegensymmetrischen Schwingungen ein Wechsel eintritt. Das starke Ansteigen der Schwingungszahl ist durch die starke Abhängigkeit der vorher nahezu konstant bleibenden Wurzel n_3 der Hauptgleichung von k zu erklären, wodurch das dritte Glied in der Frequenzengleichung (131) in diesem Übergangsgebiet (sobald $k \approx \frac{1}{\alpha}$ wird) infolge seiner starken Schwankungen zu bedeutsamen Einfluß gelangt. Der hier für einen Bogen vom Pfeilverhältnis $\frac{f_0}{l_0} = \frac{1}{8}$ festgestellte Sachverhalt erfährt nach den Untersuchungen *Waltkings* bei Änderung des Pfeilverhältnisses keine grundsätzliche Änderung; natürlich entspricht einer stärkeren Krümmung eine Verkleinerung der Frequenz.

Die oben gekennzeichnete „Frequenzverlagerung" hat auch starke Änderungen der Schwingungsformen zur Folge, die mit Hilfe der Ordinatengleichungen (132) und (135) untersucht werden können; hiebei ist bemerkenswert, daß mit Ausnahme der „*Ersten Symmetrischen*", die bei kleiner Schlankheit stets ohne Zwischenknoten schwingt, je zwei in der Ordnungsnummer um Eins verschiedene symmetrische

[1] Vgl. z. B. § 293 bei *A. E. H. Love* (Fußnote 1, S. 4) oder Handbuch der Physik VI (1928) S. 374.

Schwingungen mit ungefähr gleichem Schwingungszustande (d. h. ungefähr gleicher Frequenz und Schwingungsform) sich ausbilden können, wobei die eine Schwingung durch volle Auswirkung der Dehnung der Bogenachse (kleine Schlankheit), die andere durch deren Dehnungslosigkeit (sehr große Schlankheit) gekennzeichnet ist. In dem Bereich der „Frequenzverlagerung" ($k \approx \frac{1}{\alpha}$), der mittleren Schlankheitsgraden entspricht, ist es daher möglich, daß ein und derselbe Bogen zwei verschiedene Schwingungsformen bei *gleicher* Zahl von Schwingungsknoten besitzt.

Ob und in welchem Ausmaße bei steigender Ordnungszahl der symmetrischen und gegensymmetrischen Schwingungen die bisher vernachlässigte Drehungsträgheit eine wesentliche Änderung der bei niedrigen Schwingungsformen festgestellten Eigentümlichkeiten hervorruft, könnte nur auf Grund neuerlicher numerischer Rechnungen entschieden werden, die ihren Ausgang von der erweiterten Grundgleichung (75a) und der hiemit durch Berücksichtigung aller Glieder mit λ_y verschärften zugehörigen Hauptgleichung für $n_\varkappa$ zu nehmen hätten.

b) Biegungs-Drillungsschwingungen senkrecht zur Kreisebene.

Die hier maßgebende Grundgleichung (122) für die Eigenfunktion $v(\varphi)$

$$v^{VI} + 2\,v^{IV} + (1 - k)\,v^{II} + \lambda\,k\,v = 0$$

besitzt wieder wie in (a) das allgemeine Integral

$$v(\varphi) = \sum_{\varkappa=1}^{3} (A_\varkappa \cos n_\varkappa \varphi + B_\varkappa \sin n_\varkappa \varphi), \tag{136}$$

wobei für die Integrationskonstanten die frühere Bezeichnung beibehalten wurde und wo n_1, n_2, n_3 die Wurzeln der Hauptgleichung

$$n^6 - 2\,n^4 + (1 - k)\,n^2 - k\,\lambda = 0 \tag{137}$$

sind. Diese Hauptgleichung unterscheidet sich von der in (a) benutzten Hauptgleichung (125) durch das Hinzutreten des Faktors λ zum letzten Gliede. Dieser durch Gl. (83) definierte, von der Form des Querschnittes abhängige Hilfswert ist — wie die Angaben in Zahlentafel 6 erkennen lassen — in weiten Grenzen schwankend und beeinflußt nun sehr erheblich jene Grenze k_g für k, oberhalb welcher der die Frequenzenrechnung vereinfachende „irreduzible" Fall eintritt, von dem im Abschnitte (a) die Rede war. Für diesen muß die Beziehung

$$\left[\frac{1}{9}(3\,k+1)\right]^3 \geqq \left[\frac{1}{27}-\frac{k}{6}(2+3\,\lambda)\right]^2$$

erfüllt sein, woraus für den Grenzwert k_g die Gleichung folgt

$$k_g^2+\left[1-\frac{3}{4}(2+3\,\lambda)^2\right]k_g+1+\lambda=0. \qquad (137\text{a})$$

Die Zahlentafel 6 enthält für sieben Profilformen die aus dieser

Zahlentafel 6. *Steifigkeitsverhältnis λ für Kreis-, Rechteck- und Kreuzquerschnitt. — Grenzwerte* k_g *(Gl. 137a) in Abhängigkeit von λ. Die Werte* $k_{\frac{\pi}{2}}$ *für die erste symmetrische und gegensymmetrische Biegungs-Drillungsschwingung des an den Enden eingespannten Halbkreisbogens (vgl. hiezu Abb. 12).*

Querschnittsform	Rechteck b. h ($h \perp$ zur Bogenebene) $b/h = 4$	Kreis- oder Kreisring	Quadrat	Rechteck $b\,.\,h$ ($h \perp$ zur Bogenebene)		
				$h/b = 4$	$h/b = 8$	$h/b \doteq 13$
Steifigkeits-verhältnis λ	0,75	1,25	1,48	11,9	44	100
Grenzwert k_g aus Gl. (137)a	12,406	23,702	30,023	1064,96	13466	68402
$k_{\frac{\pi}{2}}$ f. Symm. Schw. Gl. (145)	3,426	3,300	3,245	1,850	0,796	0,399
$k_{\frac{\pi}{2}}$ f. Gegensymm. Schw. Gl. (153)	29,250	28,197	27,760	18,233	9,783	5,479

Gleichung berechneten k_g. Mit der dabei benutzten Poisson-Zahl $1/m = 1/4$ ist die Formel (83), die für $m = \frac{10}{3}$ gilt, zu ersetzen durch $\lambda = 2{,}5\,\frac{J_x}{J_D}$; daraus folgen nachstehende Werte:

Kreisquerschnitt. $J_D = 2\,J_x$, $\lambda = 1{,}25$; der gleiche Wert gilt für den Kreisringquerschnitt.

Rechteckquerschnitt $b\,h$, wo h senkrecht zur Bogenebene gemessen ist.

1. Fall: $b > h$, $J_D = \gamma\, b\, h^3$, wo γ abhängig von $\frac{b}{h}$; daher wegen

$$J_x = \frac{1}{12}\,b\,h^3 : \lambda = \frac{1}{4{,}8\,\gamma}.$$

$$\text{Zum Beispiel[1] für } \frac{b}{h} = 4, \quad 8, \quad \infty$$

$$\gamma = 0{,}281, \; 0{,}302, \; {}^1/_3,$$

$$\lambda = 0{,}75, \quad 0{,}69, \quad 0{,}625.$$

2. Fall: $b < h,\ \lambda = \frac{1}{4{,}8\,\gamma}\,(\frac{h}{b})^2.$

$$\text{Zum Beispiel: } \frac{h}{b} = 4 \quad 8 \quad h \gg b$$

$$\lambda = 11{,}9 \quad 44 \quad 0{,}625\,(\frac{h}{b})^2.$$

Quadratischer Querschnitt. Für diesen ist $\gamma = 0{,}141$ und daher wegen $b = h$

$$\lambda = 1{,}48.$$

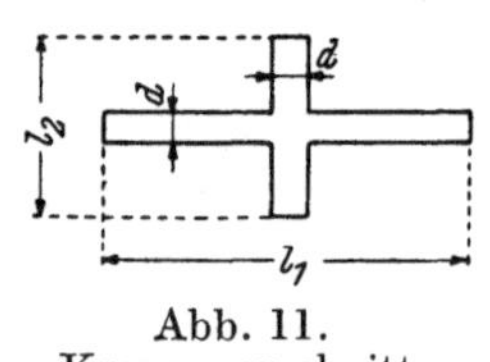

Abb. 11. Kreuzquerschnitt.

Aus zwei schmalen Rechtecken gebildeter *Kreuzquerschnitt* (Abb. 11): nach *C. Weber*[2] ist

$$J_D = \frac{d^3}{3}\,(l_1 + l_2 - 0{,}15 d),\ \lambda = 0{,}625\,.\,\frac{l_1 + l_2\,(\frac{l_2}{d})^2 - d}{l_1 + l_2 - 0{,}15 d}.$$

In der Zahlentafel 6 sind für den praktisch besonders wichtigen Fall des *Halbkreisbogens* (Balkonträger mit $\alpha = \frac{\pi}{2}$) auch die Werte $k_{\frac{\pi}{2}}$ für die erste symmetrische und erste gegensymmetrische Schwingung eingetragen. (Vgl. hiezu die graphische Darstellung in Abb. 12.) Man ersieht daraus, daß die kleinste Wurzel der Frequenzengleichung der symmetrischen Eigenschwingungen durchwegs viel kleiner als k_g ist, daß somit die Wurzeln der Hauptgleichung für diesen Fall zum Teil komplex ausfallen. Bei den gegensymmetrischen Schwingungen des gleichen Bogens wird der Grenzwert k_g bei allen λ-Werten $> 1{,}48$ unterschritten, nur in dem schmalen Bereiche $\lambda < 1{,}48$ ergeben sich somit lauter reelle Wurzeln der Hauptgleichung, womit die Berechnung der Wurzeln der Frequenzengleichung sich erheblich vereinfacht.

---

[1] Vgl. *Timoshenko-Lessels*, Festigkeitslehre. Berlin 1928, S. 31.
[2] *C. Weber*, Forsch.-Arb., Heft 249.

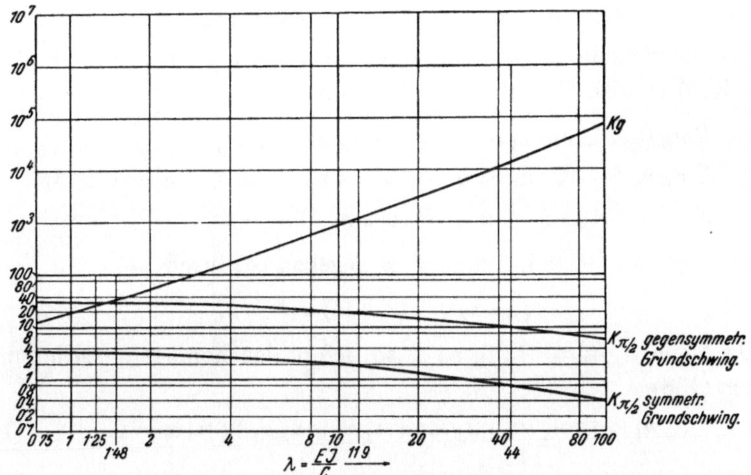

Abb. 12. Abhängigkeit des Grenzwertes kg (Gl. 137a) und der Werte $k_{\pi/2}$ (Halbkreisbogen) vom Verhältnisse λ der Biegungs- und Drehungssteifigkeit des Querschnittes.

Die Frequenzen- und Amplitudengleichungen.

Die Entwicklung der Frequenzengleichungen[1] geschieht wieder zweckmäßig nach dem im vorhergehenden Abschnitte genauer beschriebenen *Waltking*'schen Rechnungsvorgange, so daß die Angabe der Zwischenergebnisse genügt.

Der Bogen vom Zentriwinkel 2α sei an den Enden ($\varphi = 0$, $\varphi = 2\alpha$) *vollkommen eingespannt.*

Die Bedingungen an der Einspannstelle $\varphi = 0 : v = 0, v^{\mathrm{I}} = 0, \beta = 0$ liefern

$$\begin{aligned} &\Sigma\, A_\varkappa = 0, \\ &\Sigma\, n_\varkappa\, B_\varkappa = 0, \quad (\varkappa = 1, 2, 3) \\ &\Sigma\, b_\varkappa\, A_\varkappa = 0, \end{aligned} \tag{138}$$

worin

$$b_\varkappa = n_\varkappa^2\,[n_\varkappa^2 - (\lambda + 2)].$$

Hieraus folgt mit

$$\begin{aligned} e_1 &= (n_3^2 - n_2^2)\,[n_3^2 + n_2^2 - (\lambda + 2)], \\ e_2 &= (n_1^2 - n_3^2)\,[n_1^2 + n_3^2 - (\lambda + 2)], \\ e_3 &= (n_2^2 - n_1^2)\,[n_2^2 + n_1^2 - (\lambda + 2)], \end{aligned} \tag{139}$$

$$A_1 = e_1\, C,\; A_2 = e_2\, C,\; A_3 = e_3\, C. \tag{140}$$

[1] *K. Federhofer*, Sitz.-Ber. Akad. Wiss. Wien, Abt. IIa, 145 (1936), S. 29.

α) Symmetrische Schwingungen.

Symmetriebedingungen am Bogenscheitel $\varphi = \alpha$ (vgl. Abschnitt D, 1, b, α) $v^{\mathrm{I}} = 0$, $\beta^{\mathrm{I}} = 0$, $v^{\mathrm{III}} = 0$; somit

$$\begin{aligned} &\Sigma\, n_\varkappa\, (-A_\varkappa \sin n_\varkappa\, \alpha + B_\varkappa \cos n_\varkappa\, \alpha) = 0, \\ &\Sigma\, n_\varkappa\, c_\varkappa\, (-A_\varkappa \sin n_\varkappa\, \alpha + B_\varkappa \cos n_\varkappa\, \alpha) = 0, \quad (\varkappa = 1, 2, 3) \\ &\Sigma\, n_\varkappa^3\, (-A_\varkappa \sin n_\varkappa\, \alpha + B_\varkappa \cos n_\varkappa\, \alpha) = 0, \end{aligned}$$

wobei $c_\varkappa$ gemäß Gl. (95) mit $p = \infty$ gegeben ist durch

$$c_\varkappa = n_\varkappa^4 - (2 + \lambda)\, n_\varkappa^2 - k.$$

Da hienach $B_\varkappa = A_\varkappa \operatorname{tg} n_\varkappa\, \alpha$, so liefert das homogene Gleichungssystem (138)

$$n_1\, e_1 \operatorname{tg} n_1\, \alpha + n_2\, e_2 \operatorname{tg} n_2\, \alpha + n_3\, e_3 \operatorname{tg} n_3\, \alpha = 0. \tag{141}$$

β) Gegensymmetrische Schwingungen.

Bedingungen der Gegensymmetrie am Bogenscheitel $\varphi = \alpha$:

$$v = 0,\ v^{\mathrm{II}} = 0,\ \beta = 0,$$

somit

$$\begin{aligned} &\Sigma\, (A_\varkappa \cos n_\varkappa \alpha + B_\varkappa \sin n_\varkappa \alpha) = 0, \\ &\Sigma\, n_\varkappa^2\, (A_\varkappa \cos n_\varkappa \alpha + B_\varkappa \sin n_\varkappa \alpha) = 0, \quad (\varkappa = 1, 2, 3) \\ &\Sigma\, c_\varkappa\, (A_\varkappa \cos n_\varkappa \alpha + B_\varkappa \sin n_\varkappa \alpha) = 0, \end{aligned}$$

woraus $B_\varkappa = - A_\varkappa \operatorname{ctg} n_\varkappa \alpha$ und hiemit aus (138)

$$n_1\, e_1 \operatorname{ctg} n_1 \alpha + n_2\, e_2 \operatorname{ctg} n_2 \alpha + n_3\, e_3 \operatorname{ctg} n_3 \alpha = 0. \tag{142}$$

Die beiden Frequenzengleichungen (141) und (142) stimmen — abgesehen von der ganz verschiedenen Bedeutung der Werte $e_\varkappa$ und $n_\varkappa$ — formal vollständig mit den bei den ebenen Biegungs-Dehnungsschwingungen erhaltenen *Waltking*'schen Gleichungen (131) und (134) überein; das gleiche gilt auch für die zugehörigen Amplitudengleichungen $v\,(\varphi)$, die unverändert aus (132) und (135) übernommen werden können.

Für die praktischen Anwendungen ist vor allem die Kenntnis der Frequenzen der ersten symmetrischen und ersten gegensymmetrischen Schwingung wichtig; da nach den Angaben in Zahlentafel 6 die Wurzeln $k < k_g$ sind, so erweist sich eine Umformung der Frequenzengleichungen (141) und (142) für die Zwecke ihrer numerischen Auflösung erforderlich.

Die Hauptgleichung (137) lautet mit $y = n^2$:

$$y^3 - 2\, y^2 + (1 - k)\, y - k\, \lambda = 0; \tag{143}$$

sie geht mit $y = x + \frac{2}{3}$ in ihre reduzierte Form

$$x^3 + 3p\,x + 2q = 0 \qquad (143a)$$

über, worin

$$p = -\frac{1}{3}(k + \frac{1}{3}),\ q = -(\frac{k\lambda}{2} + \frac{k}{3} - \frac{1}{27}). \qquad (144)$$

1. Fall: $p^3 + q^2 > 0,\ (k < k_g)$.

Dann besitzt (142a) die Wurzeln

$$x_1 = u + v$$

$$x_2 = -\frac{u+v}{2} + \frac{u-v}{2}\sqrt{3}\,i,$$

$$x_3 = -\frac{u+v}{2} - \frac{u-v}{2}\sqrt{3}\,i,$$

wenn

$$u = \sqrt[3]{-q + \sqrt{q^2 + p^3}},\ v = \sqrt[3]{-q - \sqrt{q^2 + p^3}}.$$

Da $p < 0$, $q < 0$, so sind u und v reell.

Die Hauptgleichung (143) hat die drei Wurzeln

$$y_1 = n_1^2 = x_1 + \frac{2}{3},\ y_2 = n_2^2 = x_2 + \frac{2}{3} = a + b\,i,$$

$$y_3 = n_3^2 = x_3 + \frac{2}{3} = a - b\,i,$$

wo

$$a = -\frac{u+v}{2} + \frac{2}{3},\ b = \frac{u-v}{2}\sqrt{3}$$

und es ergibt sich

$$n_1 = \sqrt{y_1},\ n_2 = m + n\,i,\ n_3 = m - n\,i,$$

wenn

$$m = \sqrt{\tfrac{1}{2}(\sqrt{a^2 + b^2} + a)},\ n = \sqrt{\tfrac{1}{2}(\sqrt{a^2 + b^2} - a)}.$$

Mit diesen Werten berechnen sich aus den Gleichungen (139) die drei e-Werte zu

$$e_1 = -2N\,i,\ e_2 = M + i\,N,\ e_3 = -M + i\,N,$$

worin bedeutet

$$M = [y_1 - (1 + \frac{\lambda}{2})]^2 - [a - (1 + \frac{\lambda}{2})]^2 + b^2,$$

$$N = 2\,b\,[a - (1 + \frac{\lambda}{2})].$$

Da

$$\operatorname{tg} n_2 \alpha = \operatorname{tg}(m\alpha + i\,n\alpha) = \frac{\sin 2m\alpha + i\,\mathfrak{Sin}\,2n\alpha}{\cos 2m\alpha + \mathfrak{Cos}\,2n\alpha},$$

$$\operatorname{tg} n_3 \alpha = \operatorname{tg}(m\alpha - i\,n\alpha) = \frac{\sin 2m\alpha - i\,\mathfrak{Sin}\,2n\alpha}{\cos 2m\alpha + \mathfrak{Cos}\,2n\alpha},$$

so gibt die Einsetzung dieser Ausdrücke in die Frequenzengleichungen (141) und (142) nach entsprechender Vereinfachung die nun durchwegs reelle Argumente enthaltenden und für die numerische Auflösung geeigneten Frequenzengleichungen

$$(M m - N n)\,\mathfrak{Sin}\,2n\alpha + (M n + N m)\sin 2m\alpha - n_1 N(\cos 2m\alpha + \\ + \mathfrak{Cos}\,2\,n\alpha)\operatorname{tg}(n_1\alpha) = 0, \tag{141*}$$

$$(M m - N n)\,\mathfrak{Sin}\,2n\alpha - (M n + N m)\sin 2m\alpha - n_1 N(\cos 2m\alpha - \\ - \mathfrak{Cos}\,2\,n\alpha)\operatorname{ctg}(n_1\alpha) = 0. \tag{142*}$$

Die zugehörigen Amplitudengleichungen (132) und (135) können mit den Abkürzungen

$$\begin{aligned} \alpha_{I} &= N\cos m\alpha\,\mathfrak{Cos}\,n\alpha + M\sin m\alpha\,\mathfrak{Sin}\,n\alpha,\\ \alpha_{II} &= N\sin m\alpha\,\mathfrak{Sin}\,n\alpha - M\cos m\alpha\,\mathfrak{Cos}\,n\alpha,\\ \alpha_{III} &= N\sin m\alpha\,\mathfrak{Cos}\,n\alpha - M\cos m\alpha\,\mathfrak{Sin}\,n\alpha,\\ \alpha_{IV} &= N\cos m\alpha\,\mathfrak{Sin}\,n\alpha + M\sin m\alpha\,\mathfrak{Cos}\,n\alpha \end{aligned}$$

und mit Weglassung eines konstanten Faktors dargestellt werden in die nur reelle Argumente enthaltende Form

$$v(\vartheta) = -N\frac{\cos n_1\vartheta}{\cos n_1\alpha} + \frac{\alpha_{I}\cos m\vartheta\,\mathfrak{Cos}\,n\vartheta + \alpha_{II}\sin m\vartheta\,\mathfrak{Sin}\,n\vartheta}{\cos^2 m\alpha\,\mathfrak{Cos}^2 n\alpha + \sin^2 m\alpha\,\mathfrak{Sin}^2 n\alpha} \tag{132*}$$

und

$$v(\vartheta) = -N\frac{\sin n_1\vartheta}{\sin n_1\alpha} + \frac{\alpha_{III}\sin m\vartheta\,\mathfrak{Cos}\,n\vartheta + \alpha_{IV}\cos m\vartheta\,\mathfrak{Sin}\,n\vartheta}{\sin^2 m\alpha\,\mathfrak{Cos}^2 n\alpha + \cos^2 m\alpha\,\mathfrak{Sin}^2 n\alpha}. \tag{135*}$$

2. Fall: $p^3 + q^2 < 0, \ (k > k_g)$.

Hier liegt der „irreduzible" Fall vor und es besitzt die Gleichung (143a) drei reelle Wurzeln x_1, x_2, x_3; zwei davon, z. B. x_2, x_3 sind negativ. Dann ist

$$y_1 = n_1^2 = x_1 + {}^2/_3,\ y_2 = n_2^2 = x_2 + {}^2/_3,\ y_3 = n_3^2 = x_3 + {}^2/_3,$$

somit $n_1 = \sqrt{y_1}$, $n_2 = i\,\nu_2$, $n_3 = i\,\nu_3$ wo ν_2, ν_3 reell.

Ferner ist

$$e_1 = (y_3 - y_2)\,[y_3 + y_2 - (\lambda + 2)],$$
$$e_2 = (y_1 - y_3)\,[y_1 + y_3 - (\lambda + 2)],$$
$$e_3 = (y_2 - y_1)\,[y_2 + y_1 - (\lambda + 2)];$$

alle drei e-Werte sind reell.

Daher lautet hier die Frequenzengleichung (141) für die symmetrischen Schwingungen

$$n_1\, e_1 \operatorname{tg} n_1\, \alpha - \nu_2\, e_2 \operatorname{\mathfrak{Tg}} \nu_2\, \alpha - \nu_3\, e_3 \operatorname{\mathfrak{Tg}} \nu_3\, \alpha = 0, \tag{141**}$$

und jene für die gegensymmetrischen Schwingungen

$$n_1\, e_1 \operatorname{ctg} n_1 \alpha + \nu_2\, e_2 \operatorname{\mathfrak{Ctg}} \nu_2 \alpha + \nu_3\, e_3 \operatorname{\mathfrak{Ctg}} \nu_3 \alpha = 0. \tag{142**}$$

Die zugehörigen Amplitudengleichungen (132) und (135) gehen über in

$$v\,(\vartheta) = e_1 \frac{\cos n_1\, \vartheta}{\cos n_1 \alpha} + e_2 \frac{\mathfrak{Cof}\, \nu_2\, \vartheta}{\mathfrak{Cof}\, \nu_2\, \alpha} + e_3 \frac{\mathfrak{Cof}\, \nu_3\, \vartheta}{\mathfrak{Cof}\, \nu_3\, \alpha}, \tag{132**}$$

und

$$v\,(\vartheta) = e_1 \frac{\sin n_1\, \vartheta}{\sin n_1\, \alpha} + e_2 \frac{\mathfrak{Sin}\, \nu_2\, \vartheta}{\mathfrak{Sin}\, \nu_2 \alpha} + e_3 \frac{\mathfrak{Sin}\, \nu_3\, \vartheta}{\mathfrak{Sin}\, \nu_3 \alpha}. \tag{135**}$$

γ) *Näherungsformeln für die Grundschwingzahlen der symmetrischen und gegensymmetrischen Schwingungen.*

Die genaue Bestimmung der kleinsten Wurzeln der transzendenten Frequenzengleichungen (141**) und (142**) wird erleichtert durch den Umstand, daß die Anwendung des schon im Abschnitte (D, 1, c) benutzten *Rayleigh*'schen Verfahrens zu guten Näherungswerten führt, die dann mit Hilfe der Frequenzengleichungen verbessert werden können.

Eine *Näherungsformel* für die *Grundschwingzahl der symmetrischen Schwingungen* stammt von *F. H. Brown*[1]; umgeschrieben auf den hier durchwegs verwendeten Wurzelwert k lautet sie mit den Abkürzungen

$$a_{\mathrm{I}} = \frac{\lambda - 1}{2} \sin^2 \alpha + \lambda\,(\cos \alpha - 1),$$
$$a_{\mathrm{II}} = 2\alpha\,(1 + \lambda) + (1 - \lambda) \sin 2\alpha,$$
$$a_{\mathrm{III}} = \frac{3\lambda + 1}{4} \alpha - \lambda \sin \alpha + \frac{\lambda - 1}{8} \sin 2\alpha,$$

$$k = \frac{4\, a_{\mathrm{II}}}{3\alpha\,(a_{\mathrm{II}}\, a_{\mathrm{III}} - 2\, a_{\mathrm{I}}^2)}. \tag{145}$$

[1] *F. H. Brown*, Journ. Franklin-Inst. 218 (1934), S. 41.

Bei ihrer Ableitung wurde als angenäherte symmetrische Schwingungsform die Biegelinie bei Belastung des Bogens mit einer Einzellast im Bogenscheitel gewählt; ihr entspricht der bereits im Abschnitt (D, 1, c) benutzte Ansatz (100), worin aber wegen der vorausgesetzten Wölbfreiheit des Querschnittes die beiden den Wölbeinfluß berücksichtigenden Glieder (mit den Konstanten C_2, C_3) zu unterdrücken sind.

Der dann verbleibende sechsgliedrige Ansatz wird nur zur Berechnung der potentiellen Energie benutzt; für die Ermittlung der kinetischen Energie würde er zu sehr weitläufigen Rechnungen führen. *Brown* berechnet daher die Bewegungsenergie einfach unter Annahme einer nach einem Cosinusgesetz veränderlichen Amplitude $v(\varphi)$ bei Gleichheit der aus beiden Annahmen ermittelten Senkungen des Bogenscheitels[1].

Wird die mit $\sqrt{k}$ proportionale Kreisfrequenz ω in der von *Brown* benutzten Form

$$\omega = \psi(\alpha, \lambda) \sqrt{\frac{E J_y}{\mu_1 l^4}} \tag{146}$$

dargestellt, wo $l = 2 a \alpha$ die ganze Länge des schwingenden Bogens und $\psi(\alpha, \lambda)$ einen vom Öffnungswinkel 2α des Bogens und dem Steifigkeitsverhältnisse λ abhängigen Beiwert bedeutet, so steht dieser mit $k = \frac{\mu_1 a^4 \omega^2}{E J_y}$ in der einfachen Beziehung

$$\psi = 4\alpha^2 \sqrt{k}. \tag{147}$$

Für den Sonderfall des Halbkreisbogens $(\alpha = \frac{\pi}{2})$, der in (D, 3, b, δ) hinsichtlich der Wurzeln der strengen Frequenzengleichungen zahlenmäßig behandelt wird, ergibt sich

$$\psi^2 = \frac{8\pi^4}{3\left[\left(\frac{3}{8}\pi^2 - \pi - \frac{1}{2}\right)\lambda + \frac{\pi^2}{8} - \frac{1}{2}\right]} = \frac{259{,}76}{0{,}05951\,\lambda + 0{,}73370}. \tag{148}$$

Mit Benutzung von (147) entsteht hieraus unmittelbar Gl. (106) für $[k]$ (vgl. D, 1, c). Aus der Zahlentafel 7 ist die Abhängigkeit der Werte

---

[1] Die von *F. H. Brown* angesetzte Gleichung $y = \frac{\delta}{2}\left(1 - \cos\frac{2\pi\alpha}{\theta}\right)$ enthält Druckfehler und muß richtig lauten $y = \frac{\delta}{2}\left(1 + \cos\frac{\pi\theta}{\alpha}\right)$.

Zahlentafel 7. *Erste symmetrische Biegungs-Drillungsschwingung des Kreisbogens vom Öffnungswinkel* 2α. — Zahlenwerte $k(\alpha, \lambda)$ und $\psi(\alpha, \lambda)$ *nach Gl.* (145) und (147).

$\alpha =$ halber Öffnungs-Winkel d. Bog.	$\lambda \rightarrow$	0,75	1,25	1,48	11,9	44	100
30°	k	396,42	392,19	390,27	336,19	257,87	188,33
	ψ	21,834	21,717 (21,622)	21,664	20,107	17,610	15,049
60°	k	20,853	20,361	20,153	14,529	8,044	4,533
	ψ	20,031	19,793 (19,677)	19,692	16,720	12,441 (12,155)	9,339
90° Halbkreis-bogen	k	3,4261	3,3000	3,2450	1,8495	0,7955	0,3989
	ψ	18,2684	17,9290 (18,395)	17,7790	13,4223	8,8029 (9,268)	6,2337
120°	k	0,9622	0,8874	0,8553	0,3612	0,1316	0,0624
	ψ	17,2109	16,5288 (16,4115)	16,2270	10,5451	6,3639 (6,4676)	4,3830
180° Voller Ring	k	0,1980	0,1491	0,1348	0,0286	0,0085^4	0,00384^6
	ψ	17,5677	15,244^2	14,4956	6,6747	3,6489	2,4484

Die eingeklammerten Zahlen sind Meßwerte von *F. H. Brown*.

k und ψ vom Öffnungswinkel 2α und von λ zu entnehmen. Für Interpolationszwecke ist diese Abhängigkeit in der Abb. 13 graphisch dargestellt; dem Falle $\alpha = 0$ (gerader, an den Enden eingespannter Stab) entspricht für die symmetrische Grundschwingung der Wert $\psi_{\alpha=0} = 22{,}373$.

Zu einer einfachen *Näherungsformel*[1] für die Frequenz der *ersten gegensymmetrischen Schwingung* gelangt man, indem die unbekannte genaue Schwingungsform ersetzt wird durch jene elastische Linie des Bogens, die er unter der Wirkung einer zur Bogensymmetralen gegensymmetrischen gleichförmigen Belastung ($\pm q$ je Längeneinheit), senkrecht zur Bogenebene wirkend, annimmt. Dann gilt für die Auslenkung $v(\varphi)$ eines Punktes der Bogenachse senkrecht zur Kreisebene

mit $\nu = \dfrac{q\, a^4}{C}$

[1] *K. Federhofer*, Fußnote auf S. 73.

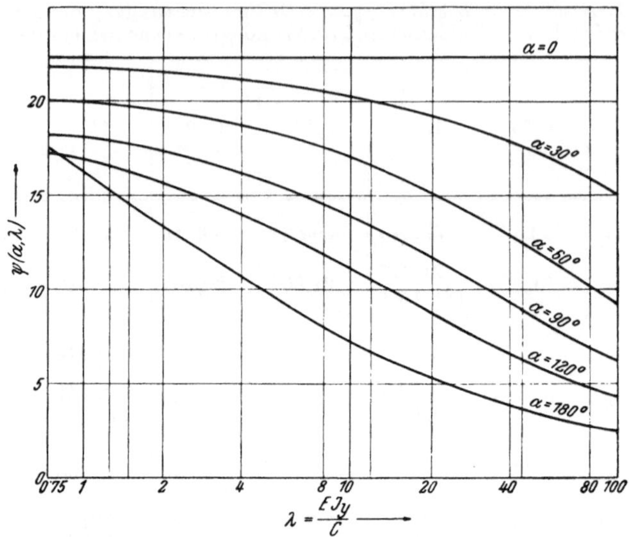

Abb. 13. Abhängigkeit der Frequenzfunktion ψ (α, λ) von α und λ für die erste symmetrische Schwingung senkrecht zur Bogenebene.

$$\frac{1}{\nu} v(\varphi) = \frac{\varphi^2}{2} + c_1 + c_2 \varphi + c_3 \cos\varphi + c_4 \sin\varphi + c_5 \varphi \cos\varphi + c_6 \varphi \sin\varphi. \quad (149)$$

Durch Erfüllung der in (D, 3, b, β) angegebenen Bedingungen der Gegensymmetrie und der Einspannung sind die sechs Integrationskonstanten vollkommen bestimmt und es berechnet sich mit dem nun bekannten $v(\varphi)$ die potentielle Energie A_i zu

$$A_i = q a \int_0^\alpha v \, d\varphi$$

und die kinetische Energie T zu

$$T = \mu_1 a \omega^2 \int_0^\alpha v^2 \, d\varphi.$$

Gleichsetzung beider Energiebeträge ergibt für das Quadrat der Kreisfrequenz

$$\omega^2 = \frac{q \int_0^\alpha v \, d\varphi}{\mu_1 \int_0^\alpha v^2 d\varphi}. \quad (150)$$

Die Rand- und Gegensymmetriebedingungen liefern folgende Werte der Integrationskonstanten

$$c_3 = -c_1 = 2 + \frac{1}{\lambda}, \quad 2c_6 = 1 + \frac{1}{\lambda}, \quad c_4 = \frac{l_4}{n}, \quad c_5 = \frac{l_5}{n},$$

worin

$$l_4 = \frac{(\lambda+1)^2}{2\lambda}(2 - \alpha\sin\alpha - 2\cos\alpha)\,\alpha^2\sin\alpha - [2\lambda\sin\alpha + (\lambda+1)\,\alpha\cos\alpha]$$
$$[\frac{\alpha^2}{2} + \frac{\lambda+1}{2\lambda}\,\alpha^2\cos\alpha - \frac{2\lambda+1}{\lambda}(\alpha\sin\alpha + \cos\alpha - 1)],$$

$$l_5 = (\lambda+1)\sin\alpha\,[\frac{\alpha^2}{2} + \frac{\lambda+1}{2\lambda}\,\alpha^2\cos\alpha - \frac{2\lambda+1}{\lambda}(\alpha\sin\alpha + \cos\alpha - 1)] -$$
$$- \frac{(\lambda+1)^2}{2\lambda}(2 - \alpha\sin\alpha - 2\cos\alpha)(\sin\alpha - \alpha\cos\alpha),$$

$$n = (\lambda+1)\,\alpha\,(\alpha - \sin\alpha\cos\alpha) - 2\lambda\sin\alpha\,(\sin\alpha - \alpha\cos\alpha)$$

und schließlich

$$c_2 = (-\alpha + \frac{3\lambda+1}{2\lambda}\sin\alpha - \frac{\lambda+1}{2\lambda}\,\alpha\cos\alpha) - \frac{1}{n}[l_4\cos\alpha + l_5(\cos\alpha - \alpha\sin\alpha)].$$

Mit dem Ansatze (149) und mit den oben für c_1, c_3, c_6 angegebenen Werten berechnet sich das Integral im Zähler von (150) zu

$$J^* = \frac{\alpha^3}{6} + (2 + \frac{1}{\lambda})(\sin\alpha - \alpha) + \tfrac{1}{2}(1 + \frac{1}{\lambda})(\sin\alpha - \alpha\cos\alpha) + c_2\frac{\alpha^2}{2} +$$
$$+ c_4(1 - \cos\alpha) + c_5(\alpha\sin\alpha + \cos\alpha - 1). \qquad (151)$$

Zur Vermeidung der sehr umständlichen Berechnung des Integrals im Nenner von (150) mit Benutzung des Ansatzes (149) setzen wir hier die Verschiebung $v(\varphi)$ in der Form an

$$v(\varphi) = v^* \frac{\varphi}{\alpha}(1 - \frac{\varphi^2}{\alpha^2})^2, \qquad (152)$$

wodurch die für die Funktion $v(\varphi)$ vorgeschriebenen Bedingungen erfüllt sind.

Damit wird

$$\int_0^\alpha v^2\,d\varphi = \frac{128}{5\,.\,7\,.\,9\,.\,11}\,v^{*2}\,\alpha.$$

Der Freiwert v^* wird aus der Forderung bestimmt, daß die mit den Ansätzen (149) und (152) gerechneten Mittelwerte von v gleich groß ausfallen, daß demnach die Auswertung des $\int_0^\alpha v\,d\varphi$ mit beiden Annahmen den gleichen Wert ergibt. Hieraus folgt

$$\nu J^* = \frac{v^* \alpha}{6},$$

womit Gl. (150) übergeht in

$$\omega^2 = \frac{5 \cdot 7 \cdot 11}{512} \frac{q \alpha}{\mu_1 \nu J^*} .$$

Für $k = \dfrac{\mu_1 a^4 \omega^2}{E J_y}$ ergibt sich hienach die einfache Näherungsformel

$$k = \frac{385}{512} \frac{\alpha}{\lambda J^*}, \tag{153}$$

wobei J^* durch Gl. (151) in Abhängigkeit vom Öffnungswinkel 2α des Bogens bestimmt ist. Die Zahlentafel 8 enthält eine Zusammenstellung

Zahlentafel 8. *Erste gegensymmetrische Biegungs-Drillungsschwingung des Kreisbogens vom Öffnungswinkel* $2\,\alpha = \pi$ und $2\,\pi$. — *Zahlenwerte* $k\,(\alpha, \lambda)$ *und* $\psi\,(\alpha, \lambda)$ *nach Gl.* (153) *und* (147).

$\alpha =$ halber Öffnungs-Winkel d. Bog.	$\lambda \to$	0,75	1,25	1,48	11,9	44	100
Halbkreis	$k_{\frac{\pi}{2}}$	29,250	28,197	27,760	18,233	9,783	5,479
$\alpha = \frac{\pi}{2}$	$\psi_{\frac{\pi}{2}}$	53,378	52,409	52,000	42,14	30,87	23,102
Voller Ring	k_π	0,97737	0,91403	0,88758	0,38404	0,13976	0,06625
$\alpha = \pi$	ψ_π	39,03	37,743	37,193	24,465	14,759	10,162

der für die Sonderfälle $\alpha = \dfrac{\pi}{2}$ (Halbkreisbogen) und $\alpha = \pi$ (geschlossener Kreisring) aus Gl. (153) gerechneten Wurzeln k und sie zeigt deren beträchtliche Abnahme mit zunehmendem Steifigkeitenverhältnis λ. In dieser Zahlentafel sind auch die gemäß (147) zugehörigen Beiwerte ψ aufgenommen, welche nach Gleichung (146) die unmittelbare Berechnung der Kreisfrequenzen ω gestatten. Für Interpolationszwecke ist in den Schaulinien der Abb. 14 die Abhängigkeit der Beiwerte ψ von λ dargestellt; dem Falle $\alpha = 0$ (gerader, an den Enden eingespannter

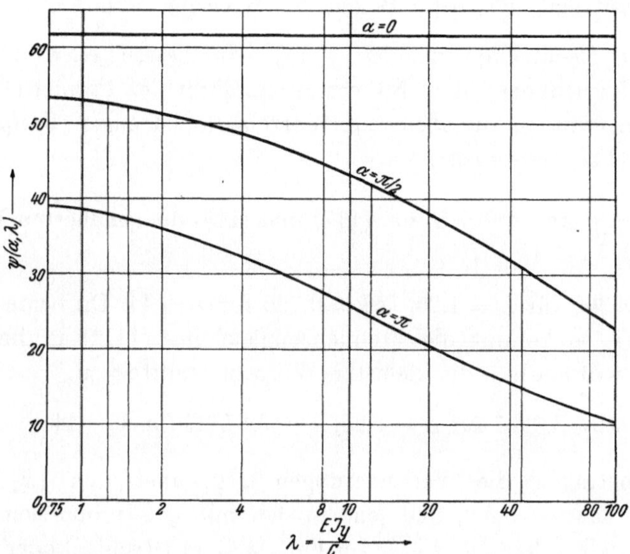

Abb. 14. Abhängigkeit der Frequenzfunktion ψ (α, λ) von α und λ der ersten gegensymmetrischen Schwingung senkrecht zur Bogenebene für die Sonderfälle $\alpha = \pi, \pi/_2, 0$.

Stab) entspricht für die erste gegensymmetrische Schwingung der Wert

$$\psi_{\alpha=0} = 61{,}67.$$

δ) Wurzeln der strengen Frequenzengleichungen eines Halbkreisbogens und Vergleich mit den Ergebnissen von Schwingungsversuchen.

Bei den von *F. H. Brown*[1] zum Zwecke der Überprüfung der Genauigkeit seiner Näherungsformel (147) durchgeführten Schwingungsversuchen wurde die Frequenz der symmetrischen Grundschwingung in zwei Versuchsreihen stroboskopisch gemessen. Die eine Versuchsreihe bezog sich auf elastische Bogen mit Kreisquerschnitt ($\lambda = 1{,}25$, $d = 0{,}635$ *cm*, $l = 105{,}8$ *cm*), die zweite auf solche mit Rechteckquerschnitt ($\lambda = 44$, $h = 1{,}28$ *cm*, $b = 0{,}16$ *cm*, $l = 104{,}14$ *cm*).

Die für verschiedene Zentriwinkel 2α ($\alpha = 30^0$ bis 150^0) aus der Formel (146) gerechneten Kreisfrequenzen ω wurden durch die Messungen recht gut bestätigt. Die den gemessenen ω-Werten nach (146)

[1] Vgl. Fußnote S. 77.

zugehörigen ψ-Werte sind in Zahlentafel 7 in Klammern eingetragen. Die größten Abweichungen zeigten sich beim halbkreisförmigen Bogen ($\alpha = \frac{\pi}{2}$) und betrugen beim Bogen mit Kreisquerschnitt —2,5%, bei jenem mit Rechteckquerschnitt —5%. Um festzustellen, ob diese größten Abweichungen dem Näherungscharakter der Formel (145) zur Last fallen, wurden die kleinsten Wurzeln der strengen Frequenzengleichung (141) berechnet[1].

Mit $\alpha = \frac{\pi}{2}$ ergeben sich aus (147) und (148) die genäherten Wurzelwerte

$[k] = 3{,}300$ für $\lambda = 1{,}25$, $[k] = 0{,}795$ für $\lambda = 44$. Da beide kleiner als k_g sind, so kommt die Frequenzengleichung (141*) in Betracht; aus dieser wurden nun die kleinsten Wurzeln ermittelt zu

$$k = 3{,}3207 \text{ für } \lambda = 1{,}25,\ k = 0{,}87827 \text{ für } \lambda = 44;$$

hienach betragen die Verbesserungen gegenüber den $[k]$-Werten $+\,0{,}62\%$, bzw. $+\,9{,}5\%$ und jene in den mit $\sqrt{k}$ proportionalen ω-Werten $+\,0{,}3\%$, bzw. $+\,4{,}8\%$. Im Falle $\lambda = 44$ (Rechteckquerschnitt) ergibt sich somit jetzt nahezu vollständige Übereinstimmung, während bei $\lambda = 1{,}25$ (Kreisquerschnitt) noch eine Abweichung von $-2{,}2\%$ verbleibt, die wohl durch kleine Ungenauigkeiten in der Messung von μ_1, α, l erklärt werden kann.

Für die erste symmetrische Oberschwingung ergeben sich aus Gleichung (141*) die Wurzeln

$$k = 121{,}8683 \text{ für } \lambda = 1{,}25,\ k = 46{,}5835 \text{ für } \lambda = 44.$$

Die zugehörigen Schwingformen lassen sich aus Gleichung (132*) berechnen, sie sind in der Fig. 15a über dem abgewickelten Halbkreisbogen dargestellt.

Die Schwingungsknoten liegen bei

$$\vartheta = \pm\, 25^0\, 1',\quad \lambda = 1{,}25,$$

$$\vartheta = \pm\, 23^0 14',\quad \lambda = 44.$$

Die größten Schwingungsausschläge im mittleren und seitlichen Schwingungsbauche (vgl. Abb. 15a) stehen im Verhältnisse

---

[1] *K. Federhofer*, Fußnote S. 73.

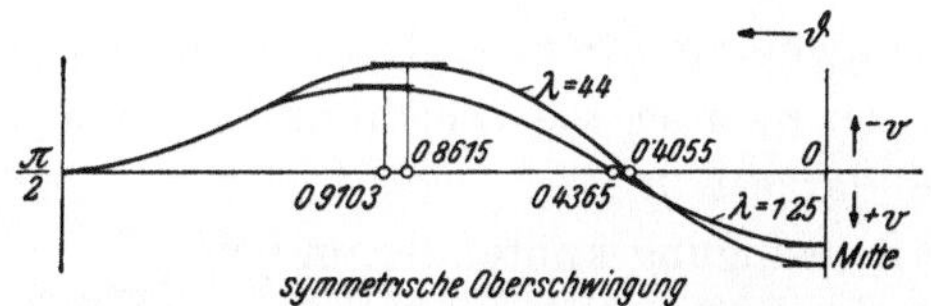

Abb. 15a. Erste symmetrische Oberschwingung des Halbkreisbogens senkrecht zur Bogenebene.

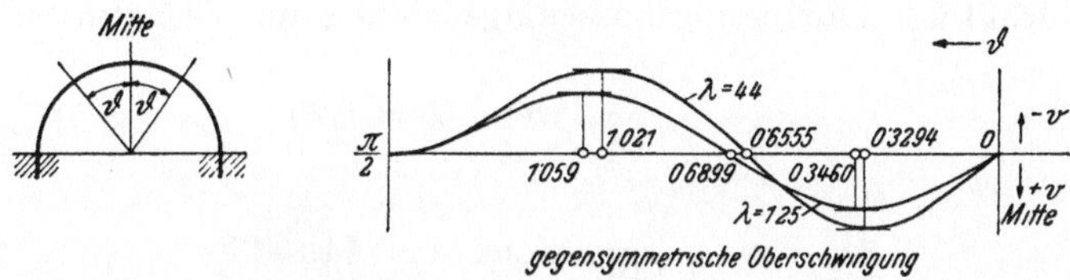

Abb. 15b. Erste gegensymmetrische Oberschwingung des Halbkreisbogens senkrecht zur Bogenebene.

$$-\frac{1}{1{,}106}, \text{ wenn } \lambda = 1{,}25,$$

$$-\frac{1}{1{,}154} \text{ wenn } \lambda = 44.$$

Für die gegensymmetrische Schwingform liefert die Näherungsgleichung (153) die Werte

$$k = 28{,}1968 \text{ für } \lambda = 1{,}25,\ k = 9{,}\ 779 \text{ für } \lambda = 44.$$

Die genaue Berechnung der Grundschwingzahl hat demnach im Falle $\lambda = 1{,}25$ aus Gleichung (141**), im Falle $\lambda = 44$ aus Gleichung (142*) zu erfolgen; ihre kleinsten Wurzeln sind

$$k = 27{,}6698 \text{ für } \lambda = 1{,}25,\ k = 9{,}18275 \text{ für } \lambda = 44.$$

Hienach betragen die Verbesserungen in den k-Werten —1,9 v. H., bzw. —6,5 v. H. und daher in den Frequenzen ω : —0,9 v. H., bzw. —3,2 v. H. Die Näherungsformel (153) ist daher für praktische Zwecke ausreichend genau.

Für die erste gegensymmetrische Oberschwingung ergibt sich aus Gleichung (142**)

$$k = 358{,}2160 \text{ für } \lambda = 1{,}25$$

und aus Gleichung (142*)

$$k = 158{,}84 \text{ für } \lambda = 44.$$

Die zugehörigen Schwingformen sind im ersten Falle aus Gleichung (135**), im zweiten aus Gleichung (132*) zu berechnen, sie sind in der Fig. 15b dargestellt.

Die Schwingungsknoten liegen bei

$$\vartheta = 0 \text{ und } \vartheta = \pm 39^0\,31' \text{ für } \lambda = 1{,}25$$

$$\vartheta = \pm 37^0\,33' \text{ für } \lambda = 44.$$

Die größten Schwingungsausschläge stehen im Verhältnisse

$$-\frac{1}{1{,}088}, \text{ wenn } \lambda = 1{,}25,$$

$$-\frac{1}{1{,}148}, \text{ wenn } \lambda = 44.$$

Die angeführten Zahlenwerte zeigen, daß das Steifigkeitsverhältnis λ zwar erheblichen Einfluß hat auf die Größe der Schwingzahlen, daß sich aber die Lage der Schwingungsknoten und das Verhältnis der größten Schwingungsausschläge mit λ nur wenig ändert.

c) Frequenzen des geschlossenen freien Kreisringes; Vergleich mit Versuchsergebnissen.

Die Wichtigkeit des Problems der Schwingungen eines geschlossenen Kreisringes für die Anwendungen in der Akustik, im Apparatebau und im Gehäusebau für rotierende elektrische Maschinen rechtfertigt eine eingehende Untersuchung der in den allgemeinen Schwingungsgleichungen (75a) und (75b) berücksichtigten Nebeneinflüsse, sowie einen Vergleich der Ergebnisse der durch diese Nebeneinflüsse verbesserten eindimensionalen Schwingungstheorie mit jenen von Schwingungsversuchen, die erst vor wenigen Jahren systematisch an einer Reihe von Stahlringen durchgeführt worden sind.

α) Biegungs-Dehnungsschwingungen in der Ringebene.

Einfluß der Schubkräfte. In der hier maßgebenden Schwingungsgleichung (75a) berücksichtigen die Glieder mit $\lambda_y = k\,\frac{i_y^2}{a^2}$ den Einfluß der Drehungsträgheit, jene mit $\frac{1}{f} = \frac{\lambda_y}{k}$ den Einfluß der Dehnung der Ringachse. Aus der Theorie der Biegungsschwingungen des *geraden* Stabes ist bekannt, daß bei den Schwingungsarten mit höheren Frequenzen neben der Wirkung der rotatorischen Trägheit auch noch jene der Schubkräfte, die bisher unberücksichtigt geblieben ist, sehr maßgebend werden kann.

Um auch ihren Anteil an den Frequenzwerten festzustellen, sei zunächst die hiezu erforderliche Ergänzung der Gl. (75a) vorgenommen. Bedeuten u, w nach wie vor die homogene (also durch a dividierte) radiale und tangentiale Verschiebung eines Punktes der Ringmittellinie, so setzt sich die Richtungsänderung $u^{\mathrm{I}} + wc$ der Ringtangente zusammen aus jener infolge alleiniger Wirkung des Biegungsmomentes und aus dem mittleren Schubwinkel, der mit β bezeichnet sei[1]. Demnach ist in jenem Glied von (45), welches den Anteil der rotatorischen Trägheit am kinetischen Potential Ψ bei Drehung in der Hauptebene (i $\mathfrak{k}$) angibt, $u^{\mathrm{I}} + wc$ zu ersetzen durch $u^{\mathrm{I}} + wc - \beta$; ebenso ist dort und in (44) die mit $[\varkappa_y - \varkappa_{y0}] = u^{\mathrm{II}} + w^{\mathrm{I}}c$ angesetzte Änderung des Biegewinkels zu ersetzen durch $u^{\mathrm{II}} + w^{\mathrm{I}}c - \beta^{\mathrm{I}}$; schließlich ist der Ansatz (31) für die gesamte Formänderungsarbeit A_i und daher auch jener für das Potential Ψ (Gl. 45) zu ergänzen durch den Schubbeitrag $\varkappa' \dfrac{GF}{2} \int\limits_0^{s_1} \beta^2\, ds$, wo $\varkappa'$ einen durch die Form des Querschnittes bestimmten Zahlenwert bedeutet. Diese Ergänzungen wirken sich, sobald $\delta \Psi = 0$ gebildet worden ist, in der dann entstehenden Schwingungsgleichung durch das Hinzutreten weiterer Korrekturglieder aus; mit den schon in ($43_{1,\,2}$) und (53_2) eingeführten Abkürzungen

$$k = \frac{\mu_1 a^4 \omega^2}{EJ}, \quad \frac{1}{\mathfrak{f}} = \alpha_0 = \frac{i_y^2}{a^2}, \quad \lambda_y = k \frac{i_y^2}{a^2} = k\alpha_1$$

und mit der neuen Abkürzung

$$\delta = \frac{E}{\varkappa' G} = \frac{2}{\varkappa'} \left(1 + \frac{1}{m}\right)$$

lautet nun die durch den Einfluß der Schubwirkung erweiterte Schwingungsgleichung (75a)

$$w^{\mathrm{VI}} + a_2 w^{\mathrm{IV}} + a_4 w^{\mathrm{II}} + a_6 = 0, \tag{154}$$

worin die Koeffizienten a_2, a_4, a_6 bestimmt sind durch

$$\begin{aligned} a_2 &= 2 + k(\alpha_1 + \alpha_0 + \alpha_0\delta), \\ a_4 &= 1 - k[1 - 2\alpha_1 + \alpha_0(1 - k\alpha_1) + \alpha_0\delta(1 - k\alpha_1 - k\alpha_0)], \\ a_6 &= k(1 + \alpha_1 - k\alpha_0\alpha_1\delta)(1 - k\alpha_0). \end{aligned}$$

---

[1] Eine Verwechslung mit dem in den vorhergehenden Abschnitten benutzten kleinen Drehwinkel β eines Querschnittes ist nicht möglich, da letzterer bei den Schwingungen *in* der Ringebene keine Rolle spielt.

Dabei ist $\alpha_0 = \alpha_1 = \frac{i_y^2}{a^2}$ und es weisen die den α-Werten beigefügten Zeiger lediglich auf ihre Entstehung hin; es kennzeichnet α_0 den Einfluß der Achsdehnung und α_1 jenen der Drehungsträgheit, während die Glieder mit δ von der Schubwirkung herrühren.

In dem durch (124) dargestellten allgemeinen Integral von (154) bedeuten im vorliegenden Falle n_1, n_2, n_3 die Wurzeln der Hauptgleichung

$$n^6 - a_2 n^4 + a_4 n^2 - a_6 = 0 \tag{155}$$

und es muß für den geschlossenen Kreisring n eine ganze Zahl größer als Eins sein. Setzen wir

$$\left.\begin{aligned} a_2 &= 2 + a_{II} k, \\ a_4 &= 1 + a_{IV} k, \\ a_6 &= a_{VI} k, \end{aligned}\right\} \tag{155a}$$

worin

$$\left.\begin{aligned} a_{II} &= \alpha_1 + \alpha_0(1+\delta), \\ a_{IV} &= -[1 - 2\alpha_1 + \alpha_0 + \alpha_0\delta] + k\alpha_0[\alpha_1 + \delta(\alpha_0 + \alpha_1)], \\ a_{VI} &= (1 + \alpha_1 - k\alpha_0\alpha_1\delta)(1 - k\alpha_0), \end{aligned}\right\} \tag{155b}$$

dann geht (155) über in

$$a_{II} n^4 - a_{IV} n^2 + a_{VI} = \frac{n^2 (n^2 - 1)^2}{k}. \tag{156}$$

Bei Vernachlässigung aller Nebeneinflüsse, d. h. für $\alpha_0 = \alpha_1 = \delta = 0$ wird $a_{II} = 0$, $a_{IV} = -1$, $a_{VI} = 1$ und es folgt aus (156) der von *R. Hoppe*[1] gefundene Sonderwert

$$k_0 = \frac{n^2 (n^2 - 1)^2}{n^2 + 1}. \tag{157}$$

Setzt man den bei Beachtung aller Nebeneinflüsse gültigen Wert von k in der Form an

$$k = \psi \cdot k_0, \tag{158}$$

so läßt sich (156) nach Eintragung der Werte für a_{II}, a_{IV}, a_{VI} umformen in

$$k = \frac{k_0}{1 + e_0 + e_1 + e_2}, \tag{159}$$

worin e_0, e_1, e_2 die Einflußzahlen für die Achsendehnung, Drehungsträgheit und Schubwirkung darstellen; hiebei ergibt sich

---

[1] *R. Hoppe*, Journ. Math. (Crelle) 73 (1871), S. 169.

$$\left.\begin{aligned} \frac{e_0}{k_0} &= \underline{\alpha_0}\left\{\frac{n^2+1}{(n^2-1)^2} - \frac{\psi}{n^2+1}\right\}, \\ \frac{e_1}{k_0} &= \underline{\alpha_1}\left\{\frac{1}{n^2} - \alpha_0\,\psi\right\}, \\ \frac{e_2}{k_0} &= \underline{\delta}\left\{\frac{n^2+1}{(n^2-1)^2}\alpha_0 - \psi\alpha_0\left(\alpha_1 + \frac{n^2}{n^2+1}\alpha_0\right) + \alpha_0{}^2\alpha_1\left[\frac{\psi n\,(n^2-1)}{n^2+1}\right]^2\right\}. \end{aligned}\right\} \quad (160)$$

Die gesuchten Einflußwerte e sind demnach für die den aufeinanderfolgenden ganzen Wellenzahlen n entsprechenden Schwingungsformen des Kreisringes mit der Kenntnis von ψ bestimmt, wobei ψ, wie sich aus (156) ergibt, der kubischen Gleichung

$$\theta_0\,\psi^3 + \theta_1\,\psi^2 + \theta_2\,\psi + \theta_3 = 0 \quad (161)$$

genügen muß. Hierin sind die Zahlen θ nur von α, n, δ abhängig gemäß den Beziehungen

$$\begin{aligned} \theta_0 &= k_0{}^2\,\alpha^3\,\delta, \\ \theta_1 &= -\,k_0\,\alpha\,[1 + \alpha\,(1+\delta) + n^2\alpha\,(1+2\delta)], \\ \theta_2 &= n^2 + 1 + \alpha\,[(n^2-1)^2 + n^2\,(n^2+1)\,(1+\delta)], \\ \theta_3 &= -\,(n^2+1). \end{aligned}$$

Die Koeffizienten in (161) sind von sehr verschiedenen Größenordnungen, und zwar: θ_2 und θ_3 von der Größenordnung n^2, θ_1 von der Ordnung der Beiwerte α (also für *dünne* Ringe etwa 10^{-2} bis 10^{-3}), und θ_0 von der Ordnung α^3. Dies wirkt sich hinsichtlich der drei Wurzeln ψ_1, ψ_2, ψ_3 obiger Gleichung — die zufolge (158) nur reell und positiv sein können, da die Frequenzfunktion k definitionsgemäß proportional mit ω^2 ist — in einer erheblichen Verschiedenheit ihrer Größenordnung aus, so daß *drei Schwingungstypen mit voneinander sehr verschiedenen Frequenzen* entstehen. Zur niedrigsten Schwingungstype (der gewöhnlichen ebenen Biegungsschwingung des Ringes) treten noch zwei Schwingungen mit sehr hohen Frequenzen. Schreiben wir, um dies zu erkennen, mit leicht ersichtlichen Abkürzungen Gl. (161) in der Form

$$\alpha^3\,\vartheta_0\psi^3 - \alpha\,\vartheta_1\,\psi^2 + (n^2 + 1 + \alpha\,\vartheta_2)\,\psi - (n^2+1) = 0,$$

so können hieraus für nicht sehr hohe Wellenzahlen n unmittelbar folgende Näherungslösungen für die drei Wurzeln entnommen werden

a) $$\psi_1 = \frac{n^2+1}{n^2+1+\alpha\,\vartheta_2} \cong 1 - \alpha\,\frac{(n^2-1)^2}{n^2+1} - \alpha\,(1+\delta)\,n^2,$$

b) $$\psi_2 = \frac{n^2+1+\alpha\,\vartheta_2}{\alpha\,\vartheta_1} \cong \frac{n^2+1}{\alpha\,k_0},$$

c) $$\psi_3 = \frac{\alpha \curlyvee \vartheta_1}{\alpha^3 \curlyvee \vartheta_0} \simeq \frac{1}{\alpha^2 k_0^2 \delta}.$$

Der niedersten Schwingungstype (a) entspricht demnach eine Wurzel $\psi_1 < 1$, während zu den beiden höheren Schwingungstypen (b) und (c) die Wurzeln ψ_2, ψ_3 von der Größenordnung $\frac{1}{\alpha}$ und $\frac{1}{\alpha^2}$ gehören, denen somit sehr hohe Frequenzen entsprechen.

Die folgende numerische Ermittlung der Frequenzfunktion k und der Einflußzahlen e_0, e_1, e_2 bezieht sich lediglich auf die für die Anwendungen wichtigste niederste Schwingungstype, d. h. es wurde jeweils nur jene der 3 Wurzeln von (161) in Betracht gezogen, die kleiner als Eins ist.

Numerische Ermittlung der Zahlenwerte k und der Einflußzahlen e_0, e_1, e_2.

Die zahlenmäßige Auswertung der Gleichungen (159) bis (161) erstreckte sich auf einen Bereich der Wellenzahlen n von 2 bis 10 mit $\alpha = \frac{1}{1000}$ und $\alpha = \frac{1}{300}$. Beim rechteckigen Ringquerschnitt von der Stärke h wird $\alpha = \frac{i_y^2}{a^2} = \frac{h^2}{12\,a^2}$, beim Kreisquerschnitt mit dem Durchmesser d ist $\alpha = \frac{d^2}{16\,a^2}$, so daß den gewählten α-Werten im ersten Falle $h/a = 0{,}11$ und $0{,}2$, im zweiten Falle $d/a = 0{,}13$ und $0{,}23$ entspricht.

Für das Rechteck ist $\varkappa' = \frac{5}{6}$ und daher mit einer Poisson-Zahl $1/m = {}^1/_4$ der Schubkennwert $\delta = 3$; der gleiche Wert kann auch beim Kreisquerschnitt benützt werden, für den $\varkappa' = \frac{27}{32}$ und daher $\delta = \frac{80}{27} \sim 3$ ist.

In der Zahlentafel 9 sind die Ergebnisse der zahlenmäßigen Auswertung zusammengestellt. Hienach äußern sich alle drei Nebeneinflüsse um so stärker, je höher die Ordnungszahl n der Schwingung und je größer der Wert α ist. Während für einen Ring mit $\alpha = \frac{1}{1000}$ der Wert k für die Grundschwingung ($n = 2$) nur um rund $1{,}6\%$ von k_0

Zahlentafel 9a und 9b. *Ebene Biegungs-Dehnungsschwingungen des geschlossenen Kreisringes mit rechteckigem Querschnitt und mit Kreisquerschnitt. — Zahlenmäßige Auswertung der Gln.* (159—161) *der verbesserten eindimensionalen Theorie für die Schwingungsordnungen* $n = 2$ *bis* 10 *mit* $\alpha = \frac{1}{1000}$ *und* $\alpha = \frac{1}{300}$.

$$\alpha = \frac{1}{1000}.$$

Ordnungszahl n	ψ aus Gl. (161)	Nebeneinflüsse			k_0 Gl. (157)	$k = \psi\, k_0$	$100\,(1-\psi)$	$\frac{e_1}{e_0}$	$\frac{e_2}{e_0}$	$\frac{e_2}{e_1}$
		Dehnung e_0	Rot. Trägheit e_1	Schub e_2						
2	0,984	0,00258	0,00179	0,01196	7,2	7,084	1,61	0,69	4,63	6,67
3	0,965	0,00344	0,00634	0,02668	57,6	55,57	3,52	1,84	7,75	4,21
4	0,940	0,00429	0,01304	0,04685	212	199	6,03	3,04	10,91	3,59
5	0,910	0,00562	0,02165	0,07206	554	504	9,04	3,85	12,82	3,33
6	0,876	0,00779	0,03206	0,10191	1192	1144	12,42	4,12	13,09	3,18
7	0,839	0,01109	0,04418	0,13596	2258	1895	16,05	3,98	12,26	3,08
8	0,802	0,01581	0,05793	0,17380	3908	3133	19,84	3,66	11,00	3,00
9	0,763	0,02217	0,07322	0,21508	6322	4824	23,69	3.30	9,70	2,94
10	0,725	0,03037	0,09001	0,25948	9704	7033	27,53	2,96	8,54	2,88

$$\alpha = \frac{1}{300}.$$

Ordnungszahl n	ψ	Nebeneinflüsse			k_0	$k = \psi\, k_0$	$100\,(1-\psi)$	$\frac{e_1}{e_0}$	$\frac{e_2}{e_0}$	$\frac{e_2}{e_1}$
		Dehnung e_0	Rot. Trägheit e_1	Schub e_2						
2	0,949	0,00878	0,00592	0,03959	7,2	6,829	5.15	0,67	4,51	6,68
3	0,893	0,01286	0,02076	0,08677	57,6	51,41	10,75	1,61	6,75	4,18
4	0,826	0,01902	0,04217	0,14888	212	175	17,36	2,22	7,83	3,53
5	0,756	0,02963	0,06919	0,22336	554	419	24,37	2,34	7,54	3,23
6	0,687	0,04623	0,10126	0,30816	1192	819	31,30	2,19	6,67	3,04
7	0,621	0,06982	0,13801	0,40179	2258	1403	37,87	1,98	5,76	2,91
8	0,561	0,10096	0,17919	0,50324	3908	2191	43,93	1,77	4,98	2,81
9	0.506	0,13998	0,22462	0,61193	6322	3199	49,41	1,60	4,37	2,72
10	0,457	0,18701	0,27420	0,72751	9704	4434	54,31	1,47	3,89	2,65

abweicht, steigt die Abweichung bei $\alpha = \frac{1}{300}$ bereits auf 5,15%; aus den Schaulinien der Abb. 16 ist die erhebliche Zunahme der prozen-

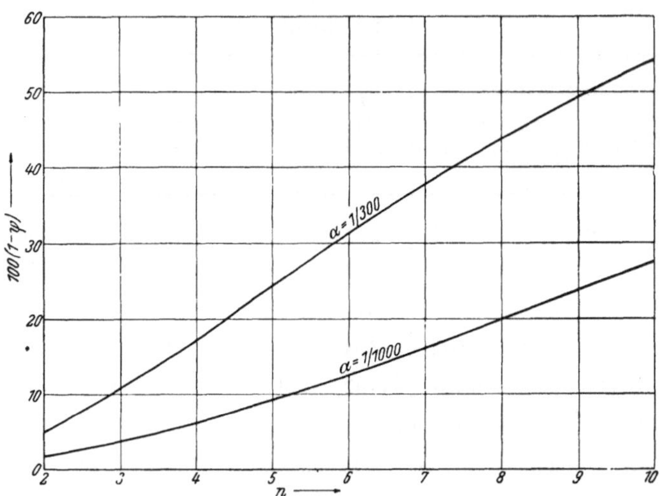

Abb. 16. Prozentuelle Abweichung der Werte k und k_0 der verbesserten und der gewöhnlichen eindimensionalen Theorie der ebenen Biegungsschwingungen eines Kreisringes für die Wellenzahlen $n = 2$ bis 10 (mit $\alpha = 1/1000$ und $1/300$).

tuellen Abweichungen des Wertes k von k_0 mit der Ordnungszahl n zu ersehen.

Die von der Schubkraft herrührende Verbesserung e_2 ist durchwegs um ein Mehrfaches größer als die von der Rotationsträgheit herrührende und letztere (e_1) übertrifft wieder (mit Ausnahme der Grundschwingung) um ein Mehrfaches die Korrektion e_0 infolge der Dehnung der Ringmittellinie. Für nicht sehr hohe Oberschwingungen kann demnach wohl der Einfluß der Ringdehnung, nicht aber jener der Schubkräfte und der Drehungsträgheit vernachlässigt werden.

Vergleich mit den Ergebnissen der zweidimensionalen Theorie.

Hat der Ring konstanten Rechteckquerschnitt, so läßt sich das Problem der ebenen Biegungsschwingungen, wie der Verfasser[1] gezeigt hat, in ebener Behandlung streng lösen und es ermöglichen die gewonnenen Ergebnisse die Beurteilung des Gültigkeitsbereiches der im

[1] *K. Federhofer*, Sitz.-Ber. Akad. Wiss. Wien 144 (1935), S. 561.

Vorstehenden entwickelten verbesserten eindimensionalen Rechnung und der Güte der an ihr angebrachten Verbesserungen.

Die Entwicklung der in der zweidimensionalen Theorie aufgestellten vierreihigen Frequenzdeterminante erfordert schon für die Grundschwingung einen sehr großen Rechenaufwand, da die darin durchwegs vorkommenden *Bessel*'schen Funktionen 1. und 2. Art und II. Ordnung wegen der nicht ausreichenden Genauigkeit der hiefür vorhandenen Zahlentafeln in Reihen mit je 8 Gliedern entwickelt werden mußten, womit die Frequenzengleichung schließlich als Potenzreihe dargestellt werden konnte; für die Oberschwingungen würde sich dieser Rechenaufwand noch erheblich steigern, da dann die Zylinderfunktionen von höherer als 2. Ordnung in die Frequenzendeterminante eingehen. Die wichtigsten Ergebnisse der strengen Theorie sind in der Zahlentafel 10 zusammengestellt und aus der Abb. 17 abzulesen.

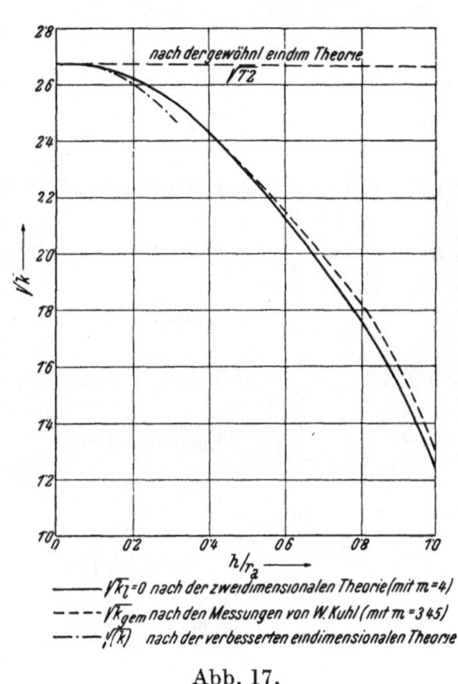

Abb. 17.

Mit h als Ringstärke und a als *mittlerem* Ringhalbmesser enthält die erste Kolonne die Werte $h/2a$, die zweite die aus $\alpha = \dfrac{h^2}{12a^2}$ gerechneten Beiwerte α, die dritte die aus der strengen Theorie errechneten Werte k (gleich $\dfrac{\mu_1 a^4 \omega^2}{E J_y}$). Bei der zweidimensionalen Theorie ist ein ebener Verzerrungszustand vorausgesetzt, sie gilt somit für den unendlich langen Hohlzylinder $l = \infty$. Beim Vergleiche ihrer Ergebnisse mit jenen des in axialer Richtung sehr dünnen Ringes ($l = 0$) müssen daher vorerst die Ergebnisse der strengen Theorie um den Einfluß der behinderten Querdehnung abgemindert werden, der sich in einer durch den

Zahlentafel 10. *Ebene Grundschwingung des Kreisringes. — Ergebnisse der zweidimensionalen und der verbesserten eindimensionalen Theorie; Vergleich mit den Meßergebnissen von W. Kuhl.*

$\frac{h}{2a}$	$\alpha = \frac{h^2}{12a^2}$	$k_{l=\infty} = \frac{\mu_1 a^4 \omega^2}{EJy}$	$k_{l=0} = k_{l=\infty}(1 - \frac{1}{m^2})$	(k) eindimens. verbess. Theorie	$100\left[\sqrt{\frac{(k)}{k_{l=0}}} - 1\right]$	$\sqrt{k_{l=0}}$	$\sqrt{k_{gem}}$ nach Abb. 17	$\frac{h}{r_a}$
0	0	7,68	7,2	7,2	0	2,683	2,683	0
0,0245	$\frac{1}{5000}$	7,66296	7,1840	7,17653	— 0,052	2,680	2,680	0,0478
0,0548	$\frac{1}{1000}$	7,59252	7,1179	7,08426	— 0,238	2,669	2,669	0,1039
0,1	$\frac{1}{300}$	7,39837	6,9360	6,82920	— 0,772	2,634	2,634	0,1818
$\frac{\sqrt{3}}{10} = 0{,}173$	$\frac{1}{100}$	6,90973	6,4780	6,19803	— 2,184	2,546	2,550	0,2950
$\frac{1}{3} = 0{\cdot}\dot{3}$	$\frac{1}{27}$	5,56506	5,218			2,284	2,292	0,5
0,5477	$\frac{1}{10}$	4,04744	3,794			1,947	1,984	0,7080
$\frac{2}{3}$	$\frac{4}{27}$	3,37024	3,159			1,777	1,837	0,8
$\frac{3}{4}$	$\frac{3}{16}$	2,90266	2,722			1,650	1,715	0,8571
1	$\frac{1}{3}$ (Kreisplatte)	1,6518 (genauer Wert)	1,548			1,244	1,304	1

Faktor $\frac{1}{1 - \frac{1}{m^2}}$ ausgedrückten Erhöhung des Frequenzenquadrates äußert[1], so daß für den Ring: $k_{l=0} = (1 - \frac{1}{m^2})\, k_{l=\infty}$ gilt. Diese Werte sind in der vierten Kolonne eingetragen. In der fünften Kolonne sind den Werten $k_{l=0}$ die aus der verbesserten eindimensionalen Ringrechnung gewonnenen (k) Werte gegenübergestellt und in der sechsten Kolonne

[1] Vgl. hiezu z. B. *A. E. H. Love*, Lehrbuch der Elastizität, S. 583. Für dünnwandige Rohre haben die Messungen Kuhls das Verhältnis $k_{l=0} : k_{l=\infty}$ für 12 Schwingungsordnungen mit dem theoretischen Wert $1 - 1/m^2$ bestätigt; mit größer werdendem h/r_a und steigender Ordnungszahl wird aber — abweichend von der exakten Theorie — nach den Messungsergebnissen dieses Verhältnis kleiner und schließlich ist für $h/r_a = 1$ und für alle Ordnungen keine Abhängigkeit der Eigenfrequenzen von der Länge mehr vorhanden.

die prozentuellen Abweichungen der Werte $\sqrt{(k)}$ von $\sqrt{k_{l=0}}$, mit denen die Kreisfrequenzen ω proportional sind, festgestellt. Im Bereiche *dünner* Kreisringe betragen diese Abweichungen weniger als 0,77%; sogar bei $\alpha = \frac{1}{100}$, entsprechend einem verhältnismäßig dicken Ring, beträgt die Abweichung des ω-Wertes vom genauen Wert kaum 2,2%.

Damit ist gezeigt, daß die durch Berücksichtigung aller Nebeneinflüsse verbesserte eindimensionale Theorie des dünnen Ringes sehr zuverlässige Ergebnisse liefert, sobald ihr Anwendungsbereich mit etwa $\alpha = \frac{1}{300}$ (entsprechend einem $h/2a = 0{,}1$) begrenzt wird.

Durch eine sehr sorgfältige Experimentalarbeit von *W. Kuhl*[1] haben die vorstehenden Ergebnisse der strengen Theorie der ebenen Biegungsschwingungen des Kreisringes ihre *volle* Bestätigung gefunden. Die hiebei auf Grund der Frequenzenmessungen an 5 Stahlringen von verschiedener Dicke h erhaltenen gemittelten Werte $\sqrt{k_{\text{gem}}}$ sind in Zahlentafel 10 (Kolonne 8) eingetragen, in der Kolonne 7 sind ihnen die berechneten Werte $\sqrt{k_{\text{ber}}}$ gegenübergestellt, die Kolonne 9 enthält die Werte h/r_a (r_a Außenhalbmesser des Ringes). Die Kurve der gemessenen Mittelwerte $\sqrt{k_{\text{gem}}}$ ist in Abb. 17 dargestellt, ebenso jene der gerechneten Werte $\sqrt{k_{l=0}}$ auf Grund der zweidimensionalen und der verbesserten eindimensionalen Theorie (Gl. 159); der gewöhnlichen eindimensionalen Theorie entspricht bei dünnen Ringen $\sqrt{7{,}2}$.

Zur Schwingungsanregung wurde nicht die vielfach angewandte piezoelektrische Methode benutzt, die praktisch auf Körper aus den anisotropen Stoffen Quarz und Turmalin beschränkt ist, sondern die magnetische Anregung; die Abtastung der Ringe geschah mit Hilfe eines piezoelektrischen Tonabnehmers. In Verbindung mit einem Resonanzverstärker ermöglichte sie bis zu Frequenzen von etwa 100 KHz die Bestimmung der Knotenpunkte, bzw. -linien, der Schwingungsrichtung und -phase sowie der relativen Schwingungsamplituden.

Ein Teil der nach Abb. 17 im Bereiche dicker Ringe bis zur Kreisplatte ($h/r_a = 0{,}5$ bis 1) bestehenden Abweichungen zwischen Meßkurve und gerechneter Kurve kann dem Umstande angelastet werden, daß letztere einer Poisson-Zahl $1/m = 1/4$, erstere einem $1/m = 1/3{,}45$

[1] *W. Kuhl*, Akust. Zeitschr., 7. Jahrg. (1942), S. 125.

entspricht; der Rest an Abweichungen kann auch durch eine Summierung von Meßfehlern entstanden sein, so daß demnach die strenge Theorie

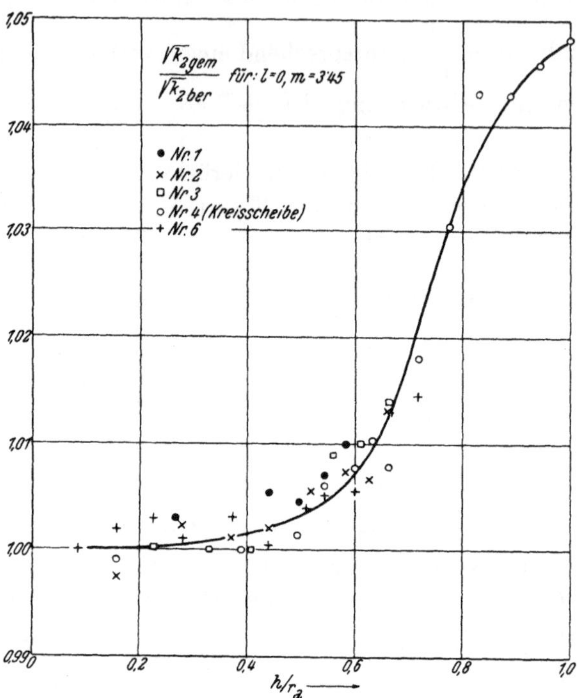

Abb. 18. Verhältnis der an 5 Stahlringen gemessenen zu den berechneten Frequenzen der tiefsten ebenen Biegeschwingung in Abhängigkeit von h/r_a. (Nach *W. Kuhl*, Akust. Zeitschr. 1942, S. 147, Abb. 16.)

sehr gut bestätigt wird; dies zeigt auch die Abb. 18, in der das Verhältnis $\sqrt{k_{\text{gem}}} : \sqrt{k_{l=0}}$ der an fünf Stahlringen gemessenen zu den berechneten Frequenzen der tiefsten ebenen Biegeschwingung in Abhängigkeit von h/r_a samt allen Meßpunkten aufgetragen ist ($m = 3{,}45$); die größten Abweichungen von der durch die Meßpunkte gelegten Kurve betragen nur $\pm\, 3^0/_{00}$.

In dem vorhin mit $\alpha \gtreqless \frac{1}{300}$ abgegrenzten Gültigkeitsbereiche der verbesserten eindimensionalen Theorie ist übrigens die Frequenz der Grundschwingung — wie durch den dann beim zweiten Gliede zulässigen Abbruch der in eine unendliche Potenzreihe entwickelten Frequenzengleichung hervorgeht — durch folgende Näherungsformel darstellbar,

$$\omega = \frac{(1-\beta^2)(1+\beta)}{a} \sqrt{\frac{3\,G}{\varrho\, N}}, \tag{162}$$

worin G den Schubmodul, ϱ die Dichte des Ringstoffes bedeutet und

$$\beta = \frac{1+\frac{h}{2a}}{1-\frac{h}{2a}}, \quad N = \frac{15}{4}(\beta^6+\beta^4+\beta^2+1) + 10\beta^2(\beta^4+\beta^2+1)\frac{ln\beta}{\beta^2-1}.$$

In der Zahlentafel 11 sind die aus den Messungen für $l \longrightarrow 0$ festgestellten Werte von $\sqrt{k_n}$ für die Oberschwingungen $n = 3$ bis 8 und die nach der verbesserten eindimensionalen Theorie aus Gl. (159) gerechneten korrespondierenden Werte zusammengestellt, und zwar in ihrer Abhängigkeit von h/r_a im Bereiche 0 bis $0{,}\dot{3}$ (entsprechend einem größten $\alpha = 0{,}01038$); hienach erscheint die Formel (159) in dem angegebenen Bereiche gut bestätigt.

β) *Biegungs-Drillungsschwingungen senkrecht zur Ringebene.*

Die Auslenkung v und der Drehwinkel β genügen der Schwingungsgleichung (121)

$$v^{VI} + a_2\, v^{IV} + a_4\, v^{II} + a_6 = 0 \tag{163}$$

mit

$$\begin{aligned} a_2 &= 2 + \lambda_x + \lambda\,\lambda_p, \\ a_4 &= (1 - k - \lambda_p)(1 - \lambda\,\lambda_x) - k\,\lambda\,\lambda_x, \\ a_6 &= \lambda\, k\,(1 - \lambda_p), \end{aligned} \tag{164}$$

worin durch die Glieder mit den Beiwerten λ_x und λ_p dem Einflusse der Drehungsträgheit Rechnung getragen ist. (Im Falle des doppeltsymmetrischen I-Querschnittes wurde dieser Einfluß auf die Kreisfrequenzen der Biegungs-Drillungsschwingungen eines geschlossenen freien Ringes bereits unter (D, 1, a) eingehend untersucht.)

Schubkräfte. Da die in (α) durchgeführte Berechnung der Biegungs-Dehnungsschwingungen *in* der Ringebene gezeigt hat, daß der Einfluß der Schubkräfte im Bereiche höherer Oberschwingungen jenen der Rotationsträgheit um ein Mehrfaches übersteigt, so soll auch die Gleichung (163), in der die Wirkung der Schubkräfte noch unberücksichtigt geblieben ist, durch den Anteil der Schubkräfte ergänzt werden.

Die Richtungsänderung v^I der Ringtangente setzt sich zusammen aus jener infolge der alleinigen Wirkung des Biegungsmomentes und aus dem mittleren Schubwinkel, der mit χ bezeichnet sei. Demnach ist in jenem Gliede von (45), das den Anteil der rotatorischen Trägheit am

Zahlentafel 11. *Ebene Biegungsschwingungen des Kreisringes von der Ordnung $n = 3$ bis $n = 8$. $\sqrt{k_n}$ nach Gl. (158) und (159) der verbesserten eindimensionalen Theorie und nach den Messungen von W. Kuhl.*

$\frac{h}{r_a}$	$\frac{h}{a}$	$\alpha = \frac{h^2}{12a^2}$	$\sqrt{k_3}$		$\sqrt{k_4}$		$\sqrt{k_5}$		$\sqrt{k_6}$		$\sqrt{k_7}$		$\sqrt{k_8}$	
			M	R	M	R	M	R	M	R	M	R	M	R
0	0	0		7,585		14,56		23,54		34,54		47,53		62,52
0,1093	0,1156	0,001140	7,460	7,440	14,18	14,06	22,48	22,33	32,25	32,09	42,40	43,15	55,70	55,37
0,1593	0,1731	0,002497	7,330	7,268	13,65	13,52	21,25	21,10	29,93	29,77	39,08	39,29	49,90	49,49
0,2308	0,2609	0,005673	7,070	6,919	12,76	12,51	19,41	18,98	26,53	26,05	34,15	33,53	42,18	41,28
0,3333	0,4000	0,013330	6,503	6,266	11,25	10,84	16,37	15,83	21,74	21,03	27,20	26,34	32,60	31,70

M = Messung nach *W. Kuhl* mit $\frac{1}{m} = 0{,}29$.

R = Rechnung nach den Gln. (159—161) der verbesserten eindimensionalen Theorie.

kinetischen Potential Ψ bei Drehung in der Hauptebene (j f) angibt, v^{I} zu ersetzen durch $v^{\mathrm{I}} - \chi$; ebenso ist dort und in (44) die mit $[\varkappa_x - \varkappa_{x0}] = -(v^{\mathrm{II}} - \beta)$ angesetzte Änderung des Biegewinkels zu ersetzen durch $-(v^{\mathrm{II}} - \beta - \chi^{\mathrm{I}})$; schließlich ist der Ansatz (31) für die gesamte Formänderungsarbeit und daher auch jener für das Potential Ψ (Gl. 45) zu ergänzen durch den Schubbeitrag $\varkappa' \frac{GF}{2} \int\limits_0^{s_1} \chi^2 ds$ mit $\varkappa'$ als Schubbeiwert des Querschnittes.

Der hienach ergänzte Ausdruck (45) für das kinetische Potential lautet daher im vorliegenden Falle

$$\Psi \frac{2a}{EJ} = \int\limits_0^{\varphi_1} \{\nu_x (v^{\mathrm{II}} - \beta - \chi^{\mathrm{I}})^2 + \nu (v^{\mathrm{I}} + \beta^{\mathrm{I}})^2 + \varkappa' \frac{G}{E} \left(\frac{Fa^2}{J}\right) \chi^2 - kv^2 - \\ - \lambda_x (v^{\mathrm{I}} - \chi)^2 - \lambda_p \beta^2\}\, d\varphi.$$

Mit der schon benützten Abkürzung $\delta = \frac{E}{\varkappa' G} = \frac{2}{\varkappa'} \left(1 + \frac{1}{m}\right)$ und mit den neuen Beiwerten

$$\alpha_x = \frac{i_x^2}{a^2}, \quad \alpha_p = \frac{i_p^2}{a^2}, \tag{165}$$

wonach $\lambda_x = k\alpha_x$, $\lambda_p = k\alpha_p$ wird, entsteht schließlich bei Beachtung von $\nu_x = 1$ $(J \equiv J_x)$ und $\nu = \frac{1}{\lambda}$ (vgl. 82_1):

$$\Psi \frac{2a}{EJ_x} = \int\limits_0^{\varphi_1} \{(v^{\mathrm{II}} - \beta - \chi^{\mathrm{I}})^2 + \frac{1}{\lambda} (v^{\mathrm{I}} + \beta^{\mathrm{I}})^2 + \frac{1}{\delta \alpha_x} \chi^2 - k [v^2 + \alpha_x (v^{\mathrm{I}} - \chi)^2 + \\ + \alpha_p \beta^2]\}\, d\varphi.$$

Die Bedingung Ψ = extrem verlangt die Befriedigung der *Euler*'schen Gleichungen

$$\left(\frac{\partial F}{\partial v^{\mathrm{II}}}\right)^{\mathrm{II}} - \left(\frac{\partial F}{\partial v^{\mathrm{I}}}\right)^{\mathrm{I}} + \frac{\partial F}{\partial v} = 0,$$

$$\left(\frac{\partial F}{\partial \beta^{\mathrm{I}}}\right)^{\mathrm{I}} - \frac{\partial F}{\partial \beta} = 0,$$

$$\left(\frac{\partial F}{\partial \chi^{\mathrm{I}}}\right) - \frac{\partial F}{\partial \chi} = 0,$$

worin $F(v^{\mathrm{II}}, v^{\mathrm{I}}, v, \beta^{\mathrm{I}}, \beta, \chi^{\mathrm{I}}, \chi)$ den Integranden in Ψ bedeutet.

Hiemit ergibt sich bei Benutzung des symbolischen Multiplikators $D(\;) \equiv (\;)^{\mathrm{I}}, \ldots$ das folgende homogene Gleichungssystem

$$[D^4 + (\lambda_x - \frac{1}{\lambda}) D^2 - k] v - (\frac{1}{\lambda} + 1) D^2 \beta - (L^3 + \lambda_x D) \chi = 0,$$

$$(1 + \frac{1}{\lambda}) D^2 v + (\frac{1}{\lambda} D^2 + \lambda_p - 1) \beta - D \chi = 0, \qquad (166)$$

$$(D^3 + \lambda_x D) v - D \beta - (D^2 + \lambda_x - \frac{1}{\alpha_x \delta}) \chi = 0,$$

woraus folgt, daß jede der drei Eigenfunktionen v, β, χ der Differentialgleichung 6. Ordnung

$$\begin{vmatrix} D^4 + (k\alpha_x - \frac{1}{\lambda}) D^2 - k, & -(\frac{1}{\lambda} + 1) D^2, & -(D^3 + k\alpha_x D) \\ (1 + \frac{1}{\lambda}) D^2 & \frac{1}{\lambda} D^2 + k\alpha_p - 1 & -D \\ D^3 + k\alpha_x D & -D & -(D^2 + k\alpha_x - \frac{1}{\alpha_x \delta}) \end{vmatrix} (v, \beta, \chi) = 0 \qquad (166^*)$$

zu genügen hat. Die Entwicklung dieser Determinante zeigt, daß die Gleichung (166*) für v formal wieder mit (163) übereinstimmt; für ihre nun durch den Schubeinfluß verbesserten Beiwerte a_2, a_4, a_6 ergibt sich

$$\left.\begin{aligned} a_2 &= 2 + a_{II}\, k, \\ a_4 &= 1 + a_{IV}\, k + \bar{a}_{IV}\, k^2, \\ a_6 &= \quad a_{VI}\, k + \bar{a}_{VI}\, k^2 + \bar{\bar{a}}_{VI}\, k^3, \end{aligned}\right\} \qquad (167)$$

worin

$$\left.\begin{aligned} a_{II} &= \alpha_x + \lambda \alpha_p + \alpha_x (1 + \alpha_p) \delta, \\ a_{IV} &= -(1 + \alpha_p + \lambda \alpha_x + \delta \alpha_x^2), \\ \bar{a}_{IV} &= \lambda \alpha_x \alpha_p + \alpha_x (\alpha_x + \lambda \alpha_p + \alpha_x \alpha_p) \delta, \\ a_{VI} = \lambda, \quad \bar{a}_{VI} &= -\lambda (\alpha_p + \alpha_x^2 \delta), \quad \bar{\bar{a}}_{VI} = \lambda \alpha_x^2 \alpha_p \delta; \end{aligned}\right\} \qquad (167a)$$

alle mit römischen Zeigern versehenen Koeffizienten a sind also nur von den Abmessungen des Kreisbogens und seinen elastischen Kennziffern abhängig, nicht aber von der Frequenzfunktion k.

Dem durch (136) dargestellten allgemeinen Integral von (163) entspricht die Hauptgleichung

$$n^6 - a_2 n^4 + a_4 n^2 - a_6 = 0, \qquad (168)$$

wo n für den geschlossenen Kreisring eine ganze Zahl größer als Eins sein muß. Mit Verwendung von (166) geht (168) zunächst über in

$$n^2 (n^2 - 1)^2 - k\,[a_{II}\, n^4 - a_{IV}\, n^2 + a_{VI}] + k^2\,[\bar{a}_{IV}\, n^2 - \bar{a}_{VI}] - k^3\, \bar{\bar{a}}_{VI} = 0$$

oder wegen (167a) in

$$\begin{aligned} n^2 (n^2 - 1)^2 &- k\,[(n^2 + \lambda) + n^2 \{n^2 (\alpha_x + \lambda\, \alpha_p) + \lambda \alpha_x + \alpha_p\} + \\ &+ \delta\, n^2 \{n^2 \alpha_x (1 + \alpha_p) + \alpha_x^2\}] + k^2\,[\lambda \alpha_p (n^2 \alpha_x + 1) + \delta\, \{n^2 \alpha_x (\lambda \alpha_p + \\ &+ \alpha_x + \alpha_x \alpha_p) + \lambda \alpha_x^2\}] - k^3\, \delta\, \lambda\, \alpha_x^2 \alpha_p = 0, \end{aligned} \tag{169}$$

wofür mit leicht ersichtlichen Abkürzungen

$$n^2 (n^2 - 1)^2 - k\,(n^2 + \lambda + \gamma_1) + k^2 (\lambda \alpha_p + \gamma_2) - k^3 \gamma_3 = 0 \tag{169a}$$

geschrieben wird. In den Koeffizienten dieser für k kubischen Gleichung treten Glieder mit drei sehr verschiedenen Größenordnungen auf: γ_1 ist von der Größenordnung der Beiwerte α_x und α_p, also für *dünne* Ringe gemäß (165) von der Größenordnung 10^{-2} bis 10^{-3}; γ_2 ist von der Ordnung α^2 und γ_3 von der Ordnung α^3. Da die Frequenzfunktion k ihrer Bedeutung nach proportional mit ω^2 ist, so sind alle drei Wurzeln von (169a) reell und positiv; die starke Verschiedenheit der Größenordnungen der Glieder γ_1, γ_2, γ_3 hat eine erhebliche Verschiedenheit der Größenordnungen der drei Wurzeln k_1, k_2, k_3 zur Folge, so daß *drei Schwingungstypen mit voneinander sehr verschiedenen Frequenzen* entstehen.

In *erster* Näherung können hienach aus (169a) unmittelbar folgende Lösungen der zugehörigen Frequenzfunktionen k entnommen werden:

niederste Schwingungstype $$\bar{k}_1 = \frac{n^2 (n^2 - 1)^2}{n^2 + \lambda}, \tag{170}$$

nächsthöhere Schwingungstype $$\bar{k}_2 = \frac{n^2 + \lambda}{\lambda \alpha_p}, \tag{171}$$

höchste Schwingungstype $$\bar{k}_3 = \frac{\lambda \alpha_p}{\gamma_3} = \frac{1}{\alpha_x^2 \delta}. \tag{172}$$

Die den drei Schwingungstypen zugehörigen Schwingformen sind durch die der Grundgleichung (166*) entsprechenden allgemeinen Lösungen für die Eigenfunktionen, und zwar

$$\begin{aligned} v(\varphi) &= \Sigma\,(A_\varkappa \cos n_\varkappa \varphi + B_\varkappa \sin n_\varkappa \varphi), \\ \beta(\varphi) &= \Sigma\,(C_\varkappa \cos n_\varkappa \varphi + D_\varkappa \sin n_\varkappa \varphi), \qquad (\varkappa = 1, 2, 3) \\ \chi(\varphi) &= \Sigma\,(E_\varkappa \sin n_\varkappa \varphi + F_\varkappa \cos n_\varkappa \varphi). \end{aligned}$$

dargestellt; die Schwingungsamplituden $A_\varkappa$, $C_\varkappa$, $E_\varkappa$, (bzw. $B_\varkappa$, $D_\varkappa$, $F_\varkappa$) genügen gemäß (166) dem homogenen Gleichungssystem

$$n^2(A\,n^2+C+E\,n)+\frac{n^2}{\lambda}(A+C)-\lambda_x\,n\,(A\,n+E)-k\,A=0,$$

$$(A\,n^2+C+E\,n)+\frac{n^2}{\lambda}(A+C)-\lambda_p\,C \qquad =0,$$

$$n\,(A\,n^2+C+E\,n)+\frac{1}{\alpha_x\delta}E-\lambda_x\,(A\,n+E) \qquad =0.$$

Hieraus berechnen sich die zur Beschreibung der Schwingform notwendigen Amplitudenverhältnisse $\frac{C}{A}$, $\frac{E}{A}$ bei Beachtung der durch (165) definierten Beiwerte α_x, α_p zu

$$\frac{C}{A}=-\frac{n^2}{N}[1+\lambda+\alpha_x\,\delta\,(n^2-k\,\alpha_x)],$$

$$\frac{E}{A}=\frac{n\,\alpha_x\,\delta}{N}[n^2\,(1-n^2+k\,\alpha_x)+\lambda\,k\,\alpha_x+\lambda\,k\,\alpha_p\,(n^2-k\,\alpha_x)],$$

wenn zur Abkürzung

$$N=\lambda+n^2-\lambda\,k\alpha_p+\alpha_x\,\delta\,[(n^2-k\alpha_x)\,(n^2-\lambda\,k\alpha_p)-\lambda\,k\alpha_x]$$

gesetzt wird. Für die Amplitudenverhältnisse $\frac{D}{B}$ (bzw. $\frac{F}{B}$) gelten dieselben Beziehungen wie für $\frac{C}{A}$ (bzw. $\frac{E}{A}$).

Da $\frac{C}{A}$ (bzw. $\frac{E}{A}$) das größte Verhältnis des Drehwinkels β (bzw. des Schubwinkels χ) zur homogenen Auslenkung v, also den Wert $\frac{a\,\beta}{v}$ (bzw. $\frac{a\,\chi}{v}$) angibt, wenn unter v die *lineare* Schwingungsamplitude verstanden wird, so folgt aus den beiden vorstehenden Gleichungen mit Rücksicht auf die durch (170—172) festgelegten Frequenzfunktionen, daß

a) für die *niederste Schwingungstype*, bei der die Glieder $\bar{k}_1\,\alpha_x$ und $\bar{k}_1\,\alpha_p$ klein gegen Eins bleiben,

$$\frac{a\,\beta}{v}=-\frac{n^2\,(1+\lambda)}{\lambda+n^2},\quad \frac{a\,\chi}{v}=\frac{n^3\,(1-n^2)\,\alpha_x\,\delta}{\lambda+n^2}, \tag{a}$$

b) für die *nächsthöhere Schwingungstype*

$$\frac{a\,\beta}{v}=\frac{1+\lambda}{\alpha_x\,\lambda\,\delta},\quad \frac{a\,\chi}{v}=-n\,(1+\frac{1}{\lambda}). \tag{b}$$

Daraus ist zu entnehmen, daß bei der niedersten Schwingungstype die Auslenkung v und $a\beta$ von gleicher Größenordnung sind, während $a\chi$ klein von der Ordnung α gegen v bleibt; bei dieser Schwingungstype — die im Schrifttum schlechthin als *Biegungsschwingung* des Ringes senkrecht zu seiner Ebene bezeichnet wird — sind demnach Ausbiegung *und* Verdrehung der Querschnitte gleichwertig beteiligt. Hingegen ist bei der nächsthöheren Schwingungstype (b) die Auslenkung v klein von der Ordnung α gegen $a\beta$ (und zwar unabhängig von der Wellenzahl n), aber vergleichbar mit $a\chi$; dieser Type entsprechen daher die eigentlichen *Drillungsschwingungen* des Kreisringes. (Bei der Wellenzahl $n = 0$ entstehen die auf Seite 110 behandelten Umstülpschwingungen.)

Die dritte Schwingungstype ist eine im bisherigen Schrifttum nicht berechnete reine Schiebungsschwingung des Kreisringes mit sehr hoher Schwingzahl.

In der Formel (170) für die Frequenzfunktion $\bar{k}_1$ der *Biegungsschwingungen* ist die Drehungsträgheit und der Schubeinfluß vernachlässigt; sie stimmt daher überein mit der schon im Abschnitte (D, 1, a) für k_0 erhaltenen Formel (90), die im Sonderfalle eines *kreisförmigen* Querschnittes, bei welchem $\lambda = 1 + \frac{1}{m}$ ist, übergeht in die bekannte Formel von *J. H. Michell*[1].

Die durch (171) gegebene Frequenzfunktion $\bar{k}_2$ der eigentlichen *Drillungsschwingungen* eines Kreisringes liefert wegen $\bar{k}_2 = \frac{\varrho_1 a^4 \omega_2^2}{E J_x}$ für das Quadrat der Kreisfrequenz

$$\omega_2^2 = \frac{1}{a^2} \frac{E}{\varrho} \frac{n^2 + \lambda}{\lambda} \frac{\alpha_x}{\alpha_p}, \tag{171a}$$

worin ϱ die Dichte des Ringstoffes bedeutet. Im Sonderfalle eines *kreisförmigen* Querschnittes entsteht hieraus wegen $\alpha_p = 2\alpha_x$, $\lambda = 1 + \frac{1}{m}$ und $G = \frac{m}{2(m+1)} E$ die aus der *Basset*'schen Frequenzengleichung[2] bekannte Formel

---

[1] Vgl. Fußnote S. 44.

[2] *A. B. Basset*, London Math. Soc. Proc. 23 (1892), S. 105, vgl. auch *A. E. H. Love*, Lehrbuch der Elastizität, 1907, S. 520.

$$\omega_2^2 = \frac{G}{\varrho\, a^2}\,(n^2 + 1 + \frac{1}{m}).$$

Schließlich liefert Gl. (172) mit $\bar{k}_3 = \frac{\varrho\, a^2\, \omega_3^2}{E\, \alpha_x}$ für die Frequenz der dritten Schwingungstype (Schiebungsschwingung)

$$\omega_3 = \frac{1}{i_x}\sqrt{\frac{E}{\varrho}}\,\frac{1}{\sqrt{\delta}} \quad \text{oder wegen } \delta = \frac{2}{\varkappa'}\,(1 + \frac{1}{m})$$

und mit Benutzung des Gleitmoduls G

$$\omega_3 = \frac{1}{i_x}\sqrt{\frac{G}{\varrho}}\,\sqrt{\varkappa'}, \tag{172a}$$

worin $\sqrt{\frac{G}{\varrho}}$ die Fortpflanzungsgeschwindigkeit einer Transversalwelle im elastischen Medium angibt. Da das Frequenzenverhältnis $\frac{\omega_2}{\omega_3}$ (bzw. $\frac{\omega_1}{\omega_3}$) von der Größenordnung $\sqrt{\alpha_x}$ (bzw. α_x) ist, so haben diese Schiebungsschwingungen im Vergleich zu den Biegungs- und Drillungsschwingungen viel höhere Kreisfrequenzen und werden somit schwer zu erregen sein.

Die aus (169a) mit $\gamma_1 = 0$ und $\gamma_2 = 0$ entstandenen Formeln (170—172) für die Frequenzfunktionen $\bar{k}_1$, $\bar{k}_2$, $\bar{k}_3$ können noch dadurch verbessert werden, daß in (169a) die Werte γ_1, γ_2 nicht gleich Null gesetzt, sondern wenigstens mit ihren in α_x und α_p *linearen* Anteilen berücksichtigt werden; solcherart ergeben sich die verschärften Formeln

$$k_1 = \bar{k}_1\left[1 - n^2\alpha_x - \frac{n^2\{n^2(\lambda+1)^2 + \lambda - 1\}}{(n^2+\lambda)^2}\,\alpha_p - \frac{n^4\,\alpha_x}{n^2+\lambda}\,\delta\right], \tag{170*}$$

$$k_2 = \bar{k}_2\left[1 + \frac{n^2(1+\lambda n^2)}{n^2+\lambda}\,\alpha_p - n^2\delta\alpha_x\left\{\frac{\lambda}{n^2+\lambda} + \alpha_x^2\,\bar{k}_2\,(1+\delta+\frac{\alpha_x\bar{k}_2\delta}{n})\right\}\right], \tag{171*}$$

$$k_3 = \bar{k}_3\left[1 + n^2\alpha_x\,(1+\delta) + \frac{\alpha_x^{\,2}}{\lambda\alpha_p}\,(n^2+\lambda)\,\delta\right]. \tag{172)*$$

Vergleich der vorstehend entwickelten verbesserten Theorie der Biegungs-Drillungsschwingungen eines Kreisringes mit den Versuchsergebnissen von W. Kuhl.

Hiebei erstreckt sich die Auswertung der Gleichungen (170*—172*) bei den *Biegungsschwingungen* senkrecht zur Ringebene auf einen Bereich der Wellenzahlen $n = 2$ bis 8 bei Beschränkung auf Ringe mit *quadratischem* Querschnitte ($b = h$), für welche die Möglichkeit des Vergleiches der theoretisch bestimmten sekundlichen Schwingzahlen mit jenen der Schwingungsversuche von *W. Kuhl* gegeben ist; bei den eigentlichen *Drillungsschwingungen* liegen Versuchsergebnisse nur für den Bereich der Wellenzahlen $n = 0$ bis $n = 5$ vor.

Nach (165) ist $\alpha_x = \frac{h^2}{12a^2}$, $\alpha_p = 2\alpha_x$ zu setzen; mit der bei den Versuchen an Stahlringen gemessenen Poisson-Zahl $1/m = 0{,}29$ wird $\lambda = 1{,}525$ und $\delta = \frac{2}{\varkappa'}(1 + \frac{1}{m}) = 3$ (mit $\varkappa' = {}^5/_6$).

Die Messungen bezogen sich auf Stahlringe vom Außenhalbmesser $r_a = 45$ mm mit quadratischem Querschnitte und veränderlichem $\frac{h}{r_a}$; es ist hienach $\frac{h}{a} = \frac{h/r_a}{1 - \frac{1}{2}h/r_a}$. In den Zahlentafeln 12a und 12b sind die aus der Theorie folgenden Ergebnisse in den Kolonnen R (Rechnung) und die zugehörigen Meßergebnisse unter M (Messung) eingetragen.

Die Tabelle 12a enthält eine Zusammenstellung der an 5 Stahlringen[1] gemessenen sekundlichen Schwingzahlen f_b (in kHz) ihrer *Biegungsschwingungen* (Wellenzahlen $n = 2$ bis 8) und der hiefür aus der zugehörigen Frequenzfunktion k_1 (Gl. 170*) gerechneten Werte f_b; dabei gilt wegen

$$k_1 = \frac{\mu_1 a^4 \omega_1^2}{E J_x} = \frac{\varrho\, a^2 \omega_1^2}{E\, \alpha_x}$$

der Zusammenhang

$$f_b = \frac{\omega_1}{2\pi} = \frac{h}{2\pi a^2 \sqrt{12}} \sqrt{\frac{E}{\varrho}} \cdot \sqrt{k_1}\,, \tag{170b}$$

worin ϱ die Dichte des Ringstoffes (gleich $\frac{\mu_1}{h^2}$) und $\sqrt{\frac{E}{\varrho}}$ die Schallgeschwindigkeit in der Umfangsrichtung des Ringes bezeichnet, die bei den angeführten Versuchen $\sim 5170 \frac{\text{m}}{\text{sek}}$ betragen hat.

---

[1] Diesen fünf Ringen entsprechen Dickenverhältnisse $\frac{h}{r_a}$ von 0,0855 bis 0,3752; die Messungen erstreckten sich aber auch noch auf dicke Ringe bis zu $\frac{h}{r_a} = 0{,}772$, also bis in die Nähe einer durchbohrten Scheibe. Für den Vergleich mit der vorstehend entwickelten verschärften Theorie der räumlichen Schwingungen eines gekrümmten Stabes kommt aber dieser Bereich nicht mehr in Betracht.

Zahlentafel 12a. *Biegungsschwingungen senkrecht zur Ebene eines Kreisringes mit quadratischem Querschnitte. — Sekundliche Schwingzahlen f_b für die Wellenzahlen $n = 2$ bis $n = 8$ gerechnet nach Gl.* (170b) *mit* $\sqrt{\frac{E}{\varrho}} = 5170 \frac{m}{sek}$. *Meßergebnisse für f_b von W. Kuhl mit* $\frac{1}{m} \sim 0.29$.

$\frac{h}{r_a}$	$\frac{h}{a}$	$\alpha_x = \frac{h^2}{12a^2}$	Sekundliche Schwingzahlen f_b in kHz													
			$n = 2$		3		4		5		6		7		8	
			M	*R*	*M*	*R*	*M*	*R*	*M*	*R*	*M*	*R*	*M*	*R*	*M*	*R*
0,0894	0,09358	0,00073	1,318	1,311	3,80	3,769	7,29	7,228	11,71	11,606	17,00	16,832	23,00	22,833	29,40	29,538
0,1662	0,18126	0,00274	2,605	2,596	7,33	7,317	13,75	13,705	21,45	21,432	30,40	30,223	40,05	39,848	50,45	50,119
0,2307	0,26077	0,00567	3,790	3,770	10,38	10,364	18,10	18,897	28,85	28,774	39,60	39,572	51,05	50,992	62,80	62,825
0,2837	0,33059	0,00911	4,81	4,785	12,90	12,829	23,00	22,834	34,10	34,031	45,90	45,938	58,25	58,265	70,55	70,828
0,3752	0,46184	0,01777	6,62	6,602	16,79	16,861	28,70	28,818	41,20	41,569	53,95	54,677	66,10	67,922	79,20	81,194

M = Messung von *W. Kuhl* mit $\frac{1}{m} \sim 0{,}29$.

R = Rechnung nach Gl. (170b) mit $\sqrt{\frac{E}{\varrho}} = 5170 \frac{\text{m}}{\text{sek}}$.

Zahlentafel 12b. *Drillungsschwingungen eines Kreisringes mit quadratischem Querschnitt. Sekundliche Schwingzahlen* f_{dr} *für die Ordnungszahlen* $n = 0$ *bis* 5 *gerechnet nach Gl.* (171b). *Meßergebnisse für* f_{dr} *von W. Kuhl mit* $\frac{1}{m} \sim 0{,}29$.

$\frac{h}{r_a}$	$\frac{h}{a}$	$\alpha_x = \frac{h^2}{12a^2}$	Sekundliche Schwingzahlen f_{dr} in *kHz*											
			$n = 0$		1		2		3		4		5	
			M	*R*	*M*	*R*	*M*	*R*	*M*	*R*	*M*	*R*	*M*	*R*
0,0855	0,08932	0,00066	13,60	13,535	17,57	17,38	27,10	25,74	35,85	35,55	46,30	45,89	56,90	56,46
0,1662	0,18126	0,00274	14,18	14,101	18,28	18,15	28,20	26,96	37,75	37,31	48,85	48,21	60,15	59,36
0,2307	0,26078	0,00567	14,77	14,615	19,06	18,82	29,05	28,09	39,80	38,95	51,20	50,40	63,10	62,10
0,2857	0,33059	0,00911	15,24	15,067	19,75	19,42	30,05	29,16	41,35	40,48	53,65	52,44	66,15	64,65
0,3752	0,46184	0,01777	16,22	15,915	21,05	20,49	32,15	31,11	45,00	43,52	58,65	56,49	72,25	69,74

M = Messung von *W. Kuhl* mit $\frac{1}{m} \sim 0{,}29$.

R = Rechnung nach Gl. (171b) mit $\sqrt{\frac{E}{\varrho}} = 5170 \frac{m}{\text{sek}}$.

In der Tabelle 12b sind den an diesen Ringen gemessenen sekundlichen Schwingzahlen f_{dr} (in kHz) ihrer *Drillungsschwingungen* (von den Ordnungen $n = 0$ bis 5) die hiefür aus der zugehörigen Frequenzfunktion k_2 (Gl. 171*) gerechneten Werte f_{dr} gegenübergestellt; hiebei besteht der allgemeine Zusammenhang

$$f_{dr} = \frac{\omega_2}{2\pi} = \frac{1}{2\pi a} \sqrt{\frac{E}{\varrho}} \sqrt{k_2} \sqrt{\alpha_x}, \tag{173}$$

woraus im Sonderfalle des quadratischen Querschnittes bei Beachtung von (171a) die Formel

$$f_{dr} = \frac{1}{2\pi a \sqrt{2}} \sqrt{\frac{E}{\varrho}} \sqrt{\frac{n^2 + \lambda}{\lambda}} \sqrt{[\ldots\ldots]} \tag{171b}$$

folgt, wo [.....] den in Gl. (171*) in eckige Klammer gestellten, von der Einheit nur wenig abweichenden Verbesserungsfaktor darstellt.

Schließlich sind der Vollständigkeit wegen noch in Zahlentafel 12c

Zahlentafel 12c. *Schiebungsschwingungen des Kreisringes mit quadratischem Querschnitt. — Sekundliche Schwingzahlen f_s gerechnet nach Gl.* (172b) *für die Wellenzahlen $n = 0$ bis 5.*

$\frac{h}{r_a}$	$\frac{h}{a}$	Sekundliche Schwingzahlen f_s in *kHz* nach Gl. (172b)					
		$n = 0$	$n = 1$	$n = 2$	$n = 3$	$n = 4$	$n = 5$
0,0855	0,08932	427,94	428,65	429,99	432,79	436,67	441,56
0,1662	0,18126	220,49	221,99	224,44	230,48	238,09	247,32
0,2307	0,26078	159,19	161,41	165,22	173,55	183,92	196,06
0,2857	0,33059	129,78	132,67	137,61	147,83	160,26	174,44
0,3752	0,46184	98,76	102,95	109,96	123,30	138,92	156,04

die aus (172*) gerechneten sekundlichen Schwingzahlen f_s der Schiebungsschwingung (höchste der drei Schwingungstypen) für die Wellenzahlen $n = 0$ bis 5 für die gleichen Ringe angegeben, die mit der hier maßgebenden Frequenzfunktion k_3 allgemein durch die Beziehung

$$f_s = \frac{\omega_3}{2\pi} = \frac{1}{2\pi a} \sqrt{\frac{E}{\varrho}} \sqrt{k_3} \sqrt{\alpha_x}$$

verknüpft sind; bei Beachtung von (172a) folgt hieraus bei quadratischem

Querschnitte (wegen $i_x = \frac{h}{\sqrt{12}}$) mit Einführung des Schubmoduls G

$$f_s = \frac{\sqrt{12}}{2\pi h} \sqrt{\frac{G}{\varrho}\,\varkappa'}\,\sqrt{[\ldots\ldots]}, \tag{172b}$$

wo [.....] den in Gl. (172*) in eckige Klammer gestellten Verbesserungsfaktor angibt. Meßergebnisse liegen für diese hohen Schwingzahlen f_s nicht vor. Aus den Angaben der Zahlentafeln 12a und 12b ist zu entnehmen, daß die Ergebnisse der verbesserten Theorie der Biegungs-Drillungsschwingungen eines Kreisringes durch die Meßergebnisse von *W. Kuhl* nicht nur qualitativ, sondern auch quantitativ *vollauf* bestätigt werden, so daß diese Theorie *in dem Bereich bis zu* $\frac{h}{a} = 0{,}46$ als zuverlässig gelten kann. Die von *W. Kuhl* wegen der schlechten Übereinstimmung seiner Meßergebnisse mit den aus der *Basset*'schen, nur für den Kreisquerschnitt gültigen Frequenzengleichung erhaltenen Ergebnissen in Vorschlag gebrachte Formel (Gl. 14 seiner Arbeit), die einen aus den Versuchen gewonnenen, mit $\frac{h}{a}$ veränderlichen Verbesserungsfaktor enthält, kann daher in dem vorangegebenen Bereiche durch die beim Quadratquerschnitt zutreffende Gl. (171b) ersetzt werden; bei anderen doppelt-symmetrischen Querschnittsformen ist die allgemeinere Formel (173) zu verwenden.

Im Falle eines *Kreisquerschnittes* vom Durchmesser d (z. B. Stahldraht) ist

$$\alpha_x = \frac{d^2}{16\,a^2},\ \lambda = 1 + \frac{1}{m} \text{ und } \delta = \frac{2}{\varkappa'}\left(1 + \frac{1}{m}\right) = \frac{64}{27}\,\lambda \left(\text{wegen } \varkappa' = \frac{27}{32}\right),$$

womit sich aus (170*—172*) die den drei Schwingungstypen entsprechenden Frequenzfunktionen k_1, k_2, k_3 und aus diesen die zugehörigen sekundlichen Schwingungszahlen für verschiedene Wellenzahlen n berechnen lassen.

Die Frequenzen der ebenen und räumlichen Biegeschwingungen eines geschlossenen Kreisringes stehen bei Vernachlässigung aller Nebeneinflüsse nach den hiefür gültigen Formeln (157) und (170) im Verhältnisse $\sqrt{\frac{n^2 + \lambda}{n^2 + 1}}$. Da dem Kreis- und Kreisringquerschnitte ein $\lambda = 1{,}25$, dem quadratischen Querschnitte ein $\lambda = 1{,}48$ entspricht, so unterscheiden sich bei diesen Querschnitten die Frequenzen beider

Schwingungsarten (selbst bei niedriger Schwingungsordnung) sehr wenig voneinander. Bei vollkommener Übereinstimmung der Frequenzen beider Klassen von Biegeschwingungen müßte $\lambda = 1$ sein, womit dem betreffenden Ringquerschnitte die Bedingung

$$\lambda = \frac{E\,J_x}{G J_D} = 1$$

oder

$$\frac{J_D}{J_x} = 2\,(1 + \frac{1}{m})$$

auferlegt ist. Mit $m = 4$ ergibt sich hieraus $J_D = 2{,}5\,J_x$; dieser Forderung wird durch den rechteckigen Querschnitt $b \,.\, h$ (h senkrecht zur Ringebene) mit $b/h = 1{,}75$ entsprochen, für den $J_D = 0{,}214\,bh^3$, $J_x = 1/12\,bh^3$ ist, so daß $J_D = 0{,}257\,J_x$ und $\lambda \sim 1$ wird.

γ) Die ebene und räumliche Schwingform des Kreisringes mit der Wellenzahl Null.

Mit der Wellenzahl $n = 0$ führt die Hauptgleichung (155) der ebenen Biegungsschwingungen zu reinen Radialschwingungen und die Hauptgleichung (168) der räumlichen Biegungsschwingungen zu Umstülpschwingungen (Kippschwingungen) des Kreisringes.

Reine Radialschwingungen. Mit $n = 0$ folgt aus (155) zunächst $a_6 = 0$ oder wegen $a_6 = k\,a_{VI}$: entweder $k = 0$ oder $a_{VI} = 0$.

Der ersten Lösung $k = \dfrac{\mu_1\,a^4\,\omega^2}{E\,J_y} = 0$ entspricht die Frequenz $\omega = 0$, d. h. die aus dem allgemeinen Integral (124) mit $n = 0$ entstandene Sonderlösung $w\,(\varphi) =$ konst, der gemäß (127) die radiale Verschiebung $u\,(\varphi) = 0$ entspricht, beschreibt eine Drehung des starren Ringes um die durch seinen Mittelpunkt gelegte, zur Ringebene senkrechte Achse mit dem Drehwinkel w. Die zweite Lösung $a_{VI} = 0$ ist zufolge der dritten der Gln. (155b) gleichwertig mit

$$1 - k\,\alpha_0 = 0, \tag{174}$$

woraus $k = \dfrac{1}{\alpha_0} = f$ folgt. Nach Eintragung der den Werten k und f entsprechenden Ausdrücke ergibt sich die Kreisfrequenz mit

$$\omega = \frac{1}{a}\sqrt{\frac{EF}{\mu_1}}. \tag{175}$$

Darin bedeutet $\sqrt{\frac{EF}{\mu_1}}$ die Schallgeschwindigkeit in der Umfangsrichtung des Ringes (bei den vorhin angeführten Versuchen mit Stahlringen $\sim 5160 \frac{m}{\sec}$). Wegen $n = 0$ und $\omega \neq 0$ ist diese zweite Lösung durch $w(\varphi) = 0$ gekennzeichnet, doch entspricht ihr nun eine *von Null verschiedene* konstante radiale Verschiebung $u(\varphi)$, da in der hiefür gültigen Gl. (127) der erste Faktor β zufolge (174) unendlich groß wird, während der zweite von w abhängige Faktor verschwindet, so daß die unbestimmte Form $0 \, . \, \infty$ entsteht[1].

Die Dehnung der Zentrallinie des Ringes beträgt nach (44) $\varepsilon_0 = u =$ konst.; für den Biegewinkel ψ liefert (127a) den Wert Null.

Durch (175) ist demnach die Kreisfrequenz von reinen Radialschwingungen (reine Dehnungsschwingungen) mit periodisch variierendem Halbmesser des Ringes dargestellt, wobei sich alle Querschnitte radial ohne Drehung verschieben[2].

Umstülpschwingungen (Kippschwingungen). Mit $n = 0$ folgt aus der Hauptgleichung (168) der räumlichen Ringschwingungen zunächst wieder $a_6 = 0$, daher wegen (167): entweder $k = 0$ oder $\lambda_p = 1$.

Der ersten Lösung entspricht wieder die Frequenz $\omega = 0$, d. h. die aus dem allgemeinen Integral (136) mit $n = 0$ hervorgehende Sonderlösung $v(\varphi) =$ konst. — der gemäß (93) ein Drehwinkel $\beta(\varphi) = 0$ zugehört — beschreibt eine Verschiebung des starren Ringes senkrecht zur Kreisebene.

Die zweite Lösung $\lambda_p = k \frac{i_p^2}{a^2} = 1$ ergibt eine (auch aus 171a mit $n = 0$ hervorgehende) Kreisfrequenz[3]

$$\omega = \frac{1}{a} \sqrt{\frac{EF}{\mu_1}} \sqrt{\frac{J_x}{J_p}}. \tag{176}$$

[1] Eine Behebung dieser Unbestimmtheit könnte nur unter Verzicht auf die hier benutzte linearisierte (klassische) Schwingungstheorie erfolgen.

[2] Die von *Love* auf Seite 520 seines Buches (vgl. Fußnote S. 4) beschriebenen Dehnungsschwingungen sind, soferne in den dort für u, w hingeschriebenen Gleichungen die Wellenzahl $n \neq 0$ ist, keine reinen Dehnungsschwingungen, da der Biegewinkel ψ mit φ veränderlich ist. Hingegen verschwindet ψ mit $n = 0$, seine Frequenzengleichung (24) gilt daher strenge nur für $n = 0$ und deckt sich dann mit der obigen Gl. (175).

[3] Das Resultat verdankt man für den Fall eines Kreisquerschnittes, für den sich (176) vereinfacht zu $\omega = \frac{1}{a\sqrt{2}} \sqrt{\frac{EF}{\mu_1}}$, *A. B. Basset*, London Math. Soc. Proc. 23 (1892), S. 105, der auch diese Schwingungsart, obwohl keine Verdrillung auftritt, als Drillungsschwingung bezeichnet.

Mit $n = 0$ und $\omega \neq 0$ ist dieser zweiten Lösung der Wert $v(\varphi) = 0$ zugeordnet und sie ist ausgezeichnet durch einen von *Null verschiedenen konstanten* Drehwinkel β, der gemäß (93) wegen $\lambda_p = 1$ und $v = 0$ in der unbestimmten Form $\frac{0}{0}$ erscheint.

Durch (176) ist demnach die Kreisfrequenz einer räumlichen Schwingung gekennzeichnet, bei der die Ringmittellinie erhalten bleibt und sämtliche Querschnitte in ihren Ebenen durch denselben kleinen Winkel β um die Mittellinie gedreht werden.

Es entsteht demnach keine Verdrillung der Querschnitte gegeneinander, sondern eine dem schwachen „Umstülpen" (Kippen) eines elastischen Ringes analoge Bewegung[1].

Verglichen mit den unter α) und β) untersuchten ebenen und räumlichen Biegungsschwingungen haben die hier unter γ) beschriebenen Schwingungen viel höhere Frequenzen.

δ) *Einfluß von Ungenauigkeiten der Form und Stärke eines Kreisringes auf die Schwingzahlen seiner ebenen Biegungsschwingungen.*

Die bisher entwickelten Formeln zur Berechnung der Frequenzen von Kreisringen gelten unter der Voraussetzung einer *genauen Kreisform* der Zentrallinie und eines *überall gleichen Ringquerschnittes.* Beide Annahmen werden in den praktischen Anwendungen entsprechend der bei der Herstellung der Ringe verlangten Genauigkeit mehr oder minder genau erfüllt sein. Bei der Verwendung dieser Formeln zur Vorausbestimmung der Schwingzahlen eines Kreisringes ist es daher von Interesse, den Einfluß der durch Ungenauigkeiten bei der Herstellung der Ringe verursachten geringen Abweichungen von den angegebenen beiden Voraussetzungen auf die Größe der Schwingzahlen kennen zu lernen.

Veränderlichkeit des Ringquerschnittes. Wir wollen die Querschnittsveränderlichkeit dadurch festlegen, daß der Durchmesser d des Kreisquerschnittes, bzw. im Falle eines Rechteckquerschnittes dessen Höhe h (gemessen senkrecht zur Kreisebene) oder Breite b sich nach dem Gesetze

$$d = \alpha - \beta \cos \lambda \varphi \tag{177}$$

ändere, womit periodische Abweichungen der Werte d, b und h von dem für konstanten Querschnitt gültigen Durchschnittswerte $d = \alpha$ um $\pm\beta$ berücksichtigt werden. Mit der durch

[1] Vgl. *R. Grammel*, Z. angew. Math. Mech. 3 (1923), S. 429 und *C. B. Biezeno* und *R. Grammel*, Technische Dynamik, Berlin 1939, S. 396.

$$\gamma = \frac{\beta}{\alpha} \tag{178}$$

festgelegten Kennzahl γ wird die auf den Durchschnittswert α der Ringstärke (Ringhöhe oder Ringbreite) bezogene größte Abweichung β gekennzeichnet, wobei γ für praktische Fälle als klein gegen Eins vorauszusetzen ist.

Es handelt sich also darum, die Abhängigkeit der Kreisfrequenz ω von dem Abweichungskennwert γ festzustellen.

Beschränkt man sich dabei auf die ebene Grundschwingung (Wellenzahl $n = 2$, welcher die beiden voneinander unabhängigen Schwingformen $w(\varphi) = C \cos 2\varphi$ und $w(\varphi) = D \sin 2\varphi$ entsprechen, so ist nach den Untersuchungen des Verfassers[1] die Abhängigkeit der den beiden Schwingformen entsprechenden Frequenzen ω_C und ω_D von γ darzustellen in der Form

$$\omega_C = \omega_0 \sqrt{\psi_C}, \quad \omega_D = \omega_0 \sqrt{\psi_D}, \tag{179}$$

worin ω_0 die Grundfrequenz bei konstantem Querschnitt ($\gamma = 0$), ψ_C und ψ_D die den Einfluß der durch (177) festgelegten Veränderlichkeit des Querschnittes auf ω_0 bestimmenden Einflußwerte bezeichnen; letztere sind bestimmt durch folgende Formeln

Kreisquerschnitt. $$\psi_C = \psi_D = \frac{1 + 3\gamma^2 + \frac{3}{8}\gamma^4}{1 + \frac{1}{2}\gamma^2}, \quad \text{wenn } \lambda \neq 2 \text{ oder } 4.$$

$$\psi_C = \frac{1 + \frac{3}{2}\gamma^2 + \frac{1}{8}\gamma^4}{1 + \frac{7}{20}\gamma^2}, \quad \psi_D = \frac{1 + \frac{9}{2}\gamma^2 + \frac{5}{8}\gamma^4}{1 + \frac{13}{20}\gamma^2}, \quad \text{wenn } \lambda = 2,$$

$$\psi_C = \frac{1 + 2\gamma + 3\gamma^2 + \frac{3}{2}\gamma^3 + \frac{3}{8}\gamma^4}{1 + \frac{3}{5}\gamma + \frac{1}{2}\gamma^2}, \quad \psi_D = \frac{1 - 2\gamma + 3\gamma^2 - \frac{3}{2}\gamma^3 + \frac{3}{8}\gamma^4}{1 - \frac{3}{5}\gamma + \frac{1}{2}\gamma^2}, \quad \text{wenn } \lambda = 4.$$

Rechteckquerschnitt mit nach (177) veränderlicher Höhe h und *konstanter Breite* b.

$$\psi_C = \psi_D = 1, \quad \text{wenn } \lambda \neq 4,$$

$$\psi_C = \frac{1 + \frac{1}{2}\gamma}{1 + \frac{3}{10}\gamma}, \quad \psi_D = \frac{1 - \frac{1}{2}\gamma}{1 - \frac{3}{10}\gamma}, \quad \text{wenn } \lambda = 4.$$

Rechteckquerschnitt mit nach (177) veränderlicher Breite b und *konstanter Höhe* h

---

[1] *K. Federhofer*, Sitz.-Ber. Akad. Wiss. Wien, Abt. IIa, 150 (1941), S. 117.

$$\psi_C = \psi_D = 1 + \tfrac{3}{2}\gamma^2, \qquad \text{wenn } \lambda \neq 2, 4,$$

$$\psi_C = 1 + \tfrac{3}{4}\gamma^2,\ \psi_D = 1 + \tfrac{9}{4}\gamma^2, \qquad \text{wenn } \lambda = 2,$$

$$\psi_C = \frac{1 + \frac{3}{2}\gamma + \frac{3}{2}\gamma^2 + \frac{3}{8}\gamma^3}{1 + \frac{3}{10}\gamma},\quad \psi_D = \frac{1 - \frac{3}{2}\gamma + \frac{3}{2}\gamma^2 - \frac{3}{8}\gamma^3}{1 - \frac{3}{10}\gamma}, \qquad \text{wenn } \lambda = 4.$$

Aus den Zahlentafeln 13 können die hienach für den Bereich $\gamma = 0$

Zahlentafel 13. *Werte* ψ_C *und* ψ_D *zur Berechnung des Einflusses einer geringen Veränderlichkeit des Ringquerschnittes auf die Grundfrequenzen seiner ebenen Biegungsschwingungen (nach Gl.* (179)*).*

Querschnittsform	γ	$\lambda = 2$		$\lambda = 4$		$\lambda \neq 2, 4$
		ψ_C	ψ_D	ψ_C	ψ_D	$\psi_C = \psi_D$
Kreis	0	1	1	1	1	1
	0,01	1,00015	1,00039	1,0142	0,9862	1,00025
	0,02	1,00046	1,0015	1,0287	0,9727	1,0011
	0,05	1,0029	1,0096	1,0741	0,9342	1,0062
	0,10	1,0115	1,0383	1,1564	0,8768	1,0249
	0,20	1,0456	1,1511	1,3444	0,7873	1,0986
Rechteck $b\,.\,h$, wobei $h =$ konst.; b nach Gl. (177) veränderlich	0	1	1	1	1	1
	0,01	1,00008	1,00023	1,0121	0,9881	1,00015
	0,02	1,0003	1,0009	1,0245	0,9765	1,0006
	0,05	1,0019	1,0056	1,0629	0,9428	1,00375
	0,10	1,0075	1,0225	1,1314	0,8914	1,015
	0,20	1,03	1,09	1,2858	0,8053	1,06

Querschnittsform	γ	$\lambda = 4$		$\lambda \neq 4$
		ψ_C	ψ_D	$\psi_C = \psi_D$
Rechteck $b\,.\,h$ mit $b =$ konst.; h nach Gl. (177) veränderlich	0	1	1	1
	0,01	1,0020	0,9980	1
	0,02	1,0040	0,9960	1
	0,05	1,0098	0,9898	1
	0,10	1,0194	0,9794	1
	0,20	1,0377	0,9574	1

bis 0,2 berechneten Einflußwerte unmittelbar entnommen werden. Mit Ausnahme des Falles $\lambda = 4$, in welchem sich der zur Schwingform $w(\varphi) = D \sin 2\varphi$ gehörige Einflußfaktor ψ_D durchwegs kleiner als Eins ergibt, sind die Einflußwerte ψ_C und ψ_D stets größer als Eins und nehmen mit wachsendem γ zu.

Abweichung der Zentrallinie von der genauen Kreisform (Elliptizität).

Die Abweichung der Ringform von der eines genauen Kreisringes sei festgelegt durch die kleinen *radialen* Abweichungen

$$\xi(\varphi) = \xi_0 \cos 2\varphi, \tag{180}$$

so daß die dann ungefähr elliptische Ringform bestimmt ist durch

$$r(\varphi) = a + \xi_0 \cos 2\varphi, \tag{180a}$$

wo ξ_0 die größte durch Messung erhobene radiale Abweichung von der genauen Kreisform angibt, die als klein gegen den Ringhalbmesser a anzunehmen ist. Mit der durch

$$\varepsilon^* = \frac{\xi_0}{a} \tag{181}$$

festgelegten Kennzahl ε^* wird somit die größte Abweichung von der genauen Kreisform gekennzeichnet; sie ist als klein gegen Eins anzunehmen. Berechnet man unter Zugrundelegung der durch die Polargleichung (180a) festgelegten Ringachsenform deren Krümmung, sodann nach (20_3) die Krümmungsänderung einschließlich der Glieder in ε^{*2}, so läßt sich der Ausdruck für das kinetische Potential Ψ nach (45) als reine Funktion von $w(\varphi)$ und deren Ableitungen darstellen, wobei natürlich sämtliche Nebeneinflüsse unberücksichtigt bleiben können, da es sich hier lediglich um die Feststellung des Einflusses der ungenauen Ringform handelt. Mit dem der ebenen Grundschwingung entsprechenden Ansatze $w(\varphi) = C \sin 2\varphi$ und aus der Forderung $\Psi =$ extrem folgt nach Erledigung der ziemlich umfangreichen Rechnungen auf Grund des hier bloß skizzierten Rechnungsganges[1]

$$\omega = \omega_0 (1 + 99\, \varepsilon^{*2}), \tag{182}$$

so daß durch den zu ω_0 hinzugetretenen Faktor der Einfluß der kleinen Abweichungen ξ von der genauen Kreisform auf die Grundfrequenz ω_0 bestimmt ist. Dieser Einfluß äußert sich in einer Frequenzerhöhung, die z. B. für $\varepsilon^* = 0{,}1$ schon rund 100% ausmacht. Zahlentafel 13a gibt die Zunahme dieses Einflußfaktors mit wachsendem ε^* an.

---

[1] Vgl. *K. Federhofer*, Fußnote S. 113.

Da sich die durch (180a) festgelegte Ringform von einer Ellipse mit den Halbachsen $a\,(1 \pm \varepsilon^*)$ nur in Größen von der Ordnung ε^{*2} und noch höheren Potenzen von ε^* unterscheidet, so kann die Formel (182) auch zur Berechnung der Grundschwingzahl eines *elliptischen Ringes* benutzt werden, dessen numerische Exzentrizität e gleich

$$\sqrt{1-\left(\frac{1-\varepsilon^*}{1+\varepsilon^*}\right)^2} = \frac{2\sqrt{\varepsilon^*}}{1+\varepsilon^*}$$

ist. Zahlentafel 13a enthält die zu verschiedenen kleinen ε^* gehörigen Exzentrizitäten e. Die Formel (182) kann somit als Ersatz für die bisher nicht entwickelte exakte Formel zur Berechnung der Grundschwingzahl eines elliptischen Ringes gelten, soferne das Halbachsenverhältnis sich nicht erheblich von Eins unterscheidet.

Zahlentafel 13a. *Einflußfaktor* $1 + 99\,\varepsilon^{*2}$.

ε^*	0	0,01	0,02	0,03	0,04	0,05	0,06	0,07	0,08	0,09	0,10
$1 + 99\,\varepsilon^{*2}$	1	1,010	1,040	1,089	1,158	1,248	1,356	1,485	1,634	1,802	1,99
$e = \dfrac{2\sqrt{\varepsilon^*}}{1+\varepsilon^*}$	0	0,198	0,277	0,336	0,385	0,426	0,462	0,495	0,524	0,551	0,575

(e = Exzentrizität)

E. Der Grenzfall des geraden Stabes.

1. Die vier Schwingungsgleichungen und ihre Randbedingungen.

Wenn in den vier Schwingungsgleichungen (40) der Halbmesser a des Kreisbogens der Grenze Unendlich zustrebt, so entstehen aus ihnen die Eigenschwingungsgleichungen für den *geraden* Stab mit dünnwandigem offenem Querschnitt.

Es bezeichne z die in der Stabachse gemessene Koordinate des Schwerpunktes S eines beliebigen Stabquerschnittes, $\zeta = \frac{z}{l}$ die zugehörige homogene Längskoordinate, worin l die Stablänge bedeutet, ferner seien mit ξ, η die durch l dividierten (also dimensionslosen) Schwingungsamplituden in den Richtungen der Hauptachsen x, y des Querschnittes bezeichnet.

Von den in (43) eingeführten 9 dimensionslosen Beiwerten des kinetischen Potentials Ψ (Gl. 45) bleiben die Werte

$$\nu_x, \nu_y, \nu_p, \nu_D \text{ und } \nu = \nu_D - k \frac{\varrho_s}{f} = \nu_D - \frac{\mu_1 \omega^2}{EJ} \frac{C_S}{F}$$

— weil unabhängig vom Bogenhalbmesser a — erhalten; hingegen werden die Beiwerte k und f beim geraden Stab unendlich groß und die Beiwerte ϱ_x, ϱ_y, ϱ_s verschwinden mit $a = \infty$. Wir führen an ihrer Stelle die dimensionslosen Beiwerte

$$\bar{k} = \frac{\mu_1 l^4 \omega^2}{EJ}, \bar{f} = \frac{F l^2}{J}, \bar{\varrho}_x = \frac{R_x}{J l}, \bar{\varrho}_y = \frac{R_y}{J l}, \bar{\varrho}_s = \frac{C_S}{J l^2} \tag{183}$$

ein und anstatt der durch (53) definierten, beim geraden Stab unendlich groß werdenden Beiwerte λ_x, λ_y, λ_p der Drehungsträgheit die endlich bleibenden Beiwerte

$$\bar{\lambda}_x = \bar{k} \frac{i_x^2}{l^2}, \bar{\lambda}_y = \bar{k} \frac{i_y^2}{l^2}, \bar{\lambda}_p = \bar{k} \frac{i_p^2}{l^2}. \tag{184}$$

J bedeutet ein beliebig gewähltes Vergleichsträgheitsmoment des Querschnittes. Mit diesen Festsetzungen ergeben sich aus (50) die folgenden 4 Eigenschwingungsgleichungen

$$\nu_y \xi^{\text{IV}} + \bar{\lambda}_y \xi^{\text{II}} - \bar{\varrho}_y \beta^{\text{IV}} - \bar{k} \xi = 0, \tag{185a}$$

$$\nu_x \eta^{\text{IV}} + \bar{\lambda}_x \eta^{\text{II}} - \bar{\varrho}_x \beta^{\text{IV}} - \bar{k} \eta = 0, \tag{185b}$$

$$-\bar{\varrho}_y \xi^{\text{IV}} - \bar{\varrho}_x \eta^{\text{IV}} + \bar{\varrho}_s \beta^{\text{IV}} - \left(\nu_D - \bar{k} \frac{C_S}{F l^4}\right) \beta^{\text{II}} - \bar{k} \frac{i_p^2}{l^2} \beta = 0, \tag{185c}$$

$$\bar{w}^{\text{II}} + \frac{\mu_1 \omega^2}{E F} l^2 w = 0, \tag{185d}$$

wobei durch hochgestellte römische Zahlen Ableitungen nach ζ bezeichnet sind.

In (185d) bedeutet $\bar{w}(\zeta) = \frac{w}{l}$ die homogene Schwingungskoordinate in der Achsrichtung des Stabes, so daß diese Gleichung die bekannten reinen Dehnungsschwingungen in der z-Richtung darstellt, während die drei übrigen Gleichungen (185) die infolge des Wölbeinflusses gekoppelten Biegungs-Drillungsschwingungen des geraden Stabes beschreiben. Sie stehen bei Beachtung der hier eingeführten Abkürzungen in Einklang mit den vom Verfasser unmittelbar entwickelten Schwingungsgleichungen[1] eines geraden Stabes mit dünnwandigem offenem

[1] *K. Federhofer*, Sitz.-Ber. Akad. Wiss. Wien, Abt. IIa 156 (1948), S. 393.

Querschnitt, wenn dort die beliebig gewählten x, y Achsen zusammenfallend mit den Hauptträgheitsachsen angenommen werden, gehen aber über diese insoferne hinaus, als sie auch den Einfluß der Drehungsträgheit und der Verwölbungsträgheit der Querschnitte umfassen.

Mit dem symbolischen Multiplikator D in der Bedeutung $D\xi = \xi^{\mathrm{I}}$, $D^2\xi = \xi^{\mathrm{II}}$, ... lassen sich die Gln. (185a—185c) in folgender Form darstellen

$$\left.\begin{aligned} (\nu_y D^4 + \bar{\lambda}_y D^2 - \bar{k})\,\xi - \bar{\varrho}_y D^4 \beta &= 0, \\ (\nu_x D^4 + \bar{\lambda}_x D^2 - \bar{k})\,\eta - \bar{\varrho}_x D^4 \beta &= 0, \\ -\bar{\varrho}_y D^4 \xi - \bar{\varrho}_x D^4 \eta + (\bar{\varrho}_s D^4 - \nu D^2 - \bar{k}\frac{i_p^2}{l^2})\,\beta &= 0, \end{aligned}\right\} \tag{186}$$

woraus folgt, daß jede der drei Schwingungskoordinaten ξ, η, β ein und derselben Differentialgleichung 12. Ordnung genügen muß, und zwar

$$\begin{vmatrix} \nu_y D^4 + \bar{\lambda}_y D^2 - \bar{k} & 0 & -\bar{\varrho}_y D^4 \\ 0 & \nu_x D^4 + \bar{\lambda}_x D^2 - \bar{k} & -\bar{\varrho}_x D^4 \\ -\bar{\varrho}_y D^4 & -\bar{\varrho}_x D^4 & \bar{\varrho}_s D^4 - \nu D^2 - \bar{k}\frac{i_p^2}{l^2} \end{vmatrix} (\xi, \eta, \beta) = 0. \tag{187a}$$

In entwickelter Form ergibt sich z. B. für ξ die Gleichung

$$a_0\,\xi^{\mathrm{XII}} + a_2\,\xi^{\mathrm{X}} + \ldots + a_{12}\,\xi = 0 \tag{187b}$$

mit den bei Vernachlässigung der Drehungsträgheit gültigen Beiwerten

$$\begin{aligned} a_0 &= \nu_x \nu_y \varrho_s - \varrho_x^2 \nu_y - \varrho_x^2 \nu_x, \\ a_2 &= -\nu \nu_x \nu_y \\ a_4 &= -\frac{i_p^2}{l^2} \nu_x \nu_y + k\,[\varrho_x^2 + \varrho_y^2 - \varrho_s(\nu_x + \nu_y)], \\ a_6 &= k\,\nu\,(\nu_x + \nu_y), \\ a_8 &= k\,[\varrho_s + k\frac{i_p^2}{l^2}(\nu_x + \nu_y)], \\ a_{10} &= -k^2 \nu, \\ a_{12} &= -k^3 \frac{i_p^2}{l^2}, \end{aligned}$$

wobei die oberen Querstriche bei den Beiwerten k, ϱ_x, ϱ_y, ϱ_s fortgelassen worden sind, da eine Verwechslung mit den ihnen beim Kreisbogen entsprechenden und gleichbezeichneten Beiwerten nicht mehr möglich ist. Mit $\varrho_x = 0$, $\varrho_y = 0$, $\varrho_s = 0$, d. h. bei Zusammenfallen des Schubmittelpunktes und Schwerpunktes des Querschnittes ($M \equiv S$) tritt die vollständige Entkoppelung der 3 Schwingungsgleichungen ein und es ergeben sich dann aus (185a—c) die bekannten Grundgleichungen 4. Ordnung für die reinen Biegungsschwingungen in den Hauptebenen xz und yz und die Differentialgleichung 2. Ordnung für die reine Torsionsschwingung um die Stabachse. Die Schwingungsgleichung (187b) ist von 12. Ordnung, gegenüber dem Kreisbogen ist also eine Reduktion von der 18. auf die 12. Ordnung eingetreten; der Übergang zum Grenzfall $a = \infty$ hat die Vereinfachung der Randbedingungsgleichungen (65) in die nachstehenden zur Folge

$$\left[\delta\xi^{\mathrm{I}}\,\frac{B_y}{EJ}\right]_0^l = 0,\quad \left[\delta\eta^{\mathrm{I}}\,\frac{B_x}{EJ}\right]_0^l = 0,\quad [\delta\beta^{\mathrm{I}}\,\textstyle\int h^*\,dz]_0^l = 0,$$

$$\left[\delta\xi\,\frac{Q_x}{EJ}\right]_0^l = 0,\quad \left[\delta\eta\,\frac{Q_y}{EJ}\right]_0^l = 0,\quad \left[\delta\beta\,\frac{H}{EJ}\right]_0^l = 0,\quad \left[\delta\overline{w}\,\frac{T}{EF}\right]_0^l = 0,$$

worin

$$-\frac{B_x\,l}{EJ} = \nu_x\,\eta^{\mathrm{II}} - \varrho_x\,\beta^{\mathrm{II}},\quad Q_x = -\frac{dB_y}{dz},$$

$$+\frac{B_y\,l}{EJ} = \nu_y\,\xi^{\mathrm{II}} - \varrho_y\,\beta^{\mathrm{II}},\quad Q_y = +\frac{dB_x}{dz}$$

und H das gesamte auf den Schwerpunkt S bezogene Drehmoment (Gl. 64) bedeutet und

$$\int h^*\,dz = \varrho_s\beta^{\mathrm{II}} - \varrho_y\,\xi^{\mathrm{II}} - \varrho_x\,\eta^{\mathrm{II}}.$$

Die vorstehenden Formeln ergeben sich bei Durchführung des Grenzüberganges zu $a = \infty$ aus den Gleichungen (58, 59, $57_{4,\,5}$ und 62). Die letzte der obigen 14 Randbedingungen kommt für die Ermittlung der 12 Integrationskonstanten der Gl. (187b) nicht in Betracht, da sie sich auf die reine Dehnungsschwingung des Stabes (Gl. 185d) bezieht, die bei den durch (185a—c) beschriebenen Biegungs-Drillungsschwingungen nicht in Erscheinung tritt. Die Erfüllung der dann verbleibenden oben hingeschriebenen 12 Randbedingungen liefert mit Benutzung der bekannten Lösung von (187b) ein System von 12 linearen homogenen Gleichungen für die 12 Integrationskonstanten, welches nur dann eine von der Nullösung verschiedene Lösung zuläßt, wenn die Systemdeterminante verschwindet. Hieraus ergibt sich die Frequenzengleichung zur Berechnung der Kreisfrequenzen. Mit Ausnahme eines einzigen, im folgenden ausführlich behandelten Falles von Lagerungsbedingungen des Stabes erfordert die numerische Lösung dieser Frequenzengleichung einen praktisch kaum zu bewältigenden Arbeitsaufwand, denn die Wurzeln der i. a. hochtranszendenten Frequenzengleichung können nur durch wiederholtes Probieren in der Art ermittelt werden, daß für auf Grund von Näherungsrechnungen gewählte Werte ω und den damit berechneten 12 Wurzeln der Hauptgleichung 12. Grades der Wert Δ der Systemdeterminante bestimmt und die Kreisfrequenz ω nun solange geändert wird, bis die erste Nullstelle von Δ erreicht ist.

2. Die beiden Enden des Stabes seien in Kreuzgelenken ohne Behinderung der Verwölbung der Endquerschnitte festgehalten.

Das Gleichungssystem (185a—c) wird befriedigt durch die Ansätze

$$\xi(\zeta) = C_1 \sin n\pi\zeta, \eta(\zeta) = C_2 \sin n\pi\zeta, \beta(\zeta) = C_3 \sin n\pi\zeta \tag{188}$$

(n ganze Zahl); dieser Lösungsansatz bringt zum Ausdrucke, daß die Enden des Stabes ($\zeta = 0$, $\zeta = 1$) in *Gelenken* festgehalten sind ($B_x = 0$, $B_y = 0$) und daß die Endquerschnitte in ihren Ebenen keine Verdrehung erleiden ($\beta = 0$); die Verwölbung der Endquerschnitte ist jedoch vollkommen ungehindert ($\int h^* \, dz = 0$).

Mit den Ansätzen (188) gehen die Gln. 185 (a–c) bei Unterdrückung der Trägheit der Drehung und der Verwölbung zunächst über in

$$\begin{aligned}
&(\nu_y n^4\pi^4 - k) C_1 - \varrho_y n^4\pi^4 C_3 = 0,\\
&(\nu_x n^4\pi^4 - k) C_2 - \varrho_x n^4\pi^4 C_3 = 0,\\
-\varrho_y n^4\pi^4 C_1 - \varrho_x n^4\pi^4 C_2 + &\left(\varrho_s n^4\pi^4 + \nu_D n^2\pi^2 - k\frac{i_p^2}{l^2}\right) C_3 = 0.
\end{aligned}$$

Führen wir hierin die nur bei Zusammenfallen des Schubmittelpunktes M und des Schwerpunktes S *wirklich* vorhandenen Kreisfrequenzen ω_x, ω_y der reinen Biegungsschwingungen in der x, y Richtung, bzw. die Frequenz der reinen Drillschwingung um die Stabachse ein, die sich aus obigen 3 Gleichungen mit $\varrho_x = 0$, $\varrho_y = 0$ und Eintragung von $k = \dfrac{\mu_1 l^4 \omega^2}{EJ}$ zu

$$\omega_x^2 = \frac{n^4\pi^4}{\mu_1 l^4} EJ\,\nu_x, \quad \omega_y^2 = \frac{n^4\pi^4}{\mu_1 l^4} EJ\,\nu_y, \quad \omega_D^2 = (n^4\pi^4\varrho_s + n^2\pi^2\nu_D)\frac{EJ}{\mu_1 l^2 i_p^2} \tag{189}$$

ergeben, und setzen weiters

$$\frac{n^4 \pi^4}{\mu_1 l^4} E J \varrho_y = \varrho_y^* \frac{i_p}{l}, \quad \frac{n^4 \pi^4}{\mu_1 l^4} E J \varrho_x = \varrho_x^* \frac{i_p}{l}, \tag{190}$$

wobei die Festwerte ϱ_x^* und ϱ_y^* die Dimension $[\omega^2]$ haben, so erhalten obige 3 Schwingungsgleichungen die einfache Form

$$\left.\begin{aligned}
(\omega_y^2 - \omega^2) C_1 + 0 \,.\, C_2 - \varrho_y^* \frac{i_p}{l} C_3 &= 0, \\
0 \,.\, C_1 + (\omega_x^2 - \omega^2) C_2 - \varrho_x^* \frac{i_p}{l} C_3 &= 0, \\
- \varrho_y^* C_1 - \varrho_x^* C_2 + (\omega_D^2 - \omega^2) \frac{i_p}{l} C_3 &= 0.
\end{aligned}\right\} \tag{191}$$

Für von Null verschiedene Werte C_1, C_2, C_3 muß die Koeffizientendeterminante

$$\frac{i_p}{l} \begin{vmatrix} \omega_y^2 - \omega^2 & 0 & -\varrho_y^* \\ 0 & \omega_x^2 - \omega^2 & -\varrho_x^* \\ -\varrho_y^* & -\varrho_x^* & \omega_D^2 - \omega^2 \end{vmatrix}$$

verschwinden. Hiemit ergibt sich folgende „Säkulargleichung" zur Berechnung der Kreisfrequenzen

$$\omega^6 - \omega^4 (\omega_x^2 + \omega_y^2 + \omega_D^2) + \omega^2 (\omega_x^2 \omega_y^2 + \omega_x^2 \omega_D^2 + \omega_y^2 \omega_D^2 - \varrho_x^{*2} - \varrho_y^{*2}) - \\ - (\omega_x^2 \omega_y^2 \omega_D^2 - \varrho_y^{*2} \omega_x^2 - \varrho_x^{*2} \omega_y^2) = 0. \tag{192}$$

Sie ist dritten Grades in ω^2; da die Determinante symmetrisch ist, hat sie nur reelle positive Wurzeln. Den 3 Wurzeln ω_1, ω_2, ω_3 der Frequenzengleichung (192) entsprechen gemäß (191) je drei verschiedene Verhältniszahlen der Beiwerte $\frac{C_1}{C_3}$ und $\frac{C_2}{C_3}$, durch die die Schwingungsformen der bei jedem festen n möglichen drei Eigenschwingungen bis auf den unbestimmt bleibenden Beiwert C_3 festgelegt sind; es ist

$$\frac{C_1}{C_3} = + \frac{i_p}{l} \frac{\varrho_y^*}{\omega_y^2 - \omega^2}, \quad \frac{C_2}{C_3} = + \frac{i_p}{l} \frac{\varrho_x^*}{\omega_x^2 - \omega^2}.$$

Die Verformung des Stabes besteht in der Verschiebung der (ihre Gestalt erhaltenden) Querschnitte um ξ und η in der x, y Richtung, sowie in der Verdrehung β um den Schwerpunkt. Beide Querschnittsbewegungen können ersetzt werden durch eine Drehung um einen Pol 0 mit den auf die x, y Achsen bezogenen Koordinaten

$$\frac{x_0}{l} = -\frac{\eta}{\beta}, \quad \frac{y_0}{l} = +\frac{\xi}{\beta},$$

wofür sich mit den Ansätzen (188) $\frac{x_0}{l} = -\frac{C_2}{C_3}, \frac{y_0}{l} = +\frac{C_1}{C_3}$ ergibt.

Da hienach x_0 und y_0 von z unabhängig sind, so hat der Drehpol 0 in allen Querschnitten die gleiche Lage, der Stab wird also bei der Eigenschwingung aus seiner Ruhelage sinusförmig um eine Achse gedreht, die durch den Punkt 0 parallel zur Stabachse geht.

3. Der gerade Stab mit einfach-symmetrischem Querschnitt.

Dieser in den technischen Anwendungen gewöhnlich vorliegende Fall läßt eine ins Einzelne gehende allgemeine Untersuchung auf Grund der vorstehenden Ergebnisse zu und soll auch zahlenmäßig, und zwar an dem praktisch wichtigen Falle eines [-Profiles, behandelt werden.

Wird die x-Achse in die Symmetrielinie des Querschnittes gelegt, so ist $\varrho_y^* = 0$, womit aus (191_1) $\omega = \omega_y$ folgt, entsprechend der *reinen* Biegungsschwingung in der Symmetrieebene xz.

Die Säkulargleichung vereinfacht sich wegen $\varrho_y^* = 0$ in

$$\begin{vmatrix} \omega_x^2 - \omega^2 & -\varrho_x^* \\ -\varrho_x^* & \omega_D^2 - \omega^2 \end{vmatrix} = 0$$

oder ausführlich geschrieben in $\omega^4 - \omega^2(\omega_x^2 + \omega_D^2) + \omega_x^2\omega_D^2 - \varrho_x^{*2} = 0$ mit den beiden Wurzeln

$$\omega_{1,2}^2 = \tfrac{1}{2}(\omega_x^2 + \omega_D^2) \pm \sqrt{\left(\frac{\omega_x^2 - \omega_D^2}{2}\right)^2 + \varrho_x^{*2}}. \tag{193}$$

Diese Wurzeln können mit Hilfe des in Abb. 19 dargestellten *Mohr*schen Kreises ermittelt werden. Hienach ist die kleinere Wurzel ω_2^2 stets kleiner, die größere ω_1^2 stets größer als ω_x^2 und ω_D^2.

Das Verhältnis der Schwingungsamplituden C_2, C_3 folgt aus (191_2) zu

$$\frac{C_2}{C_3} = +\frac{i_p}{l}\,\frac{\varrho_x^*}{\omega_x^2 - \omega^2} \text{ oder aus } (191_3) \text{ zu } \frac{C_2}{C_3} = +\frac{i_p}{l}\,\frac{\omega_D^2 - \omega^2}{\varrho_x^*}.$$

Hiemit ist auch die Lage der Drehpole 0_1, 0_2 bestimmt, um die sich die Querschnitte drehen; den beiden Wurzeln ω_1^2 und ω_2^2 entsprechen zwei auf der Symmetrieachse liegende Pole mit den Koordinaten

$$x_{0,1} = -i_p \frac{\omega_D^2 - \omega_1^2}{\varrho_x^*}, \quad x_{0,2} = -i_p \frac{\omega_D^2 - \omega_2^2}{\varrho_x^*}.$$

Die Abb. 19 zeigt, daß $\frac{\omega_D^2 - \omega_1^2}{\varrho_x^*} = -\operatorname{tg} \alpha$ und $\frac{\omega_D^2 - \omega_2^2}{\varrho_x^*} = \operatorname{ctg} \alpha$, womit $x_{0,1} = i_p \operatorname{tg} \alpha$ und $x_{0,2} = -i_p \operatorname{ctg} \alpha$ wird.

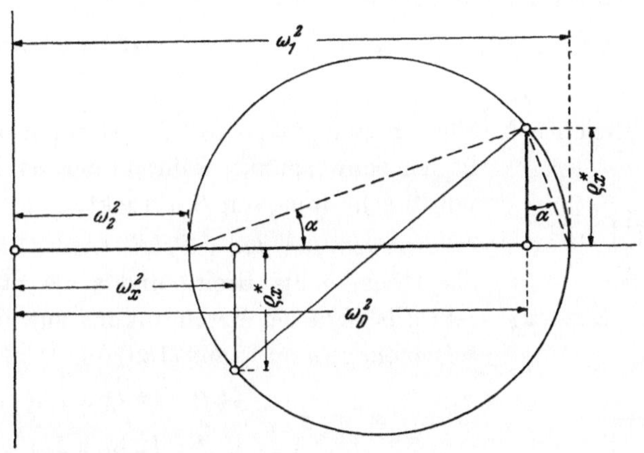

Abb. 19. Konstruktion von ω_1^2 und ω_2^2 aus gegebenem ω_x^2, ω_D^2 und ϱ_x^* für die gekoppelten Biegungs-Torsionsschwingungen eines geraden Stabes mit einfach-symmetrischem Querschnitte.

Da hienach $x_{0,1} \cdot x_{0,2} = -i_p^2$, so liegen die beiden Drehpole 0_1, 0_2 bezüglich des Schwerpunktes S invers mit der Inversionskonstanten i_p und sind daher nach Abb. 20 einfach zu konstruieren. Wegen $\varrho_x^* \neq 0$ ergeben sich stets zwei im *Endlichen* liegende Drehpole 0_1, 0_2, womit gezeigt ist, daß die Querschwingung in der zur Symmetrieachse senkrechten y-Richtung eines Stabes mit symmetrischem offenem Profil stets von einer gleichzeitigen Torsion des Stabes begleitet ist. Nur im Falle $\varrho_x^* = 0$ (doppelsymmetrisches Profil), rückt wegen $\alpha = 0$ der eine Drehpol (0_1) in den Schwerpunkt (reine Drillschwingung), während 0_2 unendlich fern auf der x-Achse liegt (reine Querschwingung); hier tritt eine vollständige Entkoppelung der Schwingungen ein.

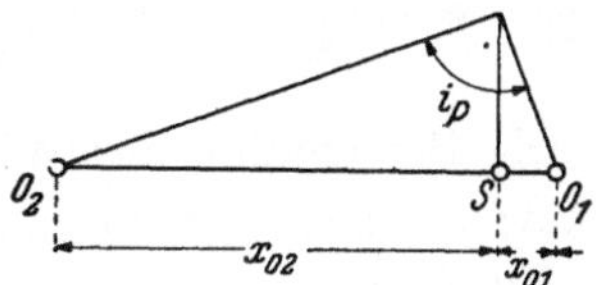

Abb. 20. Inverse Beziehung der Drehpole 0_1 und 0_2.

Genähert liegen solche Verhältnisse aber auch schon beim einfachsymmetrischen, sehr dickwandigen Profil vor, welchem infolge des großen Drillwiderstandes ein *großes* Verhältnis $\frac{\omega_D^2}{\omega_x^2}$ zukommt; für diesen Fall ergeben sich aus (193) die Näherungsformeln

$$\omega_1^2 = \omega_D^2 + \frac{\varrho_x^{*2}}{\omega_D^2}, \quad \omega_2^2 = \omega_x^2 - \frac{\varrho_x^{*2}}{\omega_D^2}, \tag{194}$$

mit denen sich die Drehpolkoordinaten zu

$$x_{0,1} = + i_p \frac{\varrho_x^*}{\omega_D^2}, \quad x_{0,2} = - i_p \frac{\omega_D^2}{\varrho_x^*}$$

berechnen. Ersichtlich fällt für sehr großes ω_D^2 der Drehpol 0_1 nahezu in den Schwerpunkt, während der inverse Drehpol 0_2 sehr weit von S abrückt.

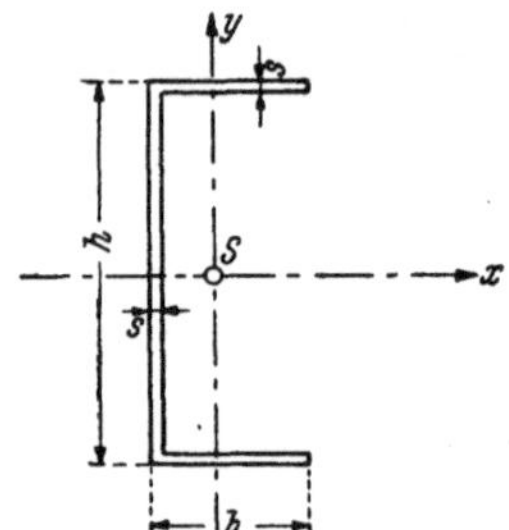

Abb. 21. Abmessungen des dünnwandigen [-Profiles.

Formeln für das [-Profil (Abb. 21). Mit h als Höhe, b als Breite und s als Stärke des [-Profils wird bei Beschränkung auf die *Grundschwingung* ($n = 1$) aus (189)

$$\omega_x^2 = \frac{\pi^4 E}{\mu\, l^4} \frac{h^2\,(h+6b)}{12\,(h+2b)},$$

$$\omega_y^2 = \frac{\pi^4 E}{\mu\, l^4} \frac{b^3\,(2h+b)}{3\,(h+2b)^2},$$

$$\omega_D^2 = \frac{\pi^4 E}{\mu\, l^4} \frac{h^2 b^3 (2h^2+15hb+26b^2) + \frac{4}{\pi^2}\,\frac{G}{E}\,(h+2b)^3 s^2 l^2}{(h+2b)\,[h^2\,(h+6b)\,(h+2b) + 4b^3\,(2h+b)]},$$

und aus (190)

$$\varrho_x^* = + \frac{\pi^4 E}{\mu\, l^4} \frac{2h^2 b^2\,(h+3b)}{(h+2b)\sqrt{3\,[h^2\,(h+6b)\,(h+2b)+4b^3(2h+b)]}}.$$

Die Berechnung des Wölbwiderstandes C_S und des Wölbmomentes R_x, von denen ω_D^2 und ϱ_x^* abhängen, findet man in der Arbeit von *R. Kappus*[1].

1. *Für den Sonderfall* $h = b$ vereinfachen sich obige Formeln mit $\frac{E}{G} = 2{,}6$ und mit $\frac{\pi^4 E}{\mu l^2} = \vartheta^2$ (wo μ die Dichte des Stabmaterials bedeutet) in

$$\omega_x^2 = 0{,}1944\,\left(\frac{h}{l}\right)^2 \vartheta^2, \quad \omega_y^2 = 0{,}1111\,\left(\frac{h}{l}\right)^2 \vartheta^2,$$

[1] Fußnote 1, S. 13.

$$\omega_D{}^2 = [0{,}4345\,(\tfrac{h}{l})^2 + 0{,}0425\,(\tfrac{s}{h})^2]\,\vartheta^2,$$
$$\varrho_x{}^* = +\,0{,}2680\,(\tfrac{h}{l})^2\,\vartheta^2.$$

Hiemit folgt aus (193)

$$\omega_{1,2}^2 = \vartheta^2\{0{,}31445\,(\tfrac{h}{l})^2 + 0{,}02126\,(\tfrac{s}{h})^2 \pm \pm \sqrt{[0{,}12005\,(\tfrac{h}{l})^2 + 0{,}02126\,(\tfrac{s}{h})^2]^2 + 0{,}07182\,(\tfrac{h}{l})^4}\}. \quad (195)$$

Aus der Zahlentafel 14a sind die hienach berechneten Kreisfrequenzen

Zahlentafel 14a. *Die Kreisfrequenzen ω_1 und ω_2 der gekoppelten Biegungs-Drillungsschwingungen des geraden Stabes mit* [*-Profil* ($h = b$) *in Abhängigkeit von* l/h *und* s/h *gemäß Gl.* (195). — (*Es bedeutet* $\vartheta = \frac{\pi^2}{l}\sqrt{\frac{E}{\mu}}$).

$\frac{l}{h}$	$\frac{\omega_x}{\vartheta}$	$s/a = 0{,}02$			$s/a = 0{,}05$			$s/a = 0{,}1$		
		$\frac{\omega_2}{\vartheta}$	$\frac{\omega_1}{\vartheta}$	$\frac{\omega_D}{\vartheta}$	$\frac{\omega_2}{\vartheta}$	$\frac{\omega_1}{\vartheta}$	$\frac{\omega_D}{\vartheta}$	$\frac{\omega_2}{\vartheta}$	$\frac{\omega_1}{\vartheta}$	$\frac{\omega_D}{\vartheta}$
10	0,0441	0,0146	0,0781	0,0660	0,0155	0,0785	0,0667	0,0181	0,0799	0,0691
20	0,0220	0,0075	0,0391	0,0332	0,0090	0,0400	0,0345	0,0125	0,0429	0,0389
30	0,0147	0,0053	0,0262	0,0224	0,0072	0,0275	0,0243	0,0103	0,0319	0,0301
40	0,0110	0,0042	0,0198	0,0170	0,0062	0,0215	0,0194	0,0087	0,0272	0,0264
50	0,0088	0,0036	0,0160	0,0138	0,0056	0,0181	0,0167	0,0075	0,0249	0,0245
60	0,0073	0,0032	0,0135	0,0117	0,0051	0,0160	0,0151	0,0066	0,0236	0,0234
70	0,0063	0,0030	0,0117	0,0103	0,0047	0,0146	0,0140	0,0058	0,0228	0,0227
80	0,0055	0,0028	0,0104	0,0092	0,0043	0,0136	0,0132	0,0052	0,0223	0,0222
90	0,0049	0,0026	0,0094	0,0084	0,0040	0,0129	0,0126	0,0046	0,0219	0,0219
100	0,0044	0,0025	0,0086	0,0078	0,0038	0,0125	0,0122	0,0042	0 0217	0 0216

ω_1, ω_2 für von 10 bis 100 fortschreitende Verhältnisse $\frac{l}{h}$ und für $\frac{s}{h} = 0{,}02$, 0,05 und 0,1 unmittelbar zu entnehmen; zu Vergleichszwecken sind auch die Frequenzen ω_x und ω_D der reinen Quer- und Drillschwingung eingetragen.

2. *Für das Seitenverhältnis* $h/b = 2$ gelten die Sonderwerte

$$\omega_x{}^2 = 0{,}1667\,(\tfrac{h}{l})^2\,\vartheta^2, \quad \omega_y{}^2 = 0{,}02604\,(\tfrac{h}{l})^2\,\vartheta^2,$$

$$\omega_D{}^2 = [0{,}10811\,(\tfrac{h}{l})^2 + 0{,}06736\,(\tfrac{s}{h})^2]\,\vartheta^2,$$
$$\varrho_x{}^* = +\,0{,}11865\,(\tfrac{h}{l})^2\,\vartheta^2,$$

mit denen (193) übergeht in

$$\omega_{1,2}^2 = \vartheta^2\{0{,}1374\,(\tfrac{h}{l})^2 + 0{,}03368\,(\tfrac{s}{h})^2 \pm$$
$$\pm\sqrt{[0{,}0293\,(\tfrac{h}{l})^2 - 0{,}03368\,(\tfrac{s}{h})^2]^2 + 0{,}01408\,(\tfrac{h}{l})^4}\}. \quad (196)$$

Die Zahlentafel 14b enthält die Ergebnisse der numerischen Aus-

Zahlentafel 14b *für* [-*Profil mit* $h = 2\,b$. — *Gl.* (196).

$\frac{l}{h}$	$\frac{\omega_x}{\vartheta}$	$s/a = 0{,}02$			$s/a = 0{,}05$			$s/a = 0{,}1$		
		$\frac{\omega_2}{\vartheta}$	$\frac{\omega_1}{\vartheta}$	$\frac{\omega_D}{\vartheta}$	$\frac{\omega_2}{\vartheta}$	$\frac{\omega_1}{\vartheta}$	$\frac{\omega_D}{\vartheta}$	$\frac{\omega_2}{\vartheta}$	$\frac{\omega_1}{\vartheta}$	$\frac{\omega_D}{\vartheta}$
10	0,0408	0,0130	0,0511	0,0333	0,0159	0,0516	0,0353	0,0229	0,0538	0,0419
20	0,0204	0,0074	0,0257	0,0172	0,0114	0,0269	0,0209	0,0168	0,0328	0,0307
30	0,0136	0,0057	0,0173	0,0121	0,0098	0,0195	0,0170	0,0126	0,0287	0,0282
40	0,0102	0,0050	0,0132	0,0097	0,0084	0,0164	0,0154	0,0098	0,0274	0,0272
50	0,0082	0,0046	0,0108	0,0084	0,0072	0,0150	0,0145	0,0080	0,0268	0,0268
60	0,0068	0,0043	0,0092	0,0075	0,0063	0,0143	0,0141	0,0067	0,0266	0,0265
70	0,0058	0,0040	0,0082	0,0070	0,0055	0,0139	0,0138	0,0058	0,0264	0,0264
80	0,0051	0,0038	0,0075	0,0066	0,0049	0,0136	0,0137	0,0051	0,0263	0,0263
90	0,0045	0,0036	0,0070	0,0063	0,0044	0,0135	0,0135	0,0045	0,0262	0,0262
100	0,0041	0,0034	0,0066	0,0061	0,0040	0,0134	0,0134	0,0041	0,0262	0,0262

wertung dieser Gleichung für $l/h = 10$ bis 100 und $s/h = 0{,}02$, 0,05 und 0,1. Aus den Diagrammen der Abbildungen 22_{a-c} und 23_{a-c}, in welchen entsprechend den Zahlentafeln 14a und 14b die Abhängigkeit der Frequenzen ω_1, ω_2 von l/h und s/h dargestellt ist und in die auch die Kurven ω_x und ω_D für die Frequenzen der reinen Quer- und Drillschwingung aufgenommen sind, ist der erhebliche Koppelungseinfluß der beiden Schwingungen bei sehr dünnwandigem Profil (vgl. den Fall $s/h = 0{,}02$) zu ersehen. Zunehmendes Längenverhältnis l/h und Profilstärkenverhältnis s/h haben eine rasche Abnahme dieses Koppelungseinflusses zur Folge. (vgl. Nachtrag S. 179.)

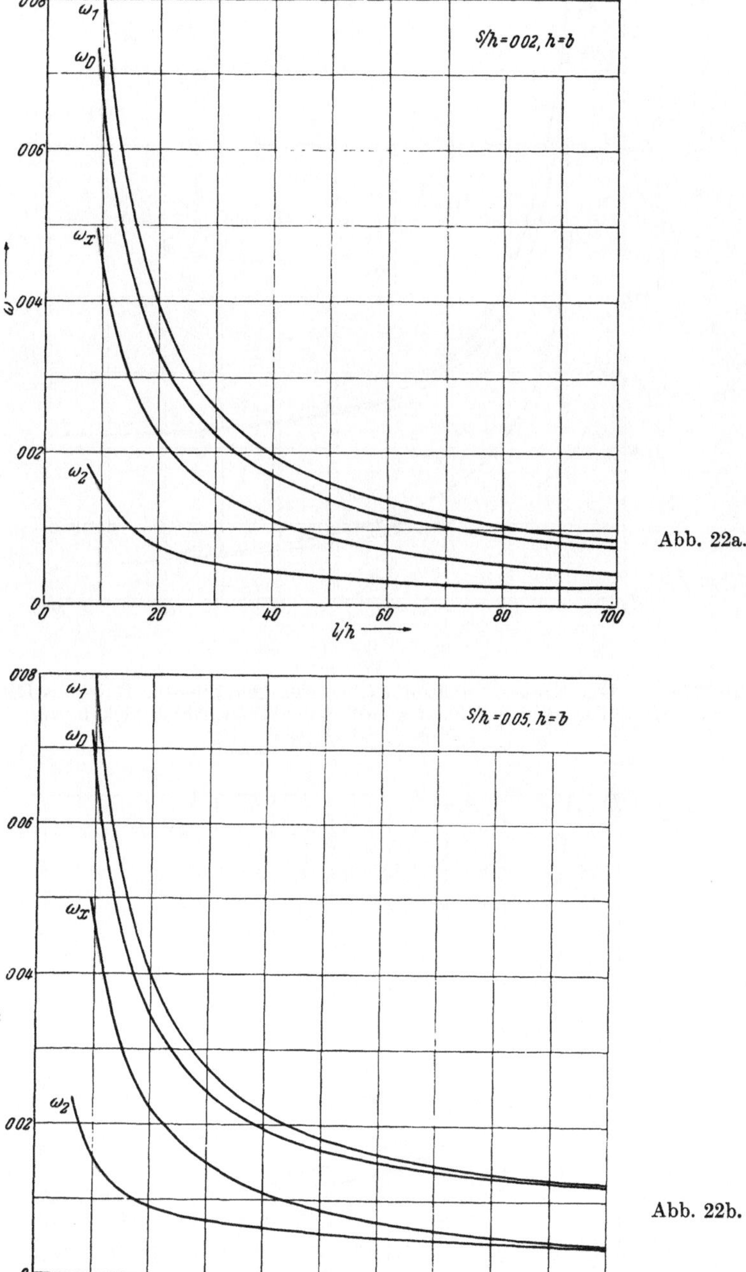

Abb. 22a.

Abb. 22b.

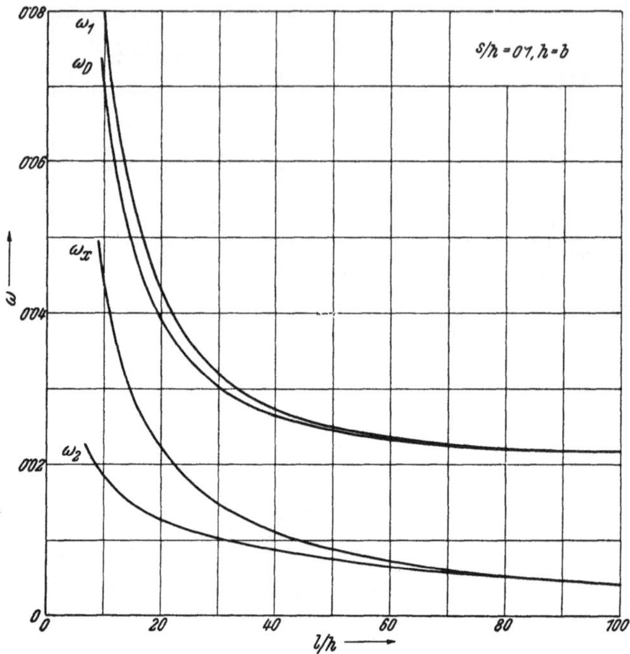

Abb. 22c.

Abb. 22a—c. Die Kreisfrequenzen ω_1, ω_2 der gekoppelten Biegungs-Drillungsschwingungen des geraden Stabes mit [-Profil in Abhängigkeit von l/h und s/h im Sonderfalle $h = b$.

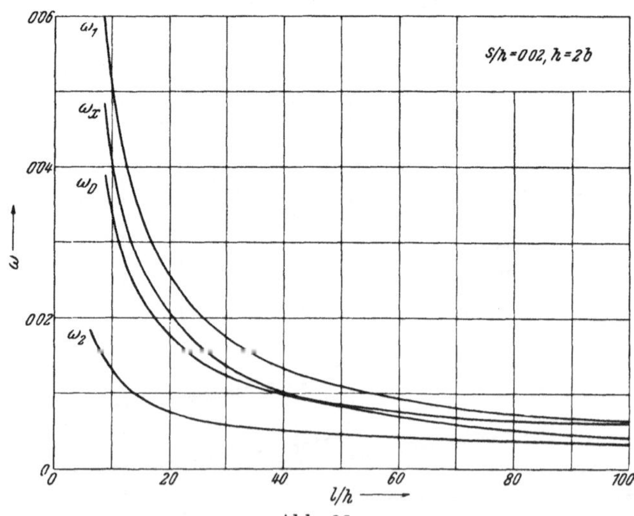

Abb. 23a.

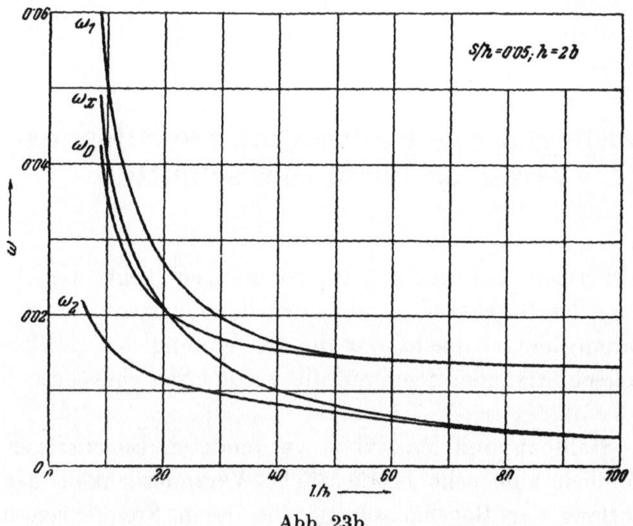

Abb. 23b.

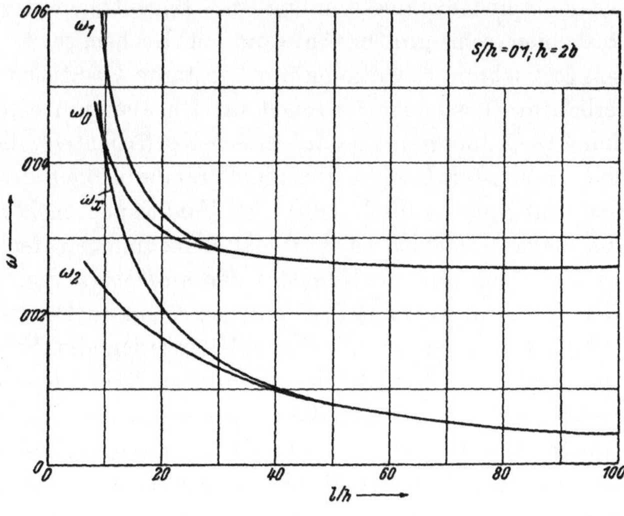

Abb. 23c.

Abb. 23a—c. ω_1 und ω_2 im Sonderfalle $h = 2\,b$.

F. Kreisbogenträger mit entlang der Bogenachse veränderlichem Querschnitte.

Den bisherigen Schwingungsuntersuchungen liegt die Annahme eines entlang der Stabachse gleichbleibenden Querschnittes zugrunde; eine Ausnahme hievon macht nur die Berechnung des Einflusses von *kleinen* Querschnittsänderungen auf die Frequenzen eines geschlossenen Ringes (D 3 c δ).

Die im Stahlbau und Massivbau verwendeten Bogenträger weisen aber gewöhnlich eine sehr beträchtliche Veränderlichkeit der Querschnitte entlang der Bogenachse auf, die deren Frequenzen in recht erheblichem Maße beeinflußt. Wie in (D 3 a) gezeigt wurde, erfordert schon die genaue Schwingzahlberechnung eines Bogenträgers *konstanten* Querschnittes einen sehr großen Aufwand an Rechenarbeit, obwohl die Schwingungsgleichung 6. Ordnung nur konstante Koeffizienten hat. Bei veränderlichem Querschnitte handelt es sich aber um eine Differentialgleichung 6. Ordnung mit *veränderlichen* Koeffizienten[1], die selbst bei Annahme einfachster Gesetze für die Veränderlichkeit des Querschnittes eine Integration durch bekannte Funktionen nicht zuläßt. Bei dieser Sachlage empfehlen sich für die Berechnungen der Praxis, bei denen es vor allem auf die Kenntnis der *niedrigsten* Schwingzahl ankommt, jene Näherungsverfahren, von denen schon in (D) wiederholt Gebrauch gemacht worden ist. Im folgenden werden die Ergebnisse einer nach der *Ritz*'schen Methode[2] durchgeführten Näherungsrechnung zusammengestellt, die mit der Annahme eines *exponentiellen* Verlaufes des Querschnittes und Trägheitsmomentes eines *Zweigelenkbogenträgers* gewonnen worden sind. Dabei wird ein zur Kreisbogenebene symmetrischer Querschnitt vorausgesetzt und die Untersuchung auf die Schwingungen *in der Kreisebene* beschränkt. Bezüglich der Einzelheiten der umfangreichen Rechnungen muß auf die unten angegebene Quelle[1] verwiesen werden. Unter der Voraussetzung einer *dehnungslosen*

[1] *K. Federhofer* und *H. Egger*, Sitz.-Ber. Akad. Wiss. Wien, Abt. IIa, 151 (1942), S. 89.

[2] *Walter Ritz*, Gesammelte Werke, S. 265, Paris 1911. Vgl. auch *S. Timoshenko*, Schwingungsprobleme der Technik, S. 288, Berlin 1932.

Bogenachse, die bei sehr *schlanken* Bogenträgern mit großer Näherung erfüllt ist, erfährt die Rechnung eine beträchtliche Vereinfachung, da die beiden Schwingungskomponenten (u radial, w tangential) an die Bedingung $\varepsilon_0 = 0$ gebunden sind, die nach (44_3) gleichbedeutend mit

$$w^{\mathrm{I}} - u = 0 \tag{197}$$

ist. Wir haben daher im weiteren zu unterscheiden zwischen den durch das Zutreffen von (197) ausgezeichneten dehnungslosen Schwingungen und den bei Fortfall von (197) entstehenden Biegungs-Dehnungsschwingungen; beide müssen getrennt behandelt werden, da die zugehörigen Schwingformen ganz verschiedenen Charakter haben.

1. Dehnungslose Schwingungen in der Kreisebene.

a) *Kreisfrequenz der ersten gegensymmetrischen Schwingung.*

Da bei dehnungsloser gegensymmetrischer Formänderung des Kreisbogens die Eigenfunktion $w(\varphi)$ eine *gerade* Funktion von φ sein muß, so sei in 1. Näherung hiefür der Ansatz

$$w(\varphi) = c_1 \left(1 - \cos \frac{\pi \varphi}{\alpha}\right) \tag{198}$$

gewählt, der für $\varphi = 0$ und $\varphi = 2\alpha$ die Randbedingungen $w = 0$, $u = 0$, $B_y = 0$ erfüllt.

Die Veränderlichkeit des Bogenquerschnittes F und seines Trägheitsmomentes J mit φ sei symmetrisch bezüglich der Bogensymmetralen und werde für eine Bogenhälfte festgelegt durch

$$F = F_0\, e^{\lambda \varphi}, \tag{199}$$

$$J = J_0\, e^{\gamma \varphi}, \tag{200}$$

wobei F_0, J_0 die Sonderwerte von F und J am Kämpfer ($\varphi = 0$) F_1, J_1 jene am Scheitel ($\varphi = \alpha$) bedeuten (Abb. 24).

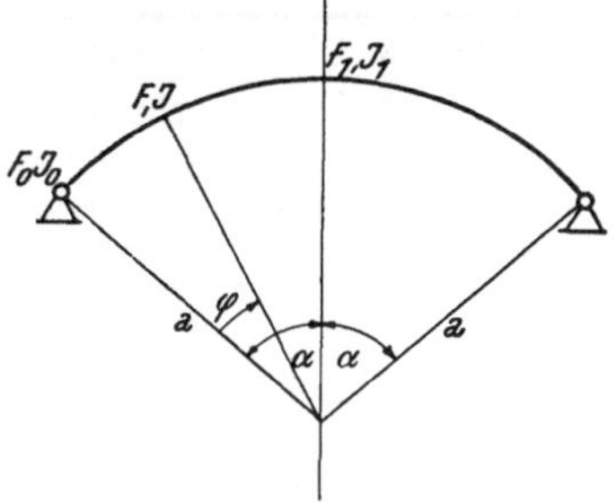

Abb. 24. Kreisbogen mit veränderlichem Querschnitt F und Trägheitsmoment J.

$$\left.\begin{aligned} &\text{Demnach ist} \qquad \gamma = \frac{q\pi}{\alpha},\ \lambda = \frac{q_1 \pi}{\alpha}, \\ &\text{wenn zur Abkürzung} \quad q\pi = ln\, \frac{J_1}{J_0},\ q_1 \pi = ln\, \frac{F_1}{F_0} \end{aligned}\right\} \tag{201}$$

gesetzt wird.

Um beim Vergleich der für verschiedene Öffnungswinkel 2α des Bogens errechneten Frequenzen auch den Grenzfall des geraden Stabes ($\alpha = 0$) einbeziehen zu können, sei im Ausdrucke (45) für das kinetische Potential Ψ anstatt des Beiwertes k (43_1) der Beiwert[1]

$$k^* = \frac{\mu\, l^4\, \omega^2\, F_0}{E\, J_0} \tag{202}$$

eingeführt, wo l die *halbe Bogenlänge* ($a\alpha$) und μ die Dichte des Baustoffes bedeutet.

Die Bedingung Ψ=Minimum liefert mit Benützung des Ansatzes (198) und mit Hinweglassung des bei der Grundschwingung unbedeutenden Anteiles der Drehungsträgheit die genäherte Frequenzengleichung mit der Wurzel

$$\frac{k^*}{\pi^4} = \frac{\dfrac{q_1}{q}\left(\dfrac{\pi}{\alpha} - \dfrac{\alpha}{\pi}\right)^2 (e^{q\pi} - 1)}{(q^2+4)\left[\dfrac{\dfrac{\pi^2}{\alpha^2} - 1}{q_1^2 + 4}\,(e^{q_1\pi} - 1) + \dfrac{e^{q_1\pi}\,(2\,q_1^2 + 1) - 1}{q_1^2 + 1}\right]}. \tag{203}$$

Zahlentafel 15a enthält die hieraus gerechneten Werte $\dfrac{k^*}{\pi^4}$ für Bogen-

Zahlentafel 15a. *Zweigelenkbogen mit nach* (199) *veränderlichem Rechteckquerschnitt. — Werte* k_1^* *und* k_2^* *für die erste gegensymmetrische „Dehnungslose" in 1. und 2. Näherung.*

$\varepsilon = \dfrac{J_1}{J_0}$	$2\alpha = 0^0$			$2\alpha = 60^0$		
	Näherung			Näherung		
	1.	2.		1.	2.	
	$\frac{k_1^*}{\pi^4}$	$\frac{k_1^*}{\pi^4}$	$\frac{k_2^*}{\pi^4}$	$\frac{k_1^*}{\pi^4}$	$\frac{k_1^*}{\pi^4}$	$\frac{k_2^*}{\pi^4}$
1	1	1	81	0,873	0,873	79,80
1,25	1,078	1,078	87,41	0,939	0,939	86,10
1,5	1,147	1,147	93,25	0,998	0,998	91,85
2	1,269	1,269	103,8	1,102	1,102	102,2
3	1,468	1,467	121,7	1,270	1,270	119,9
5	1,775	1,771	151,1	1,531	1,528	148,9
10	2,325	2,306	207,7	1,994	1,978	204,6

[1] Ersichtlich steht k^* mit dem in (E_1) benutzten Werte $\bar{k}$ in der Beziehung $2\,k^* = \bar{k}$.

$\varepsilon = \frac{J_1}{J_0}$	$2\alpha = 120^0$			$2\alpha = 180^0$		
	Näherung			Näherung		
	1.	2.		1.	2.	
	$\frac{k_1^*}{\pi^4}$	$\frac{k_1^*}{\pi^4}$	$\frac{k_2^*}{\pi^4}$	$\frac{k_1^*}{\pi^4}$	$\frac{k_1^*}{\pi^4}$	$\frac{k_2^*}{\pi^4}$
1	0,593	0,593	76,50	0,321	0,321	71,73
1,25	0,636	0,636	82,55	0,344	0,344	77,42
1,5	0,674	0,674	88,07	0,363	0,363	82,61
2	0,740	0,740	98,00	0,397	0,397	91,94
3	0,848	0,848	115,0	0,452	0,452	107,9
5	1,013	1,011	142,8	0,535	0,534	134,1
10	1,304	1,294	196,3	0,681	0,676	184,5

träger mit den Öffnungswinkeln 0^0, 60^0, 120^0, 180^0 und für von 1 bis 10 fortschreitende Verhältnisse $\varepsilon = \frac{J_1}{J_0}$.

Hiebei wurde der Querschnitt als Rechteck konstanter Breite b und veränderlicher Höhe h angenommen, so daß

$$q\,\pi = ln\,(\frac{h_1}{h_0})^3, \quad q_1\,\pi = ln\,\frac{h_1}{h_0}, \quad \text{folglich } \frac{q_1}{q} = 3 \text{ ist.}$$

Im Falle $\varepsilon = 1$ (konstanter Querschnitt), dem $q = 0$, $q_1 = 0$ entspricht, geht (203) nach Durchführung des Grenzüberganges über in die von *den Hartog*[1] stammende Formel

$$k^* = \frac{(4\,\pi^2 - \alpha_1{}^2)^2}{16\,(1 + \frac{3}{4}\,\frac{\alpha_1{}^2}{\pi^2})}, \tag{204}$$

worin $\alpha_1 = 2\alpha$ den Öffnungswinkel des Bogenträgers angibt. Für $2\alpha = 0$ liegt der Grenzfall des *geraden* Stabes von der Länge $2\,l$ mit nach (199) und (200) exponentiell veränderlichem Querschnitte und Trägheitsmoment vor; nach Durchführung des Grenzüberganges in (203) ergibt sich

[1] *J. P. den Hartog*, Philos. Mag. London 5 (7) 1928, S. 402, Gl. (5), wo der Koeffizient des zweiten Gliedes im Nenner richtig 3/4 anstatt 0,075 lauten muß. Vgl. auch Trans. Amer. Soc. Engr. Appl. Mec. Div. 49 (1928).

$$\frac{k^*}{\pi^4} = \frac{e^{q\pi} - 1}{e^{q_1\pi} - 1} \cdot \frac{q_1 (q_1^2 + 4)}{q (q^2 + 4)}; \tag{205}$$

für konstanten Querschnitt ergibt sich hieraus wegen $q = q_1 = 0 : k^* = \pi^4$ und im Vereine mit (202)

$$\omega^2 = \frac{E J_0}{\mu F_0 l^4} \pi^4.$$

Dieses Ergebnis stimmt überein mit der genauen Lösung für die erste Oberschwingung des an den Enden gelenkig gehaltenen geraden Stabes, dessen Schwingform in der Mitte einen Knotenpunkt hat.

Um Aufschluß über die Genauigkeit der mit dem einfachsten Ansatz (198) gewonnenen, in Zahlentafel 15a zusammengestellten Zahlenergebnisse zu erhalten, muß der Rechnungsgang mit einem durch Aufnahme eines zweiten Freiwertes c_2 verbesserten Ansatz

$$w(\varphi) = c_1 \left(1 - \cos \frac{\pi \varphi}{\alpha}\right) + c_2 \left(1 - \cos \frac{3 \pi \varphi}{\alpha}\right) \tag{206}$$

wiederholt und die nun für k^* quadratische Frequenzengleichung, die sich aus $\frac{\partial \Psi}{\partial c_1} = \frac{\partial \Psi}{\partial c_2} = 0$ ergibt, zahlenmäßig ausgewertet werden. Dies erfordert freilich schon langwierigere Rechnungen, deren numerischen Ergebnisse ebenfalls in Zahlentafel 15a eingetragen sind; für die Zwecke der Entnahme von Zwischenwerten dienen die Schaulinien der Abb. 25. Aus der quadratischen Frequenzengleichung ergibt sich außer dem verbesserten Werte $\frac{k_1^*}{\pi^4}$ der Grundschwingung noch ein erster Näherungswert des zur ersten unsymmetrischen

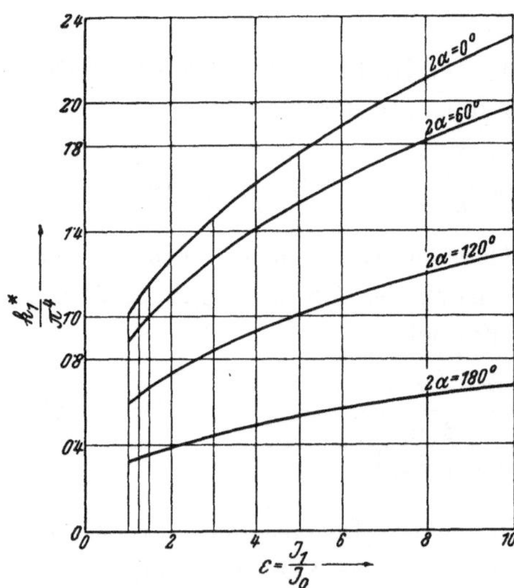

Abb. 25. Frequenzfunktion k_1^* der ersten gegensymmetrischen dehnungslosen Schwingung eines Zweigelenkbogens in Abhängigkeit vom Öffnungswinkel 2α und von $\varepsilon = \frac{J_1}{J_0}$.

Oberschwingung gehörigen Wertes $\frac{k_2^*}{\pi^4}$, der natürlich im Falle $2\alpha = 0$, $\varepsilon = 1$ (gerader Stab konstanten Querschnittes) mit dem bekannten genauen Werte ($k_2^* = 81\,\pi^4$) übereinstimmt.

Der Vergleich der Zahlenreihen in Tafel 15a läßt erkennen, daß die bei der 1. Näherung mit dem Ansatze (198) erzielte Genauigkeit praktisch bereits vollkommen ausreicht, demnach die einfache Formel (203) zur Berechnung der niedrigsten Schwingzahl der dehnungslosen (unsymmetrischen) Eigenschwingung des Zweigelenkbogens genügt.

Bogenträger mit veränderlichem Trägheitsmoment, aber konstantem Querschnitt.

Dieser Fall liegt z. B. vor, wenn der Bogenträger aus vier miteinander vergitterten Winkeleisen gebildet wird (Abb. 26), deren Entfernung h entlang des Bogens veränderlich ist. Dann ist das Trägheitsmoment an beliebiger Stelle φ des Bogens

$$J_\varphi = J_c + F\,\eta^2,$$

wenn $\frac{J_c}{4}$ das Trägheitsmoment eines Einzelprofils in Bezug auf die zur Biegungsachse parallele Schwerlinie und F die Fläche der vier Winkeleisen bedeutet. Die Schwerpunktsentfernung η sei mit φ veränderlich gemäß $\eta = \eta_0\, e^{\beta\varphi}$; dann ist $J_\varphi = J_c + F\,\eta_0^2\, e^{2\,\beta\,\varphi}$.

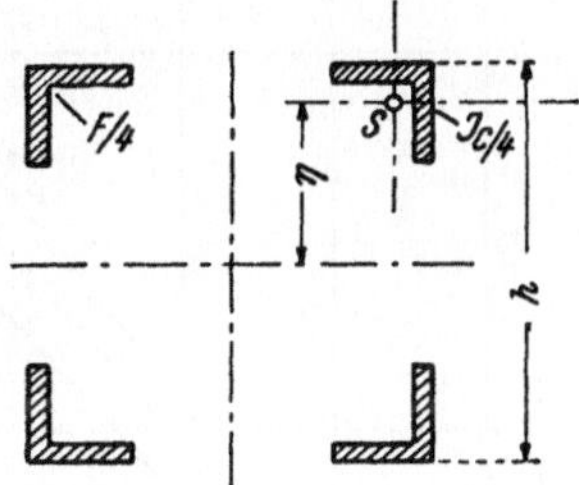

Abb. 26. Bogenträger mit konstantem Querschnitt und veränderlichem Trägheitsmoment (η veränderlich).

Verhältnismäßig einfach gestaltet sich nun die weitere Rechnung, wenn $J_\varphi = J_0\, e^{2\,\beta\,\varphi}$ gesetzt wird, was für viele praktisch vorliegende Fälle mit hinreichender Annäherung erlaubt sein wird. Dann zeigt der Vergleich mit den Ansätzen (199) und (200), daß $\lambda = 0$, $\gamma = 2\beta$ zu setzen ist; mit h_1 und h_0 als Querschnittshöhen im Scheitel und am Kämpfer gilt

$$\varepsilon = \frac{J_1}{J_0} \simeq \left(\frac{h_1}{h_0}\right)^2.$$

Wählen wir für die erste gegensymmetrische dehnungslose Schwingung, die hier allein untersucht werden soll, wieder den in (206) benutzten Ansatz, so ergibt sich, da er 2 Freiwerte enthält, eine in k^* quadratische Frequenzengleichung, deren Wurzeln k_1^* und k_2^* in der Zahlentafel 15b

Zahlentafel 15b. *Zweigelenkbogen, dessen Querschnitt aus 4 Winkelprofilen gebildet ist. — Werte k_1^* und k_2^* für die erste gegensymmetrische „Dehnungslose".*

$\varepsilon = \frac{J_1}{J_0}$	$2\,\alpha = 0^0$		$2\,\alpha = 40^0$		$2\,\alpha = 60^0$		$2\,\alpha = 120^0$		$2\,\alpha = 180^0$	
	$\frac{k_1^*}{\pi^4}$	$\frac{k_2^*}{\pi^4}$	$\frac{k_1^*}{\pi^4}$	$\frac{k_2^*}{\pi^4}$	$\frac{k_1^*}{\pi^4}$	$\frac{k_2^*}{\pi^4}$	$\frac{k_1^*}{\pi^4}$	$\frac{k_2^*}{\pi^4}$	$\frac{k_1^*}{\pi^4}$	$\frac{k_2^*}{\pi^4}$
1	1	81	0,941	80,5	0,873	79,8	0,593	76,5	0,321	71,7
1,5	1,228	99,8	1,155	99,2	1,072	98,3	0,728	94,3	0,395	88,4
2	1,425	116,7	1,341	115,9	1,244	115,0	0,845	110,2	0,458	103,3
3	1,766	147,0	1,661	146,0	1,541	144,8	1,047	138,8	0,568	130,1
5	2,327	199,9	2,189	198,5	2,031	196,8	1,380	188,7	0,749	176,9
10	3,416	312,0	3,214	309,8	2,982	307,2	2,027	294,3	1,100	275,9

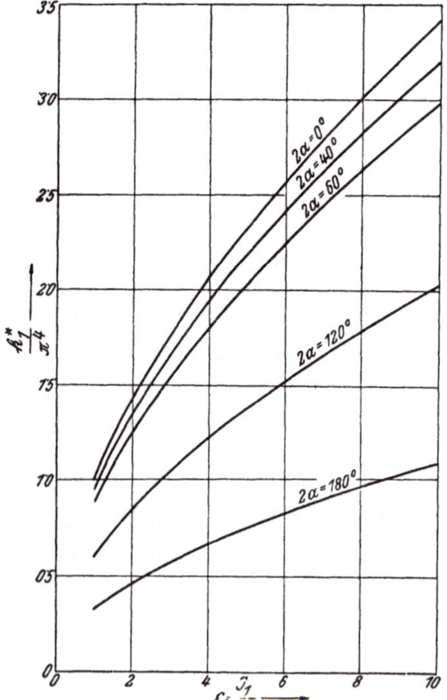

Abb. 27. Frequenzfunktion k_1^* des Zweigelenkbogens (mit Querschnitt nach Abb. 26) abhängig von $\varepsilon = J_1/J_0$ und vom Öffnungswinkel $2\,\alpha$.

in Abhängigkeit vom Öffnungswinkel 2α und von $\varepsilon = \frac{J_1}{J_0}$ zusammengestellt sind. Aus dieser Tabelle und den dazugehörigen Schaulinien der Abb. 27 ist die Zunahme der Werte k^* und damit der Kreisfrequenzen mit wachsendem ε zu entnehmen.

b) Kreisfrequenz der ersten symmetrischen Schwingung.

Aus der Untersuchung von *Waltking*[1] (D 3 a) ist bekannt, daß beim gedrungenen Zweigelenkbogen mit konstantem Querschnitte die erste symmetrische Schwingung eine mit Dehnung verbundene Schwingung ohne Zwischenknoten ist (die im folgenden Abschnitte bei veränderlichem Trägheitsmoment behandelt wird), daß sich aber mit zunehmender

[1] Vgl. Fußnote 2, S. 63.

Schlankheit in der Nähe der Gelenke Schwingungsknoten ausbilden, die mit größer werdender Schlankheit von den Stützgelenken abrücken und für den Fall dehnungsloser Bogenachse (Schlankheitsgrad ∞) ungefähr in den Drittelpunkten verbleiben.

Für diese bei sehr schlanken Zweigelenkbogen mögliche erste symmetrische dehnungslose Schwingung erfüllt der Näherungsansatz

$$w(\varphi) = d_1 (\cos p\varphi - \cos 3p\varphi) \text{ mit } p = \frac{\pi}{2\alpha} \tag{207}$$

die Randbedingungen $w = 0$, $u = 0$, $B_y = 0$ für $\varphi = 0$ und $\varphi = 2\alpha$, sowie die Symmetriebedingung $w = 0$, $w^{\mathrm{II}} = 0$ für $\varphi = \alpha$.

Da nach (197) die radiale Verschiebung

$$u = w^{\mathrm{I}} = - p d_1 (\sin p\varphi - 3 \sin 3p\varphi),$$

so bestimmt sich die Lage der neuen Schwingungsknoten ($u = 0$) aus

$$\sin p\varphi - 3 \sin 3p\varphi = 0$$

mit $\varphi_1{}^* = 0{,}608\alpha$ und $\varphi_2{}^* = 1{,}392\alpha$; sie liegen also in der Nähe der Drittelpunkte des Bogens.

Nach Berechnung des kinetischen Potentials Ψ mit Benutzung des Ansatzes (207) und Berücksichtigung der durch (199) und (200) festgelegten Veränderlichkeit von F und J liefert schließlich die Bedingung $\Psi = \min$ folgende Formel für die Dimensionslose k^*

$$\frac{48\,k^*}{\pi^4} = \frac{\left(\frac{1}{p^2} - 1\right)^2 \varphi''_{11} + 6\left(\frac{1}{p^2} - 1\right)\left(\frac{1}{p^2} - 9\right)\varphi''_{13} + 9\left(\frac{1}{p^2} - 9\right)^2 \varphi''_{33}}{\varphi_{11} + 6\,\varphi_{13} + 9\,\varphi_{33} + \dfrac{\psi_{11} + 2\,\psi_{13} + \psi_{33}}{p^2}}, \tag{208}$$

worin

$$\varphi''_{11} = \frac{\varepsilon(2q^2+1)-1}{q(q^2+1)}, \quad \varphi_{11} = \frac{\sqrt[3]{\varepsilon}\,(2q^2+9)-9}{q(q^2+9)}, \quad \psi_{11} = \frac{9(\sqrt[3]{\varepsilon}-1)-2q^2}{q(q^2+9)},$$

$$\varphi''_{13} = \frac{q[\varepsilon(2q^2+5)+3]}{(q^2+1)(q^2+4)}, \quad \varphi_{13} = \frac{q[\sqrt[3]{\varepsilon}\,(2q^2+45)+27]}{(q^2+9)(q^2+36)}, \quad \psi_{13} = \frac{q[27\sqrt[3]{\varepsilon}+2q^2+45]}{(q^2+9)(q^2+36)},$$

$$\varphi''_{33} = \frac{\varepsilon(2q^2+9)-9}{q(q^2+9)}, \quad \varphi_{33} = \frac{\sqrt[3]{\varepsilon}\,(2q^2+81)-81}{q(q^2+81)}, \quad \psi_{33} = \frac{81(\sqrt[3]{\varepsilon}-1)-2q^2}{q(q^2+81)}.$$

Im Falle unveränderlichen Querschnittes entsteht aus (208) nach Durchführung des Grenzüberganges zu $q = 0$ und $\varepsilon = 1$ die Formel

$$\frac{32\,k^*}{\pi^4} = \frac{\left(\frac{1}{p^2} - 1\right)^2 + 9\left(\frac{1}{p^2} - 9\right)^2}{5 + \frac{1}{p^2}}, \tag{209}$$

die mit anderen Bezeichnungen bereits von *Waltking* angegeben worden ist und nach seinen Berechnungen recht gute Näherungsergebnisse liefert; es ist daher anzunehmen, daß auch die für veränderliche ε gültige Formel (208) den Einfluß der Veränderlichkeit des rechteckigen Querschnittes auf den Wert k^* genügend genau angibt. Die hiemit gerechneten Werte $\frac{k^*}{\pi^4}$ sind in der Zahlentafel 16 zusammengestellt, und zwar für

Zahlentafel 16. *Zweigelenkbogen mit nach* (199) *veränderlichem Rechteckquerschnitt. — Werte k_1^* und k_2^* für die erste symmetrische „Dehnungslose" in 1. und 2. Näherung.*

$\varepsilon = \frac{J_1}{J_0}$	$2\alpha = 0^0$			$2\alpha = 20^0$			$2\alpha = 40^0$		
	Näherung			Näherung			Näherung		
	1.	2.		1.	2.		1.	2.	
	$\frac{k_1^*}{\pi^4}$	$\frac{k_1^*}{\pi^4}$	$\frac{k_2^*}{\pi^4}$	$\frac{k_1^*}{\pi^4}$	$\frac{k_1^*}{\pi^4}$	$\frac{k_2^*}{\pi^4}$	$\frac{k_1^*}{\pi^4}$	$\frac{k_1^*}{\pi^4}$	$\frac{k_2^*}{\pi^4}$
1	4,563	4,560	37,73	4,539	4,536	37,66	4,468	4,465	37,45
1,25	4,906	4,885	40,79	4,881	4,859	40,72	4,804	4,782	40,50
1,5	5,221	5,167	43,61	5,194	5,139	43,53	5,112	5,058	43,29
2	5,791	5,646	48,69	5,760	5,615	48,61	5,669	5,525	48,34
3	6,774	6,400	57,50	6,738	6,365	57,39	6,631	6,261	57,09
5	8,406	7,505	72,12	8,361	7,464	71,99	8,226	7,340	71,61
$\varepsilon = \frac{J_1}{J_0}$	$2\alpha = 60^0$			$2\alpha = 120^0$			$2\alpha = 180^0$		
1	4,353	4,350	37,11	3,783	3,780	35,32	3,000	2,996	32,57
1,25	4,680	4,658	40,13	4,064	4,042	38,20	3,218	3,198	35,24
1,5	4,979	4,925	42,90	4,321	4,270	40,85	3,417	3,372	37,69
2	5,520	5,379	47,91	4,786	4,656	45,63	3,777	3,667	42,12
3	6,455	6,093	56,58	5,589	5,262	53,92	4,397	4,127	49,79
5	8,006	7,139	70,98	6,920	6,147	67,68	5,425	4,797	62,54

Bogenträger vom Öffnungswinkel $2\alpha = 0^0,\ 20^0,\ 40^0,\ 60^0,\ 120^0,\ 180^0$ und für von 1 bis 5 fortschreitende Verhältniszahlen $\varepsilon = \frac{J_1}{J_0}$ (vgl. auch Abb. 28).

Die Durchrechnung mit dem durch Aufnahme von zwei Freiwerten verbesserten Ansatz $w(\varphi) = d_1(\cos p\varphi - \cos 3p\varphi) + d_2(\cos 3p\varphi - \cos 5p\varphi)$ führt zu einer für k^* quadratischen Frequenzengleichung, deren numerische Auswertung (Zahlentafel 16) erkennen läßt, daß erst in Bereichen $\varepsilon > 3$ die Berücksichtigung einer zweiten Näherung erforderlich ist.

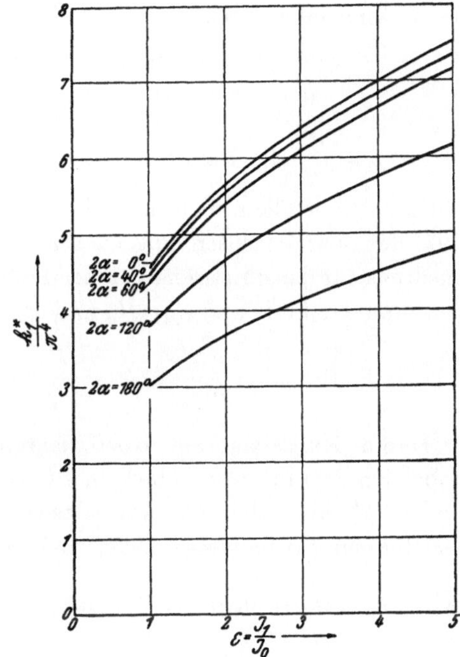

Abb. 28. Frequenzfunktion $k_1{}^*$ der ersten symmetrischen dehnungslosen Schwingung eines Zweigelenkbogens in Abhängigkeit von $2\,\alpha$ und ε.

Für beide nunmehr behandelten dehnungslosen Schwingungen des Zweigelenkbogens ergibt sich eine Zunahme der Werte k^* und damit auch der Kreisfrequenzen mit dem die Veränderlichkeit des Querschnittes kennzeichnenden Werte $\varepsilon = \frac{J_1}{J_0}$; doch liegen die Frequenzen der symmetrischen Schwingung weitaus höher als jene der unsymmetrischen Schwingung.

2. Biegungs-Dehnungsschwingungen in der Kreisebene.

Wir beschränken uns hiebei auf die Untersuchung der *ersten symmetrischen* Schwingung und haben wieder durch einen geeigneten Näherungsansatz zum Ausdruck zu bringen, daß an den Kämpfergelenken die radiale und tangentiale Schwingungskomponente u, w samt dem Biegungsmoment B_y verschwindet. Für letzteres ergeben die beiden Gleichungen (59) und (60) mit $\nu_y = 1$:

$$B_y = \frac{E J_y}{a}\left(u^{\text{II}} + u + \frac{T\,a}{EF}\right), \tag{210}$$

worin der durch das dritte Glied ausgedrückte geringe Einfluß der Längskraft T auf das Biegungsmoment umso eher unterdrückt werden kann, als die weitere Rechnung ohnedies nur als Näherungsrechnung durchführbar ist.

a) Wir legen die in Bezug auf die Bogenmitte symmetrische Form des schwingenden Kreisbogens fest durch die Ansätze

$$\begin{aligned} w(\varphi) &= c_2 \sin 2\, p\varphi + c_6 \sin 6\, p\varphi, \\ u(\varphi) &= b_1 \sin p\varphi, \end{aligned} \tag{211}$$

die mit $p = \frac{\pi}{2\alpha}$ die Randbedingungen $w = 0$, $u = 0$, $u^{II} = 0$ für $\varphi = 0$ und $\varphi = 2\alpha$ erfüllen, nicht aber die hier nicht mehr geltende Bedingung (197) der dehnungslosen Bogenachse. Mit Eintragung von (211) in den Ausdruck für das kinetische Potential Ψ erscheint dieses als quadratische Funktion der Freiwerte c_2, c_6, b_1 und es fordert die Bedingung $\Psi = \min.$

$$\frac{\partial \Psi}{\partial c_2} = 0, \quad \frac{\partial \Psi}{\partial c_6} = 0, \quad \frac{\partial \Psi}{\partial b_1} = 0.$$

Durch Nullsetzen der Koeffizientendeterminante der hiemit entstehenden drei linearen homogenen Gleichungen für c_2, c_6, b_1 ergibt sich eine in k^* kubische sehr komplizierte Frequenzengleichung, die hier der Raumersparnis wegen nicht ausführlich angeschrieben werden soll. Bei ihrer numerischen Auswertung spielt die durch $f = \frac{a^2}{i_0^2}$ definierte Schlankheit des Bogens eine wichtige Rolle, wobei $i_0^2 = \frac{J_0}{F_0}$.

Für drei Grade der Schlankheit, nämlich $\sqrt{f} = 20$, 40 und 100, wurde die kleinste Wurzel dieser kubischen Frequenzengleichung bei den Öffnungswinkeln $2\alpha = 20^0$, 40^0, 60^0 im Bereiche $\varepsilon = 1$ bis 10 numerisch berechnet. Zahlentafel 17 enthält eine Zusammenstellung der hiebei gewonnenen Werte; hienach erfahren die Wurzeln k_1^* nur bei *sehr* flachen Bogenträgern (z. B. $2\alpha = 20^0$) eine erhebliche Änderung infolge der vorausgesetzten Querschnittszunahme. Wachsende Schlankheit f hat bei Zunahme des Öffnungswinkels 2α ein starkes Ansteigen der Werte k^* zur Folge. Der Vergleich mit den Angaben der Zahlentafel 15 zeigt, daß für Kreisbogen mit unter etwa 60^0 gelegenen Öffnungswinkeln und Schlankheiten bis zu etwa $\sqrt{f} = 40$ die erste symmetrische Biegungsdehnungsschwingung leichter anzuregen ist als die gegensymmetrische „Dehnungslose". Dieser Sachverhalt ist auch der Abb. 29 abzulesen, die für einen Bogen vom Öffnungswinkel $2\alpha = 60^0$ die Interpolation der k_1^*-Werte gestattet.

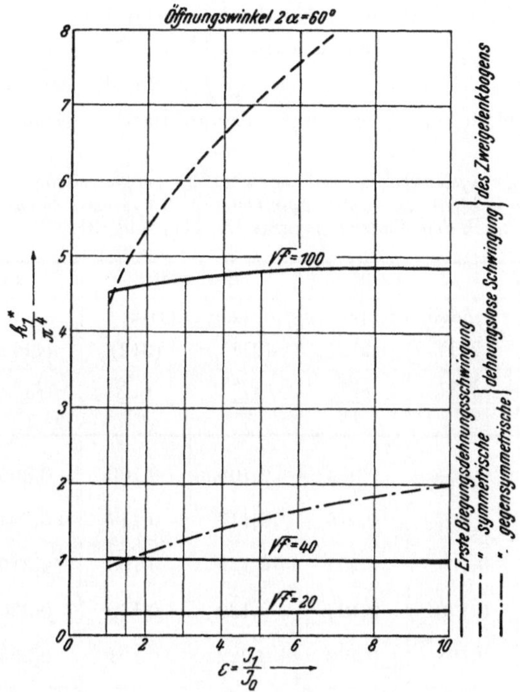

Abb. 29. Frequenzfunktion $k_1{}^*$ des Zweigelenkbogens mit $2\,\alpha = 60^0$ in Abhängigkeit von der Schlankheit $\sqrt{f}$ und von $\varepsilon = J_1/J_0$.

b) Eine in der unter a) beschriebenen Weise mit den Ansätzen

$$\begin{aligned} w(\varphi) &= c_2 \sin 2p\varphi, \\ u(\varphi) &= b_1 \sin p\varphi + b_3 \sin 3p\varphi \end{aligned} \tag{212}$$

wiederholte Rechnung, deren Ergebnisse ebenfalls in der Zahlentafel 17 aufgenommen sind, zeigte, daß die infolge Hinzunahme eines zweiten Freiwertes b_3 im Ansatze für $u(\varphi)$ erzielte schärfere Annäherung der radialen Schwingungskomponente an den genauen Wert bei gleichzeitigem Begnügen mit einem Freiwert im Ansatze für die tangentiale Komponente $w(\varphi)$ noch kleinere Schwingzahlen liefert, daß demnach durch (212) die wirkliche Schwingform besser angenähert wird als durch (211). Mit dem durch einen dritten Freiwert verbesserten Ansatz

$$u(\varphi) = b_1 \sin p\varphi + b_3 \sin 3p\varphi + b_5 \sin 5p\varphi$$

ergibt sich bereits eine sehr komplizierte Frequenzengleichung vierten

Grades für k^*, doch erfahren hiebei die kleinsten Wurzeln k^* nur mehr unbedeutende Verbesserungen, wie die zahlenmäßigen Ergebnisse einer für den Sonderfall $2\alpha = 60^0$, $\varepsilon = 1$, ($\sqrt{f} = 20$, 40, 60, 80, 100) vollständig durchgeführten Rechnung gezeigt haben. Hienach wachsen

Zahlentafel 17. *Zweigelenkbogen mit nach* (199) *veränderlichem Rechteckquerschnitt. — Werte* k_1^* *für die erste symmetrische Biegungs-Dehnungsschwingung nach den Näherungsansätzen* (211) *und* (212).

$\sqrt{f} = \frac{a}{i_0}$	$\varepsilon = \frac{J_1}{J_0}$	$2\,\alpha = 20^0$		$2\,\alpha = 40^0$		$2\,\alpha = 60^0$	
		nach Ansatz		nach Ansatz		nach Ansatz	
		(211)	(212)	(211)	(212)	(211)	(212)
		$\frac{k_1^*}{\pi^4}$	$\frac{k_1^*}{\pi^4}$	$\frac{k_1^*}{\pi^4}$	$\frac{k_1^*}{\pi^4}$	$\frac{k_1^*}{\pi^4}$	$\frac{k_1^*}{\pi^4}$
20	1	0,064	0,064	0,106	0,106	0,300	0,299
	1,5	0,077	0,076	0,117	0,117	0,304	0,303
	3	0,107	0,102	0,142	0,138	0,315	0,315
	5	0,138	0,125	0,169	0,159	0,330	0,327
	10	0,198	0,162	0,222	0,191	0,365	0,347
40	1	0,073	0,073	0,256	0,255	1,055	1,018
	1,5	0,086	0,086	0,262	0,262	1,036	1,010
	3	0,116	0,111	0,280	0,279	1,009	0,999
	5	0,146	0,134	0,301	0,295	0,994	0,993
	10	0,206	0,171	0,346	0,322	0,988	0,988
100	1	0,139	0,139	1,301	1,246	6,333	4,529
	1,5	0,150	0,150	1,278	1,240	6,163	4,599
	3	0,176	0,173	1,243	1,226	5,865	4,721
	5	0,204	0,194	1,223	1,218	5,643	4,795
	10	0,260	0,228	1,211	1,213	5,348	4,852

die Abweichungen gegenüber den mit dem zweigliedrigen Ansatz (212) erhaltenen kleinsten Wurzeln mit zunehmender Schlankheit, und zwar von 0,01% bei $\sqrt{f} = 20$ bis 1,87% bei $\sqrt{f} = 100$.

Daß durch (212) die wirkliche Schwingform hinreichend genau angenähert wird, zeigt die folgende Zusammenstellung der *Amplitudenverhältnisse* $\frac{b_\nu}{c_2}$ ($\nu = 1, 3, 5$) und die dazugehörige zeichnerische Darstellung der Schwingformen für den vorerwähnten Sonderfall mit den Schlankheiten $\sqrt{f} = 20$ und $\sqrt{f} = 100$ (Abb. 30).

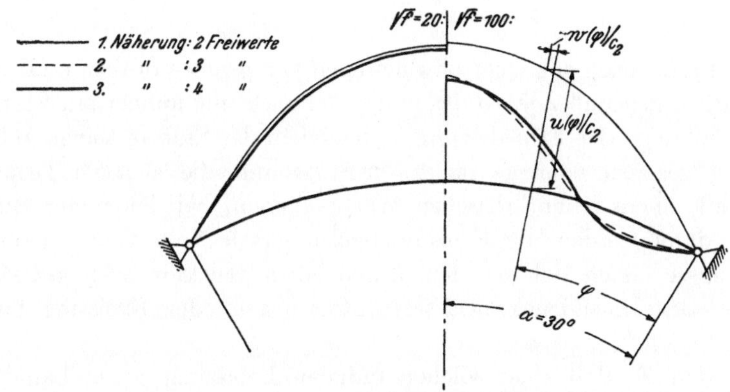

Abb. 30. Schwingformen der ersten Biegungsdehnungsschwingung des Zweigelenkbogens ($2\alpha = 60^0$, $\varepsilon = 1$) mit den Schlankheitsgraden $\sqrt{f} = 20$ und 100 in erster, zweiter und dritter Annäherung.

Amplitudenverhältnisse $\frac{b_\nu}{c_2}$ ($\nu = 1, 3, 5$) für den Sonderfall $2\alpha = 60^0$; $\varepsilon = 1$.

$\sqrt{f}$	Näherung					
	mit 2 Freiwerten	mit 3 Freiwerten		mit 4 Freiwerten		
	$\frac{b_1}{c_2}$	$\frac{b_1}{c_2}$	$\frac{b_3}{c_2}$	$\frac{b_1}{c_2}$	$\frac{b_3}{c_2}$	$\frac{b_5}{c_2}$
20	13,754	13,243	— 0,286	13,232	— 0,286	— 0,014
40	13,801	11,837	— 1,098	11,797	— 1,098	— 0,058
60	13,810	9,757	— 2,268	9,673	— 2,265	— 0,128
80	13.813	7,637	— 3,463	7,509	— 3,449	— 0,223
100	13,814	6,071	— 4,353	5,919	— 4,309	— 0,334

G. Einfluß eines radialen Außen- oder Innendruckes auf die Frequenzen eines Kreisbogenträgers und Kreisringes.

Die Frequenzen der Querschwingungen von *geraden* Stäben erfahren bekanntlich gegenüber jenen des in der Achsrichtung unbelasten Stabes eine Erhöhung oder Erniedrigung, je nachdem der Stab in seiner Achsrichtung gezogen oder gedrückt wird[1]; stimmt die achsiale Druckkraft mit einem jener kritischen Werte überein, bei denen der Stab knickt, dann werden die Kreisfrequenzen gleich Null. Ganz analoge Verhältnisse lassen sich bei dem durch einen gleichförmigen radialen Außen- oder Innendruck belasteten Kreisbogen oder Kreisring feststellen[2].

Um den Einfluß einer solchen radialen Belastung p^* je Längeneinheit des Bogens[3] auf dessen Frequenzen berechnen zu können, muß zunächst der Ausdruck (45) für das kinetische Potential Ψ durch die von p^* veranlaßten Beiträge ergänzt werden. Sie setzen sich zusammen aus der Arbeit der von den Drücken p^* in jedem Querschnitte schon in der Ruhelage hervorgerufenen Längskräfte $T = -p^* a$ und aus der Verschiebungsarbeit der radialen Drücke p^*. Beide Beiträge müssen einschließlich der Glieder klein zweiter Ordnung entwickelt werden. Wenn wir uns auf die ebenen Biegungsschwingungen beschränken und wie bisher unter u, w die sie beschreibenden, auf den Halbmesser a reduzierten Schwingungskomponenten (radial und tangential) verstehen, so beträgt die Arbeit der Längskräfte T:

---

[1] *A. Clebsch*, Theorie der Elastizität fester Körper, Leipzig 1862, S. 252—260. *Lord Rayleigh*, The theory of sound, London 1894/96, 2. Aufl., S. 296. *J. Morrow*, Philos. Mag. (6) 12 (1906), S. 233. *K. Sezawa*, Journ. Aeron. Res. Inst. Tokyo Nr. 5 (1924), S. 39—46. *C. R. J. Howland*, Philos. Mag. (7) 1 (1926), S. 674. *K. Sezawa*, Z. angew. Math. Mech. 12 (1932), S. 275. *W. L. Cowley* und *H. Levy*, Proc. Roy. Soc. London (A) 95 (1919), S. 440. *W. L. Shôgenji*, Mem. College Engineering, Fukuoka 3 (1923—25), S. 143.

[2] *K. Federhofer*, Ing.-Arch. 4 (1933), S. 110 und 277.

[3] Durch die Bezeichnung p^* soll eine Verwechslung mit der im Abschnitte (F) durchwegs gebrauchten und auch in (G) benutzten Abkürzung $p = \frac{\pi}{2\alpha}$ vermieden werden.

$$-p^* a^2 \int_0^{\varphi_1} \{(w^{\mathrm{I}} - u) + \tfrac{1}{2}(u^{\mathrm{I}2} - 2\, u\, w^{\mathrm{I}})\}\, d\varphi$$

und jene der radialen, durch eine Flüssigkeit erzeugten Drücke p^*:

$$p^* a^2 \int_0^{\varphi_1} \left(\frac{u^2}{2} - u - u\, w^{\mathrm{I}}\right) d\varphi.$$

Beide Arbeiten liefern daher zum Potential Ψ den Beitrag

$$p^* a^2 \int_0^{\varphi_1} \left(\frac{u^2 - u^{\mathrm{I}2}}{2} - w^{\mathrm{I}}\right) d\varphi \text{ oder auch } \frac{p^* a^2}{2} \int_0^{\varphi_1} (u^2 - u^{\mathrm{I}2})\, d\varphi,$$

da sowohl beim Bogen mit festgehaltenen Kämpfern als auch beim geschlossenen Kreisring $\int_0^{\varphi_1} w^{\mathrm{I}}\, d\varphi = 0$ ist. Der Einfluß der Trägheit des den Druck p^* übertragenden Mittels werde vernachlässigt[1]. Bei dessen Berücksichtigung muß im Falle eines geschlossenen Ringes die Kreisfrequenz ω ersetzt werden durch

$$\omega_1 = \frac{\omega}{\sqrt{1+\beta}}, \text{ wo } \beta = \frac{\varrho}{\mu}\frac{a}{d}\frac{n}{n^2+1};$$

hierin bedeutet $\frac{\varrho}{\mu}$ das Verhältnis der Flüssigkeitsdichte zur Dichte des Ringmaterials, d die Ringstärke, n die Wellenzahl der Schwingung. Dieser Trägheitseinfluß wird, da $n = 1$ der Nullfrequenz entspricht, am größten für die Grundschwingung mit $n = 2$ und zwar $\beta_{\max} = \frac{2}{5}\frac{\varrho a}{\mu d}$. Obige Formel kann ihre praktische Verwendung finden zur Ermittlung der Schwingzahlen des zylindrischen Körpers eines getauchten U-Bootes oder eines Luftschiffes.

---

[1] Er äußert sich in einer scheinbaren Vergrößerung der schwingenden Masse des Bogens und hat daher eine Herabsetzung der Eigenschwingzahlen zur Folge. Der Einfluß der mitschwingenden Flüssigkeitsmasse auf die Eigenschwingungen eines von Flüssigkeit umgebenen dünnwandigen Hohlzylinders wurde berechnet von *K. Federhofer*, Sitz.-Ber. Akad. Wiss. Wien, Abt. IIa, 142 (1933), S. 201 mit dem oben angegebenen Endergebnis. Eine experimentelle Methode zur Bestimmung der reduzierten Masse des mitschwingenden Wassers bei Schiffsschwingungen stammt von *J. J. Koch*, Ing.-Arch. 4 (1933), S. 103. Über Querschwingungen eines im Wasser eingetauchten *geraden* Stabes vgl. *E. B. Moullin* und *A. D. Browne*, Proc. Cambr. Philos. Soc. 24 (1928), S. 400 und *T. L. Taylor*, Philos. Mag. 9 (7) 1930, S. 161.

1. Gelenkig gelagerter Bogenträger.

Dehnungslose Schwingungen. Für die erste „Dehnungslose" kann der Ansatz (198) aus (F 1a) unverändert übernommen werden. Berechnen wir hiemit aus (45) das kinetische Potential Ψ bei Berücksichtigung der oben angegebenen Ergänzung durch den Beitrag der Drucke p^*, wobei zur Abkürzung der dimensionslose Beiwert

$$c^2 = \frac{p^* a^3}{E J_y} \tag{213}$$

eingeführt wird, so liefert $\frac{\partial \psi}{\partial c_1} = 0$ mit $\frac{\pi}{\alpha} = p_1$ und $k = \frac{\mu_1 a^4 \omega^2}{E J_y}$ die Formel

$$k = \frac{p_1^2 (p_1^2 - 1)(p_1^2 - 1 - c^2)}{p_1^2 + 3}. \tag{214}$$

Für den *unbelasteten* Bogen ergibt sich wegen $c^2 = 0$:

$$k_0 = \frac{p_1^2 (p_1^2 - 1)^2}{p_1^2 + 3}.$$

Mit Rücksicht auf k^* (Gl. 202) ist $k^* = k\alpha^4$, womit k_0 wieder in die Formel (204) von *den Hartog* übergeführt werden kann.

Gemäß (214) verschwindet k und damit ω für $c^2 = p_1^2 - 1$ entsprechend einem Außendrucke

$$p_{kr}^* = \frac{E J_y}{a^3} \left(\frac{\pi^2}{\alpha^2} - 1\right);$$

dies ist genau der Wert des kleinsten kritischen Druckes, bei dem der Kreisbogen knickt[1]. Durch

$$\frac{k}{k_0} = \frac{\omega^2}{\omega_0^2} = 1 - \frac{c^2}{p_1^2 - 1} \tag{215}$$

ist somit die Abhängigkeit der Kreisfrequenz ω von c und damit vom Drucke p^* in erster Näherung dargestellt; hienach erfährt ω eine Verminderung oder Erhöhung, je nachdem der Bogen einem Außendrucke

[1] Vgl. z. B. *P. Funk*, Z. angew. Math. Mech. 4 (1924), S. 145 und *E. L. Nicolai*, ebenda 3 (1923), S. 228. Bei exponentiell veränderlichem Trägheitsmoment des Kreisbogens ist die obige Formel für p_{kr}^* noch zu erweitern durch den Faktor $\frac{q\pi (q^2 + 4)}{4(1 - e^{-q\pi})}$, worin $q\pi = ln \frac{J_1}{J_0}$ mit J_1 als Trägheitsmoment im Bogenscheitel ($\varphi = \alpha$), J_0 ($\equiv J_y$) als jenem an den Kämpfern. Vgl. *K. Federhofer*, Der Bauingenieur, XXII. Jg. (1941), S. 340.

($c^2 > 0$) oder Innendrucke ($c^2 < 0$) unterworfen wird. In Zahlentafel 18

Zahlentafel 18. *Radial belasteter Zweigelenkbogen. Werte* $\sqrt{k}$ *für die erste gegensymmetrische „Dehnungslose" in Abhängigkeit vom Öffnungswinkel* α_1 *und von*
$$c^2 = \frac{p^* a^3}{E J_y}.$$

$\alpha_1 = 20^0$, $p_1 = 18$		$\alpha_1 = 40^0$, $p_1 = 9$		$\alpha_1 = 60^0$, $p_1 = 6$		$\alpha_1 = 90^0$, $p_1 = 4$		$\alpha_1 = 120^0$, $p_1 = 3$		$\alpha_1 = 180^0$, $p_1 = 2$	
c^2	$\sqrt{k}$	c^2	$\sqrt{k}$	c^2	$\sqrt{k}$	c^2	$\sqrt{k}$	c^2	$\sqrt{k}$	c^2	$\sqrt{k}$
0	321,52	0	78,55	0	33,63	0	13,76	0	6,93	0	2,267
80	278,87	20	68,03	10	28,42	5	11,24	2	6,00	1	1,851
160	228,40	40	55,54	20	22,01	10	7,95	4	4,89	2	1,309
240	162,98	60	39,28	30	12,71	15	0	6	3,46	3	0
323	0	80	0	35	0			8	0		

sind die aus (214) gerechneten Werte $\sqrt{k}$ (proportional mit ω) für einige Öffnungswinkel $\alpha_1 = 2\alpha$ und verschiedene, im Intervalle 0 bis $p_1^2 - 1$ liegende Werte c^2 (Gl. 213) zusammengestellt. Werden die zu den Werten $\omega = 0$ gehörigen Werte c^2 mit $\frac{E J_y}{a^3}$ multipliziert, so ergeben sich die kritischen Drücke, unter denen der betreffende Kreisbogen knickt.

Aus (214) ergibt sich nach Durchführung des Grenzüberganges zu $\alpha = 0$ ($p_1 = \infty$) für die Kreisfrequenz ω des *geraden Stabes* von der Länge $l = 2a\alpha$ und gelenkiger Befestigung seiner Enden die Formel

$$\omega^2 = \frac{4 E J_y}{\mu_1 l^2}\left(\frac{4\pi^2}{l^2} - \frac{T}{E J_y}\right);$$

sie stimmt überein mit der strengen Lösung für die erste Oberschwingung des mit der Axialkraft T gedrückten Stabes[1], dessen Biegelinie in Stabmitte einen Knoten hat. Die Grundschwingung des axial gedrückten Stabes hat aber nur Knoten in den Endpunkten des Stabes und ist mit einer Dehnung der Stabachse verbunden; es muß daher noch untersucht werden, ob sich für Schwingungsformen des Kreisbogens, welche

[1] Vgl. Handbuch der Physik, Bd. VI, S. 365, Berlin 1928.

die bisherige Annahme einer dehnungslosen Bogenachse nicht erfüllen, niedrigere Schwingzahlen als die nach (215) gerechneten ergeben.

Biegungs-Dehnungsschwingung. Bei Beschränkung auf die *erste symmetrische* Schwingung können wir den Ansatz (211) aus (F 2a) mit je einem Freiwert in w und u übernehmen, setzen also mit

$$p = \frac{\pi}{\alpha_1} \text{ (wo } \alpha_1 = 2\alpha)$$

$$w(\varphi) = c_2 \sin 2p\varphi, \; u(\varphi) = b_1 \sin p\varphi$$

und erhalten aus

$$\frac{\partial \Psi}{\partial c_2} = 0, \frac{\partial \Psi}{\partial b_1} = 0$$

die quadratische Frequenzengleichung

$$\alpha^2 (4 f p^2 - k) \{(1 - p^2)^2 + c^2 (1 - p^2) + f - k\} - \frac{16}{9} f^2 = 0.$$

Für flache Kreisbogen, bei denen nach der obigen Bemerkung die erste Biegungsdehnungsschwingung vor allem in Betracht kommt, ist sowohl die Schlankheit $f = \frac{a^2}{i_y^2}$ als auch $p^2 = \frac{\pi^2}{\alpha_1^2}$ eine große Zahl, so daß obige Frequenzengleichung genähert durch die in k lineare Gleichung

$$4 \alpha^2 f p^2 \{(1 - p^2)^2 + c^2 (1 - p^2) + f - k\} - \frac{16}{9} f^2 = 0$$

ersetzt werden kann, woraus sich ergibt

$$k = (p^2 - 1)^2 + f \left(1 - \frac{16}{9\pi^2}\right) - c^2 (p^2 - 1). \tag{216}$$

Für den *unbelasteten* Kreisbogen folgt hieraus mit $c^2 = 0$ in Übereinstimmung mit *den Hartog*[1]

$$k_0 = (p^2 - 1)^2 + 0{,}82 f.$$

Damit wird

$$\frac{k}{k_0} = \frac{\omega^2}{\omega_0^2} = 1 - c^2 \frac{p^2 - 1}{k_0} \tag{217}$$

und es verschwindet ω^2 für $c^2 = \frac{k_0}{p^2 - 1}$; demnach beträgt der kleinste kritische Druck bei Annahme einer zur Bogenmitte symmetrischen Ausbeulungsform

[1] *J. P. den Hartog*, Fußnote S. 133, Gl. (12).

$$p_{kr}^* = \frac{E J_y}{a^3} (p^2 - 1 + \frac{0{,}82}{p^2-1} f) \tag{218}$$

und dieser Wert ist dann kleiner als der bei dehnungsloser Bogenachse geltende Wert $\frac{E J_y}{a^3} (4\,p^2 - 1)$, wenn

$$f < 3{,}66\, p^2 (p^2 - 1).$$

Mit den den Öffnungswinkeln $\alpha_1 = 10^0, 20^0, 30^0, 40^0$ entsprechenden Werten $p = 18, 9, 6, 4{,}5$ ergeben sich hienach folgende Grenzwerte für $\sqrt{f} = \frac{a}{i_y}$: 619,8, 154, 67,9, 29,6. Da in den praktischen Anwendungen (Behälterböden, Bogenbrücken, gekrümmte Staumauern, Bogendächer) die Ziffer $\sqrt{f}$ jedenfalls größer als 30 ist, so kommt demnach die symmetrische Ausbeulungsform für die Berechnung des kleinsten kritischen Druckes (gemäß 218) nur im Bereiche kleiner Öffnungswinkel (bis höchstens 40^0) in Frage.

Wenn α_1 gegen 0 abnimmt, gehen β_1 und a gegen ∞; dann ist $p^* a = T$ die konstante Druckkraft eines geraden Stabes von der Länge $L = a \alpha_1$ und es folgt aus Gleichung (216)

$$\omega^2 = \frac{\pi^2}{\mu_1 L^2} (E J_y \frac{\pi^2}{L^2} - T)$$

in Übereinstimmung[1] mit der strengen Lösung für die Grundschwingung des mit T axial gedrückten geraden Stabes von der Länge L. Für $\omega^2 = 0$ folgt daraus die erste *Euler*'sche Knicklast.

Durch (217) ist für die erste symmetrische Biegungs-Dehnungsschwingung die Abhängigkeit der Kreisfrequenz ω von c und damit vom Druck p^* in erster Näherung dargestellt.

Die Zahlentafel 19 enthält die aus (216) gerechneten Werte $\sqrt{k}$ für die Öffnungswinkel $\alpha_1 = 20^0, 40^0, 60^0$, wobei für $\sqrt{f}$ die Werte 20, 40, 100 angenommen wurden.

Nach diesen Zahlenangaben ergibt sich eine erhebliche Zunahme der Eigenschwingzahlen mit wachsendem f und es zeigt der Vergleich der Zahlentafel 18 und 19, daß im Bereiche der Öffnungswinkel α_1 von 0 bis etwa 40^0 die erste Biegungs-Dehnungsschwingung *kleinere* Schwingzahlen besitzt als die erste „Dehnungslose".

---

[1] Vgl. *A. Clebsch*, Theorie der Elastizität fester Körper, S. 257, Leipzig 1862.

Zahlentafel 19. *Radial belasteter Zweigelenkbogen. Werte* $\sqrt{k}$ *für die erste symmetrische Biegungs-Dehnungsschwingung in Abhängigkeit vom Öffnungswinkel* α_1, *von* c^2 *und von der Schlankheit* $\sqrt{f} = \frac{a}{i_y}$.

$\sqrt{f} = \frac{a}{i_y}$	$\alpha_1 = 20^0, p = 9$		$\alpha_1 = 40^0, p = 4{,}5$		$\alpha_1 = 60^0, p = 3$	
	c^2	$\sqrt{k}$	c^2	$\sqrt{k}$	c^2	$\sqrt{k}$
20	0	82,02	0	26,43	0	19,80
	20	71,61	10	22,50	10	17,66
	40	59,40	20	17,71	20	15,23
	60	43,91	30	11,00	30	12,33
	80	26,99	36,29	0	40	8,49
	84,1	0			49	0
40	0	87,82	0	41,02	0	37,09
	20	78,18	20	36,02	50	31,24
	40	67,17	40	30,21	100	24,00
	60	53,96	60	22,97	150	13,27
	80	36,22	80	11,94	170	4,00
	96,4	0	87,41	0	172	0
100	0	120,42	0	92,58	0	90,97
	40	106,77	100	81,52	200	81,63
	80	90,55	200	68,71	400	71,16
	120	70,71	300	52,87	600	58,86
	160	42,43	400	29,51	800	43,17
	182,5	0	445,22	0	1033	0

2. Eingespannter Bogenträger.

Dehnungslose Schwingungen. Da der Biegewinkel gemäß (21) gleich $u^{I} + w$ ist, so gelten mit Beachtung von $u = w^{I}$ (d. h. $\varepsilon_0 = 0$) folgende Randbedingungen: $w = 0$, $w^{I} = 0$, $w^{II} = 0$ für $\varphi = \pm\,\alpha$, wenn φ von

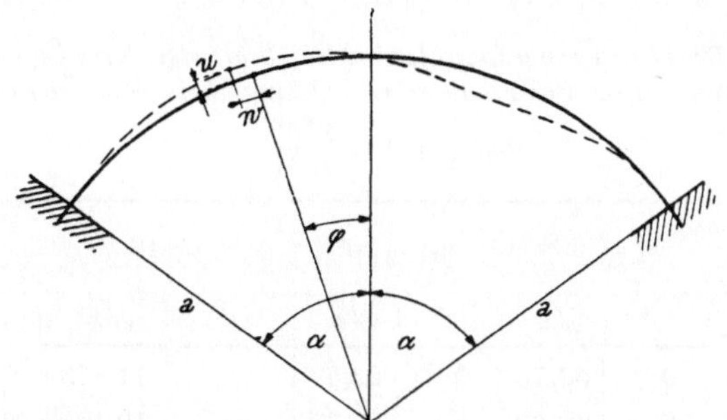

Abb. 31. Erste dehnungslose Schwingform des eingespannten Kreisbogens.

der Bogensymmetralen aus gemessen wird. Wegen der komplizierteren Schwingungsform (Abb. 31) wählen wir für $w(\varphi)$ einen Ansatz mit zwei Freiwerten, und zwar $\vartheta = \dfrac{\varphi}{\alpha}$:

$$w(\varphi) = (1 - \vartheta^2)^3 (a_0 + a_2 \vartheta^2), \tag{219}$$

der obige Bedingungen befriedigt. Aus $\dfrac{\partial \psi}{\partial a_0} = 0$ und $\dfrac{\partial \psi}{\partial a_2} = 0$ folgt sodann die in k quadratische Frequenzengleichung

$$3(\theta_1 + c^2\theta_2 + k\,\theta_3)(\theta_7 + c^2\theta_8 + k\,\theta_9) - (\theta_4 + c^2\theta_5 + k\,\theta_6)^2 = 0, \tag{220}$$

worin die θ-Funktionen nur vom Öffnungswinkel 2α in nachstehender Weise abhängen

$$\theta_1 = \frac{2}{11.15} - \frac{4}{15\,\alpha^2} + \frac{3}{\alpha^4}, \quad \theta_4 = -\frac{2}{11.13.15} + \frac{4}{55\,\alpha^2} + \frac{1}{\alpha^4},$$

$$\theta_2 = \frac{2}{15}\left(\frac{1}{11} - \frac{1}{\alpha^2}\right), \quad \theta_5 = \frac{2}{55}\left(-\frac{1}{39} + \frac{1}{\alpha^2}\right),$$

$$\theta_3 = -\frac{2}{33}\left(\frac{1}{5} + \frac{2\alpha^2}{39}\right), \quad \theta_6 = \frac{2}{11.13.15}\left(1 - \frac{2}{3}\,\alpha^2\right),$$

$$\theta_7 = \frac{1}{11}\left(\frac{2}{9.13} - \frac{92}{65\,\alpha^2} + \frac{51}{\alpha^4}\right),$$

$$\theta_8 = \frac{2}{13.55}\left(\frac{5}{9} - \frac{23}{\alpha^2}\right),$$

$$\theta_9 = -\frac{2}{11.13.15}\left(\frac{5}{3} + \frac{2}{17}\alpha^2\right).$$

In der Zahlentafel 20 sind die kleinsten Wurzeln $\sqrt{k}$ dieser Gleichung

Zahlentafel 20. *Beidseitig eingespannter, radial belasteter Kreisbogen. Werte* $\sqrt{k}$ *für die erste dehnungslose Schwingung in Abhängigkeit vom Öffnungswinkel* α_1, *und von* $c^2 = \dfrac{p^* a^3}{E J_y}$.

$\alpha_1 = 40^0$		$\alpha_1 = 60^0$		$\alpha_1 = 90^0$		$\alpha_1 = 120^0$		$\alpha_1 = 180^0$	
c^2	$\sqrt{k}$	c^2	$\sqrt{k}$	c^2	$\sqrt{k}$	c^2	$\sqrt{k}$	c^2	$\sqrt{k}$
0	124,02	0	53,76	0	22,63	0	11,853	0	4,387
40	108,33	20	46,03	8	19,73	5	10,143	2	3,827
80	89,75	40	36,57	16	16,26	10	8,039	4	3,152
120	65,80	60	23,46	24	11,73	15	5,052	6	2,258
165,80	0	73,52	0	32,52	0	18,20	0	8,04	0

für verschiedene Öffnungswinkel $\alpha_1 = 2\alpha$ in Abhängigkeit von c^2 zusammengestellt. Auch hier zeigt sich wieder eine starke Abnahme der Kreisfrequenzen mit zunehmendem c^2, d. h. mit wachsendem Drucke p^*; erreicht p^* den kritischen Druck p_{kr}^*, dann wird $\omega = 0$. Multipliziert man die in der letzten Reihe stehenden, zu $k = 0$ gehörigen Werte c^2 mit $\dfrac{E J_y}{a^3}$, so ergeben sich die kleinsten Drucke, unter denen der betreffende Kreisbogen knickt. Für dieses Stabilitätsproblem ist die exakte Lösung bekannt[1]; sie lautet

$$\nu \operatorname{tg} \alpha = \operatorname{tg}(\nu\alpha), \quad \text{wo} \quad \nu = \sqrt{1 + c^2} = \sqrt{1 + \frac{p^* a^3}{E J_y}}.$$

Wird aus der vorstehenden Gleichung ν als die nächste über 1 gelegene Wurzel bestimmt, so ergibt sich hiemit der kleinste kritische Druck zu

$$p_{kr}^* = \frac{E J_y}{a^3}(\nu^2 - 1). \tag{221}$$

Für einige Werte von α sind nachstehend die zugehörigen Wurzeln ν

[1] Vgl. Fußnote 1 auf S. 146.

angegeben; hierin sind $[\nu]$ jene Näherungswerte für ν, die sich aus den in Zahlentafel 20 aufgenommenen, zu $k = 0$ gehörigen Werten c^2 errechnen. Es ist hienach die mit dem Ansatze (219) erzielte Näherung sehr befriedigend.

α^0	20^0	30^0	45^0	60^0	90^0	120^0	150^0	180^0
ν	12,899	8,621	5,779	4,375	3	2,364	2,066	2
$[\nu]$	12,915	8,632	5,799	4,381	3,006	2,364	2,066	2

Für gegen Null abnehmenden Winkel α vereinfacht sich die Frequenzengleichung (220) mit Einführung der dimensionslosen Beiwerte

$$\tau = \frac{T\,l^2}{E\,J_y}, \quad \bar{k} = \frac{\mu_1\,l^4\,\omega^2}{E\,J_y}$$

zur Frequenzengleichung für den beiderseits eingespannten geraden Stab von der Länge l, und zwar

$$3\left(3 - \frac{\tau}{30} - \frac{\bar{k}}{1320}\right)\left(\frac{51}{11} - \frac{23}{13.110}\,\tau - \frac{\bar{k}}{8.9.11.13}\right) - \\ - \left(1 + \frac{\tau}{110} + \frac{\bar{k}}{8.11.13.15}\right)^2 = 0,$$

woraus als kleinste Wurzel folgt

$$\bar{k} = 26520 - 104\,\tau - 61{,}6\sqrt{\tau^2 - 693{,}7\,\tau + 135912}. \tag{222}$$

Für den *unbelasteten* Stab ergibt sich hieraus mit $T = 0$ ($\tau = 0$)

$$\bar{k}_0 = 3806;$$

der exakte Wert für $\bar{k}_0$ der ersten Oberschwingung beträgt $(7{,}853)^4 = 3803$. Die Kreisfrequenz ω (und damit auch $\bar{k}$) verschwindet für eine Axialkraft T_k, deren zugehöriger Wert τ_k sich aus (222) errechnet zu $\tau_k = 80{,}9$; aus der Formel $T_k = 20{,}2\,\frac{E\,J_y}{\left(\frac{l}{2}\right)^2}$ für die *Euler*'sche Knicklast des beiderseits eingespannten Stabes von der Länge l, der in seiner Mitte am Ausknicken behindert wird, folgt der genaue Wert $\tau_k = 80{,}8$.

Die Näherungsformel (222) steht also in beiden Grenzfällen in guter Übereinstimmung mit den hiefür bekannten genauen Lösungen.

Biegungs-Dehnungsschwingung. Bei Beschränkung auf die *erste symmetrische* Schwingung sei

$$w(\varphi) = a_1 \sin p_1\varphi, \quad u(\varphi) = b_1\,(1 + \cos p_1\varphi)$$

gesetzt, wodurch mit $p_1 = \frac{\pi}{\alpha}$ die Randbedingungen $w = 0$, $u = 0$, $u^{\mathrm{I}} = 0$ für $\varphi = \pm \alpha$ und die Symmetriebedingungen erfüllt sind.

Die zugehörige Frequenzengleichung lautet dann

$$(f\, p_1^2 - k)\, [2 + (1 - p_1^2)^2 + 3\, f + c^2\, (3 - p_1^2) - 3\, k] - p_1^2\, f^2 = 0,$$

sie kann für *flache* Kreisbögen durch die folgende, in k lineare Gleichung ersetzt werden

$$2 + (1 - p_1^2)^2 + 2\, f + c^2\, (3 - p_1^2) - 3\, k = 0,$$

woraus

$$k = \frac{1}{3}\, [2 + (1 - p_1^2)^2 + 2\, f - c^2\, (p_1^2 - 3)]. \tag{223}$$

Für den *unbelasteten flachen Kreisbogen* ergibt sich hieraus mit $c^2 = 0$ übereinstimmend mit *den Hartog*

$$k_0 = \frac{1}{3}\, [2\, f + (1 - 4\, p^2)^2], \text{ wo } p = \frac{\pi}{\alpha_1} = \frac{p_1}{2} \text{ und } \alpha_1 = 2\alpha \text{ ist.}$$

Die Zahlentafel 21 mit den aus (223) für die Öffnungswinkel $\alpha_1 = 20^0$, 40^0, 60^0 gerechneten Werten $\sqrt{k}$ läßt die Abnahme der Kreisfrequenzen mit zunehmendem Drucke p^* und abnehmender Schlankheit f erkennen. Wie der Vergleich der Tafeln 20 und 21 zeigt, besitzen im Bereiche kleiner Öffnungswinkel (bis etwa 60^0) die dehnungslosen Schwingungen höhere Schwingzahlen als die Biegungs-Dehnungsschwingungen. Für den Grenzfall des geraden beidseitig eingespannten Stabes geht (223) mit $\alpha_1 \longrightarrow \infty$ und $p_1 \longrightarrow \infty$ über in

$$\omega^2 = \frac{4\,\pi^2}{3\,\mu_1\, l^2}\, \left(4\pi^2\, \frac{E J_y}{l^2} - T\right) = \frac{13{,}16}{\mu_1\, l^2}\, \left(4\pi^2\, \frac{E J_y}{l^2} - T\right).$$

Hienach verschwindet ω für $T = 4\pi^2\, \frac{E J_y}{l^2}$, welcher Wert mit der kleinsten *Euler*'schen Knicklast des beidseitig eingespannten Stabes übereinstimmt. Für den unbelasteten Stab folgt mit $T = 0$

$$\omega_0 = \frac{22{,}793}{l^2}\, \sqrt{\frac{E J_y}{\mu_1}},$$

mit einer Abweichung von $+ 1{,}9\%$ vom genauen Wert für die Grundfrequenz des eingespannten Stabes, die gleich $\frac{22{,}373}{l^2} \sqrt{\frac{E J_y}{\mu_1}}$ ist. Wirkt anstatt des bisher angenommenen Außendruckes p^* ein Innendruck $(-p^*)$ auf den Kreisbogen, so behalten alle Formeln nach Änderung des Vorzeichens von $c^2 = \frac{p^* a^3}{E J_y}$ ihre Gültigkeit.

Zahlentafel 21. *Beidseitig eingespannter, radial belasteter Kreisbogen. Werte* $\sqrt{k}$ *für die erste Biegungs-Dehnungsschwingung in Abhängigkeit vom Öffnungswinkel* α_1, *von* c^2 *und von der Schlankheit* $\sqrt{f} = \frac{a}{i_y}$.

$\sqrt{f} = \frac{a}{i_y}$	$\alpha_1 = 20^0$		$\alpha_1 = 40^0$		$\alpha_1 = 60^0$	
	c^2	$\sqrt{k}$	c^2	$\sqrt{k}$	c^2	$\sqrt{k}$
20	0	187,2	0	49,0	0	25,99
	80	162,8	20	43,37	12	23,32
	160	133,9	40	36,89	24	20,29
	240	96,8	60	28,99	36	16,72
	320	28,3	80	17,91	48	12,15
	327,5	0	92,7	0	61,4	0
40	0	189,3	0	56,57	0	38,41
	60	171,5	25	50,50	25	34,65
	120	151,7	50	44,00	50	30,42
	180	128,8	75	35,37	75	25,51
	240	100,8	100	24,51	100	19,38
	335	0	123,1	0	134,2	0
100	0	203,6	0	93,81	0	84,12
	80	181,3	65	84,33	130	75,14
	160	156,0	130	73,63	260	64,93
	240	125,6	195	61,08	390	52,78
	320	84,9	260	45,17	520	36,82
	387,3	0	338,5	0	643,2	0

3. Der Kreisring.

Sehr einfach wird die Rechnung zur Beurteilung des Einflusses eines konstanten Radialdruckes p^* auf die Kreisfrequenzen eines geschlossenen Kreisringes; von den schon im Abschnitte (D 3 c α) durch (Gl. 159) genau festgestellten Einflüssen der Dehnung der Ringachse, der Drehungsträgheit und Schubkräfte kann hiebei abgesehen werden. Wir beschränken uns daher auf die dehnungslosen ebenen Biegungsschwingungen, deren Schwingformen durch die Ansätze

$$w(\varphi) = \sum_{n=2}^{\infty} a_n \cos n\varphi,$$

$$u(\varphi) = w^{\mathrm{I}}(\varphi) = -\sum_{n=2}^{\infty} n\, a_n \sin n\varphi$$

dargestellt werden können, worin für n die aufeinanderfolgenden ganzen Zahlen zu setzen sind ($n = 0$ und $n = 1$ scheidet aus, da hiedurch eine Drehung, bzw. Verschiebung des starren Ringes in seiner Ebene beschrieben wird). Das kinetische Potential Ψ, für das sich im vorliegenden Falle der allgemeine Ausdruck (45) vereinfacht in

$$\Psi \frac{2a}{EJ_y} = \int_0^{2\pi} \{[u^{\mathrm{II}} + u]^2 + c^2 [u^2 - u^{\mathrm{I}2}] - k [u^2 + w^2]\}\, d\varphi,$$

ergibt sich mit obigen Ansätzen zu

$$\Psi \frac{2a}{\pi EJ_y} = \sum_{n=2}^{\infty} a_n^2 [n^2 (n^2 - 1)^2 - c^2 n^2 (n^2 - 1) - k (n^2 + 1)];$$

da hierin nur die Quadrate der Schwingungskoordinaten a_n vorkommen, so haben sie die Bedeutung der Hauptkoordinaten und es sind durch obige Ansätze die Hauptschwingungen der ebenen Biegungsschwingungen dargestellt. Für die n^{te} Hauptschwingung liefert daher Nullsetzen des Ausdruckes in der eckigen Klammer

$$k_n = \frac{n^2 (n^2 - 1) \left(n^2 - 1 - \frac{p^* a^3}{EJ_y}\right)}{n^2 + 1}, \tag{224}$$

womit zufolge $k_n = \dfrac{\mu_1 a^4 \omega_n^2}{EJ_y}$ die Abhängigkeit der Kreisfrequenz ω_n der n^{ten} Hauptschwingung vom Drucke p^* bestimmt ist[1].

[1] Vgl. *K. Federhofer*, Ing.-Arch. 4 (1933), S. 110, wo dieses Ergebnis nebst dem Einflusse der rotatorischen Trägheit aus den Differentialgleichungen dieser Biegungsschwingungen direkt gewonnen worden ist.

Mit $p^* = 0$ führt (224) zurück zur Formel (157) von *R. Hoppe* für die Frequenz $\omega_{n,0}$ des unbelasteten Ringes, während sich für $\omega_n = 0$ die bekannte Formel

$$p_{kr}^* = \frac{EJ_y}{a^3}(n^2 - 1)$$

zur Berechnung des für das Einbeulen des gleichmäßig gedrückten Kreisringes maßgebenden kritischen Druckes p_{kr}^* ergibt, dessen Kleinstwert[1] mit $n = 2$ den Wert

$$p_{kr}^*{}_{,\,\min} = \frac{3\,EJ_y}{a^3}.$$

besitzt. Nach (224) erfährt die Frequenz $\omega_{n,0}$ des unbelasteten Ringes eine Verminderung oder Erhöhung, je nachdem der Ring einem Außendrucke oder Innendrucke unterworfen wird.

Zu analogen Ergebnissen gelangt man auch im Falle der *räumlichen Biegungs-Drillungsschwingungen* des Kreisringes.

Die hiefür in (170) abgeleitete Formel ist bei Vorhandensein eines radialen Außendruckes zu ersetzen durch[2]

$$k = \frac{n^2(n^2-1)\left(n^2-1-\frac{p^* a^3}{EJ_x}\right)}{n^2+\lambda} \tag{a}$$

bzw. durch

$$k = \frac{1}{n^2+\lambda}\left[n^2(n^2-1)^2 - \frac{p^* a^3}{E\,J_x}\,n^2(n^2-1+\lambda) + \frac{p^* a^3}{G\,J_D}\right], \tag{b}$$

je nachdem der Außendruck stets in Richtung der Hauptnormalen der räumlich verzerrten Mittellinie (Formel a) oder aber stets zum Mittelpunkt des Kreisringes hin gerichtet ist (Formel b).

Für $k = 0$ (d. h. $\omega = 0$) ergeben beide Formeln die bekannten Bedingungen für das Knicken des gleichmäßig gedrückten Ringes aus seiner Ebene heraus. Im Falle (a) errechnet sich der kleinste kritische Druck mit $n = 2$ zu[3]

$$p^*_{kr,\,\min} = \frac{3\,EJ_x}{a^3},$$

---

[1] *M. Levy*, J. math. pure et appl. (Liouville) (Sér. 3) 10 (1884), S. 5. *A. G. Greenhill*, Math. Ann. 52 (1899), S. 465.

[2] *K. Federhofer*, Fußnote 1, S. 156.

[3] *K. Federhofer*, Eisenbau 12 (1921), S. 291. *E. L. Nicolai*, Z. angew. Math. Mech. 3 (1923), S. 228.

im Falle (b) zu[1]

$$p^*_{kr,\,\min} = \frac{12}{4+\lambda}\,\frac{E J_x}{a^3}.$$

Ist der auf den Ring wirkende, im vorstehenden als konstant angenommene Außendruck p^* zeitlich periodisch veränderlich, so liefert eine einfache Ergänzung des Ausdruckes für das kinetische Potential Ψ die Differentialgleichung der erzwungenen ebenen und räumlichen Biegungsschwingungen eines Kreisringes unter gleichmäßig verteilten, pulsierenden Radialdrücken (eine *Mathieusche* Differentialgleichung), deren Lösung in jüngster Zeit zur Untersuchung des hier vorliegenden kinetischen Stabilitätsproblemes herangezogen worden ist[2]. Dieser Hinweis möge genügen, da die Behandlung des Problems der erzwungenen Bogenschwingungen nicht in den Rahmen dieses Buches gehört.

H. Der Kreisring mit dünnwandigem geschlossenem Querschnitt (Hohlreifen).

Ein dünnwandiger kreisförmiger Hohlreifen ist als eine allseitig geschlossene Ringflächenschale anzusehen, deren Mittelfläche einen Kreis zur Meridianlinie besitzt (Abb. 32); da die Wandstärke h einer solchen Schale klein ist gegenüber dem Halbmesser r des Meridiankreises, so ist der Widerstand gegen Verzerren des Querschnittes verhältnismäßig gering und es muß daher bei der Schwingungsuntersuchung eines dünnen Hohlreifens auf die Möglichkeit einer Änderung der ursprünglichen Kreisform des Reifenquerschnittes infolge Verbiegung Bedacht genommen werden. Würde man annehmen, daß der Reifenquerschnitt während der Schwingung seine Form beibehielte, dann wäre die Kreisfrequenz seiner rein radialen Schwingung einfach nach (175)

[1] *H. Hencky*, Z. angew. Math. Mech. 1 (1921), S. 454. Die Gültigkeit der Formel von Hencky ist beschränkt auf doppelt-symmetrische Querschnitte; bezüglich ihrer Erweiterung für den Fall des einfach-symmetrischen Querschnittes, bei welchem der Schubmittelpunkt nicht in den Schwerpunkt fällt und die Radialdrucke in der Symmetrieebene wirken, vgl. *K. Federhofer*, Österr. Ing.-Arch. 4 (1950), S. 27.

[2] *S. Woinowsky-Krieger*, Ing.-Arch. 13 (1942), S. 90. *G. Ju. Džanelidze* und *M. A. Radcig*, J. appl. Math. a. Mech. IV (1940), S. 55 (russisch).

zu berechnen. Es ist daher zu untersuchen, unter welchen Umständen die mit einer Änderung der Querschnittsform verbundenen Eigenschwingungen eines Hohlreifens leichter anzuregen sind als seine rein radialen Schwingungen bei Erhaltung der Querschnittsform. Hiebei soll auch die Wirkung eines im Hohlreifen herrschenden inneren Überdruckes p berücksichtigt werden.

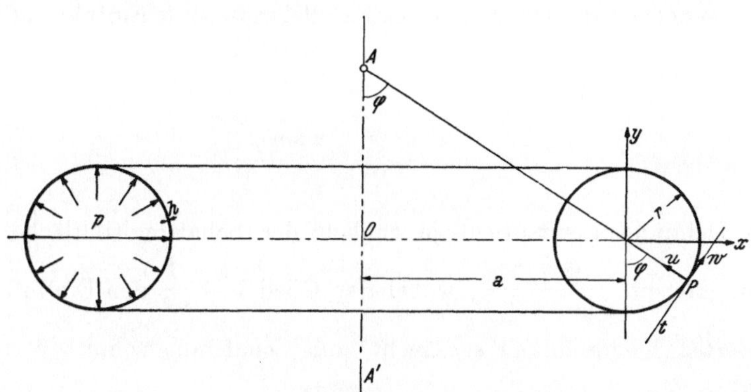

Abb. 32. Kreisring mit dünnwandigem geschlossenem Hohlquerschnitt unter Innendruck.

1. Entwicklung des Ausdruckes für das kinetische Potential Ψ.

Um das Wesentliche bei der Lösung dieses Problems ohne allzu großen Rechenaufwand herauszuschälen[1], seien von den möglichen Querschnittsverzerrungen nur jene ins Auge gefaßt, die den Querschnittsumfang *ungedehnt* lassen und es sollen nur jene bezüglich der Achse AA' rotationssymmetrischen Eigenschwingungen betrachtet werden, bei denen der Querschnitt eine bezüglich der x- und y-Achse symmetrische Formänderung entsprechend den Ansätzen

$$\left.\begin{aligned} w(\varphi) &= \Sigma A_n \sin n\varphi, \qquad (n = 2, 4, \ldots n) \\ u(\varphi) &= \Sigma n A_n \cos n\varphi \end{aligned}\right\} \tag{225}$$

erfährt. Hiebei sind mit u, w die radiale und tangentiale Schwingungskomponente eines durch den Winkel φ (Abb. 32) gekennzeichneten Punktes des Reifenquerschnittes bezeichnet, die wegen der vorausgesetzten Dehnungslosigkeit des Querschnittsumfanges an die Bedingung $u = w^{\mathrm{I}} = \dfrac{dw}{d\varphi}$ gebunden sind. Das kinetische Potential Ψ des

[1] *K. Federhofer*, Ing.-Arch. 10 (1939), S. 125.

Hohlreifens setzt sich zusammen aus der Formänderungsarbeit der Ringflächenschale, der Arbeit der durch den Innendruck p hervorgerufenen Spannkräfte und der Arbeit der Innendrucke p, endlich aus der Arbeit der Trägheitskräfte.

Da sich der Halbmesser $a + r \sin\varphi$ des durch P gelegten Parallelkreises infolge der Verschiebungen u, w um den Betrag $w \cos\varphi - u \sin\varphi$ ändert, so beträgt die Dehnung ε des Parallelkreises mit Einführung von $R = \overline{PA} = r + \frac{a}{\sin\varphi}$:

$$\varepsilon = \frac{w \cos\varphi - u \sin\varphi}{R \sin\varphi};$$

diesen Dehnungen entspricht je Einheit der Schalenmittelfläche die Dehnungsarbeit $\frac{E\,h\,\varepsilon^2}{2\left(1 - \frac{1}{m^2}\right)}$, wobei das Glied $1 - \frac{1}{m^2}$ den Einfluß der behinderten Querdehnung senkrecht zum Schalenquerschnitt berücksichtigt.

Mit $\psi = \frac{1}{r}(w + u^{\mathrm{I}})$ als Biegewinkel der Meridiantangente t ergibt sich die Krümmungsänderung in der Querschnittsebene zu $\varkappa_1 = \frac{1}{r}\psi^{\mathrm{I}}$ und jene in dem zu ihr senkrechten Hauptschnitt der Schale zu $\varkappa_2 = \frac{\psi}{R}\operatorname{ctg}\varphi$ und es gilt für die ihnen entsprechende Biegungsarbeit

$$\frac{E\,h^3}{12\left(1 - \frac{1}{m^2}\right)}\left(\varkappa_1^2 + \varkappa_2^2 + \frac{2}{m}\varkappa_1\varkappa_2\right).$$

Durch den Innendruck p wird in der ruhenden dünnen Ringschale in erster Näherung der Spannungszustand einer biegeschlaffen (momentenfreien) Schale hervorgerufen, bestehend aus den auf die Wandstärke h bezogenen Spannkräften T_1 im Ringquerschnitt und T_2 im Parallelkreise, für welche gilt[1]

$$T_1 = \frac{p\,r}{2}\,\frac{2a + r\sin\varphi}{a + r\sin\varphi}, \quad T_2 = \frac{p\,r}{2};$$

infolge der bei der Schwingung eintretenden Verformung u, w liefern

---

[1] Vgl. *A. u. L. Föppl*, Drang und Zwang, Bd. 2, II. Aufl., 1928, S. 8.

sie die einschließlich der Glieder klein 2. Ordnung genauen Arbeitsbeträge $T_1\,[\frac{w - u^{\mathrm{I}}}{r} + \frac{1}{2r^2}(u^{\mathrm{I}2} - 2\,u\,w^{\mathrm{I}})]$ und $T_2\,\varepsilon$ je Einheit der Schalenmittelfläche. Die Arbeit der durch eine Druckflüssigkeit erzeugten Drucke p ist gleich dem Volumen zwischen deformierter und ursprünglicher Ringfläche, multipliziert mit dem Drucke, also gleich

$$p\,(\frac{u^2}{2} - r\,u - u\,w^{\mathrm{I}}).$$

Mit μ_1 als schwingende Masse je Oberflächeneinheit der Schale ergeben schließlich die Trägheitskräfte den Arbeitsbeitrag

$$-\frac{\mu_1\,\omega^2}{2}(u^2 + w^2).$$

Das Flächenelement dF der Ringschale in P beträgt

$$dF = r\,R\,\sin\varphi\,d\varphi\,d\chi,$$

wenn $d\chi$ den Winkel zwischen zwei unendlich benachbarten Meridianebenen bezeichnet.

Die Zusammenfassung aller oben angegebenen Arbeitsbeträge und Integration über die ganze Ringoberfläche ergibt dann das der weiteren Rechnung zugrunde gelegte kinetische Potential Ψ. Faßt man hierin zunächst einmal die Glieder erster Ordnung in u, w zusammen, so ergibt sich

$$p\,r\,\pi \int_0^{2\pi} [(2a + r\sin\varphi)(w^{\mathrm{I}} - u) + r\,(w\cos\varphi - u\sin\varphi) + 2u\,(a + r\sin\varphi)]\,d\varphi$$

oder vereinfacht

$$p\,r\,\pi \int_0^{2\pi} [2a\,w^{\mathrm{I}} + r\,\frac{d\,(w\sin\varphi)}{d\varphi}]\,d\varphi = p\,r\,\pi\,[2a\,w + r\,(w\sin\varphi)]_0^{2\pi} = 0;$$

da der ursprünglich betrachtete Zustand der unter Innendruck stehenden Ringschale ein Gleichgewichtszustand ist, so muß der oben hingeschriebene Ausdruck, der die Änderung der potentiellen Energie bei einer kleinen virtuellen Verschiebung bis zur ersten Ordnung genau darstellt, verschwinden.

Es sind daher im Ausdrucke für das kinetische Potential nur die in u, w und deren Ableitungen kleinen Glieder von zweiter Ordnung beizubehalten. Es vereinfacht die weitere Rechnung außerordentlich, wenn wir die im Hinblicke auf die gebräuchlichen Abmessungen von Preßluftreifen ($\frac{a}{r}$ rd. 10) zulässige Annahme machen, daß an Stelle von

$R \sin\varphi = a + r \sin\varphi$ einfach der konstante Ringhalbmesser a gesetzt wird; damit werden nämlich die Nenner in den Ausdrücken für ε und $\varkappa_2$ von φ unabhängig. Mit der Einführung der dimensionslosen Beiwerte

$$\lambda = \frac{\mu_1 a^2 \omega^2 (1 - \frac{1}{m^2})}{E h},$$
$$c^2 = \frac{p a^2}{E h r} (1 - \frac{1}{m^2}), \qquad (226)$$
$$\vartheta = \frac{a h}{r^2}$$

lautet sodann der vollständige Ausdruck für das kinetische Potential

$$\Psi \frac{a (1 - \frac{1}{m^2})}{\pi E h r} = \int_{\varphi=0}^{2\pi} \{(w \cos\varphi - w^{\mathrm{I}} \sin\varphi)^2 + \frac{\vartheta^2}{12} [(w^{\mathrm{I}} + w^{\mathrm{III}})^2 +$$
$$+ \frac{r^2}{2a^2} \cos^2\varphi \, (w + w^{\mathrm{II}})^2 + \frac{2}{m} \frac{r}{a} \cos\varphi \, (w + w^{\mathrm{II}}) (w^{\mathrm{I}} + w^{\mathrm{III}})] +$$
$$+ c^2 (w^{\mathrm{II}2} - w^{\mathrm{I}2}) - \lambda (w^2 + w^{\mathrm{I}2})\} \, d\varphi. \qquad (227)$$

Die aus der Forderung Ψ = extrem zu entwickelnde *Euler*'sche Gleichung ist eine Differentialgleichung VI. Ordnung für w, deren Koeffizienten trotz der bei Herleitung des Ausdruckes für Ψ gemachten vereinfachenden Annahmen in sehr komplizierter Art mit φ veränderlich sind, so daß deren Integration nur durch eine recht umständliche Reihenentwicklung erfolgen könnte, die zu einer unübersichtlichen Frequenzengleichung führen würde.

Wir gelangen indessen zu einer einfachen Berechnung der niedrigsten Schwingzahlen, wenn wir die Eigenfunktion $w(\varphi)$ durch die endliche trigonometrische Reihe (225_1) annähern und zur Koeffizientenberechnung die Bedingung Ψ = extrem benutzen.

2. Kreisfrequenzen für die Grund- und erste Oberschwingung.

Beschränken wir uns auf die Berechnung der Grund- und ersten Oberschwingung, so ist die Reihe (225) für $w(\varphi)$ mit $n = 4$ abzubrechen, womit sich das kinetische Potential Ψ aus (227) unter Weglassung eines für die weitere Rechnung unwesentlichen konstanten Faktors berechnet zu

$$\Psi = (2{,}5 + 3\,\vartheta^2 + 12 c^2 - 5\lambda) A_2^2 + (8{,}5 + 300\,\vartheta^2 + 240 c^2 - 17\lambda) A_4^2 -$$
$$- 2{,}5\, A_2 A_4.$$

Aus $\frac{\partial \Psi}{\partial A_2} = 0, \frac{\partial \Psi}{\partial A_4} = 0$ folgt die in λ quadratische Frequenzengleichung mit den beiden Wurzeln

$$\lambda_{2,4} = \frac{1}{170} [85 + 1551 \vartheta^2 + 1404 c^2 \pm \sqrt{(1449 \vartheta^2 + 996 c^2)^2 + 531{,}25}. \tag{228}$$

Würde man im Ansatze (225) nur das Glied mit dem Freiwert A_2 beibehalten, so ergäbe sich für diese erste Näherung (Grundschwingung mit $n = 2$) der Weıt

$$\lambda_{n=2} = 0{,}5 + 0{,}6 \vartheta^2 + 2{,}4 c^2; \tag{229}$$

eine Verbesserung dieses Wertes liefert die kleinere der durch (228) dargestellten Wurzeln, während die größere Wurzel $\lambda_{n=4}$ der ersten Oberschwingung entspricht. Die aus (228) und (229) mit $c=0$ und für den Bereich $\vartheta=0$ bis $\vartheta=3$ berechneten λ-Werte sind in Zahlentafel 26 (s. S. 179) zusammengestellt. Man ersieht aus deren Angaben, daß die Näherungsformel (229) zur Berechnung der Grundfrequenz für $\vartheta > 0{,}3$ bereits vollkommen ausreicht; erst für $\vartheta < 0{,}3$ zeigen sich merkliche Abweichungen zwischen der ersten und zweiten Näherung. Mit der Kenntnis von λ_2 ist die zugehörige Kreisfrequenz der Grundschwingung gemäß (226_1) bestimmt und es gestattet das Ergebnis (229) die einfache Beurteilung des Einflusses der durch $n = 2$ festgelegten Formänderung des Querschnittes und des Innendruckes p auf die Größe der Grundfrequenz $\omega_{n=2}$. Dieser Einfluß ist nur abhängig von der Zahl ϑ, also nach (226) vom Verhältnisse des geometrischen Mittels zwischen Wanddicke h und Halbmesser a der Mittellinie des Hohlreifens zum Halbmesser r des Reifenquerschnittes. Demnach bedeutet ϑ den „kennzeichnenden" Parameter der Ringschale, der bekanntlich auch bei der Ermittlung der Spannungsverhältnisse im gekrümmten Rohr eine ausschlaggebende Rolle spielt[1]. Für die rein radialen Schwingungen eines Kreisringes, dessen Querschnitt bei der Schwingung *unverzerrt* bleibt, gilt nach (175)

[1] *Th. v. Kármán*, Z. V. D. I, 55 (1911), S. 1889. Für das dünnwandige kreisförmig gekrümmte Rohr mit quadratischem Hohlquerschnitte ist der kennzeichnende Parameter $\vartheta = \frac{a h}{b^2}$, wo b die Seitenlänge des Quadrates ist, a der Halbmesser des Ringes, h die Wandstärke. Vgl. *S. Timoshenko*, Trans. Amer. Soc. Mech. Eng. 45 (1923), S. 135. Hinsichtlich der Biegung des krummen Rohres mit elliptischem Querschnitte vgl. *M. T. Huber*, Proc. VII. Int. Congr. Appl. Mech. 1948, Vol. I, S. 322.

$$\omega^2 = \frac{E\,h}{\mu_1\,a^2\,(1 - \frac{1}{m^2})},$$

wobei durch Hinzufügung von $1 - 1/m^2$ im Nenner dem Einflusse der behinderten Querdehnung Rechnung getragen worden ist. Ohne Rücksicht auf die Verbiegung des Hohlreifens wird hiemit nach (226_1): $\lambda_2 = 1$.

Setzt man diesen Sonderwert in (229) ein, so berechnet sich daher jener Grenzwert, bei dessen Unterschreitung die mit *Verbiegung* des Ringquerschnittes verbundene, zu $n = 2$ gehörige Schwingform leichter angeregt wird, zu $\vartheta_{gr} = 0{,}913$; ein vorhandener Innendruck würde diese Grenze noch herabsetzen.

Der Innendruck hat eine Erhöhung der Steifigkeit des Hohlringes und damit eine Erhöhung der Schwingzahlen zur Folge, wie aus den mit c^2 behafteten Gliedern der Formeln (229) und (228) hervorgeht.

Mit $a \longrightarrow \infty$ geht die Kreisringschale in die unendlich lange Zylinderschale über, deren kleinste Kreisfrequenz aus (229) bei Beachtung von (226) sich berechnet zu

$$\omega^2_{n=2} = 0{,}6\,\frac{E\,h^3}{\mu_1\,r^4\,(1 - \frac{1}{m^2})} + 2{,}4\,\frac{p}{\mu_1\,r}.$$

Das Ergebnis ist in Übereinstimmung mit der Formel (224) für die Kreisfrequenz der Biegungsschwingungen eines mit radialem Außendruck p belasteten Kreisringes, aus der es für $n = 2$ (Grundschwingung) mit $p^* = -p$ (Innendruck) und mit der Biegungssteifigkeit $E\,J_y = \dfrac{E\,h^3}{12(1 - \frac{1}{m^2})}$ hervorgeht.

I. Frequenzen des Zweigelenk-Bogenträgers mit parabolischer Achse.

In diesem Abschnitte soll untersucht werden, welche Änderungen die bisher ausschließlich für den *Kreisbogen* berechneten Schwingungsfrequenzen bei Annahme einer von der Kreisform abweichenden Bogenachse erfahren. Da dem Parabelbogen im Hinblicke auf seine Verwendung im Brückenbau und Hochbau besondere Bedeutung zukommt, so soll die aufgeworfene Frage an dem Beispiel des *Parabelbogens* beantwortet werden. Der parabolische Zweigelenkbogen trage eine über die Stützweite $2l = L$ gleichmäßig verteilte Belastung p t/m. Er besitze überall gleichen Querschnitt und werde als *flach* vorausgesetzt. Dann kann auch die Last des Eigengewichtes angenähert als gleichmäßig über die Stützweite L verteilt angenommen werden (g t/m) und es ist die Parabelachse die Stützlinie für die gesamte Belastung $(g + p)$ t/m. Mit Vernachlässigung des beim schlanken Zweigelenkbogen unbedeutenden Einflusses der durch die Längskräfte hervorgerufenen Formänderungen ergibt sich bei diesem Belastungsfall eine *rein achsiale* Beanspruchung des Bogens und es beträgt dessen Horizontalschub

$$H = (g + p) \frac{l^2}{2 f}, \tag{230}$$

worin mit f die Pfeilhöhe des Parabelbogens bezeichnet ist[1].

Für diesen nur achsial beanspruchten Bogenträger, dessen parabolische Achse in bezug auf das in Abb. 33 eingetragene Achsenkreuz die Gleichung

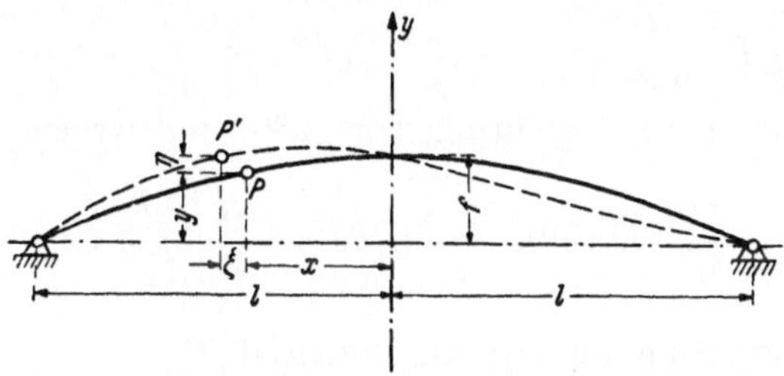

Abb. 33. Erste dehnungslose Schwingform des parabolischen Zweigelenkbogens.

$$y = f\left(1 - \frac{x^2}{l^2}\right)$$

besitzt, sollen die Schwingzahlen für seine *ebenen Biegungsschwingungen* berechnet werden[2].

Die Schwingungsamplitude eines beliebigen Punktes $P\,(x\,y)$ der Bogenachse, der nach P' schwingt, sei in ihren waagrechten und lotrechten Teil $\xi\,(x)$ und $\eta\,(x)$ zerlegt. Bei der Berechnung des kinetischen Potentials Ψ müssen die durch Belastung des Bogens mit $(g + p)$ t/m entstehenden Beiträge berücksichtigt werden. Sie setzen sich zusammen

---

[1] Da in den Abschnitten (A—G) mit $f = \frac{l^2}{i^2}$ die Schlankheit des Bogens bezeichnet ist, wird letztere zur Vermeidung einer Verwechslung mit der Pfeilhöhe f im folgenden mit h bezeichnet.

[2] *K. Federhofer*, Sitz.-Ber. Akad. Wiss. Wien, Abt. IIa, 143 (1934), S. 131.

aus der Arbeit der schon in der Ruhelage in voller Größe wirkenden Achsialkräfte T, die sich mit ε_0 als Dehnung der Bogenachse zu $\int\limits_{-l}^{+l} T\, \varepsilon_0\, ds$ ergibt, und aus der Senkungsarbeit $(g + p) \int\limits_{-l}^{+l} \eta\, d\, x$ der gleichmäßig verteilten lotrechten Belastung.

Unter der Voraussetzung eines *flachen* Parabelbogens erhält man für die Achsendehnung ε_0 einschließlich der Glieder klein zweiter Ordnung in ξ und η:

$$\varepsilon_0 = [(\xi^{\mathrm{I}} + y^{\mathrm{I}} \eta^{\mathrm{I}})(1 - {}^1\!/_2\, y^{\mathrm{I}2}) + {}^1\!/_2 (\eta^{\mathrm{I}2} - 2\xi^{\mathrm{I}} \eta^{\mathrm{I}} y^{\mathrm{I}})(1 - {}^3\!/_2\, y^{\mathrm{I}2}) + \\ + {}^1\!/_2\, \xi^{\mathrm{I}2} y^{\mathrm{I}2}]\, \frac{dx}{ds}, \tag{231}$$

wo hochgestellte römische Zahlen die Differentiation nach x anzeigen; das Bogenelement ds kann durch $dx\,(1 + {}^1\!/_2\, y^{\mathrm{I}2})$ ersetzt werden.

Da $T = - H \dfrac{ds}{d\,x} = - H\,(1 + {}^1\!/_2 y^{\mathrm{I}2})$, so ergeben beide oben angegebenen Arbeiten bei Beachtung von (230) und wegen

$$\int\limits_{-l}^{+l} \xi^{\mathrm{I}}\, dx = 0, \quad \int\limits_{-l}^{+l} y^{\mathrm{I}} \eta^{\mathrm{I}}\, dx = \frac{2f}{l^2} \int\limits_{-l}^{+l} \eta\, d\,x$$

folgenden Beitrag zum kinetischen Potential Ψ:

$$A_{g+p} = - \frac{H}{2} \int\limits_{-l}^{+l} (\eta^{\mathrm{I}2} - 2\xi^{\mathrm{I}} \eta^{\mathrm{I}} y^{\mathrm{I}})(1 - y^{\mathrm{I}2})\, dx - \frac{H}{2} \int\limits_{-l}^{+l} \xi^{\mathrm{I}2} y^{\mathrm{I}2}\, dx, \tag{232}$$

wobei die Glieder erster Kleinheitsordnung nach dem Prinzip der virtuellen Arbeiten herausgefallen sind, denn in der Ausgangslage des Bogens besteht Gleichgewicht zwischen den Achsialkräften T und der Belastung $2\,(g + p)\, l$.

Gemäß (42) ist nun das Potential Ψ zu berechnen aus

$$\Psi = \frac{EF}{2} \int\limits_{-l}^{+l} \varepsilon_0^2 ds + \frac{EJ_y}{2} \int\limits_{-l}^{+l} [\varkappa_y - \varkappa_{y0}]^2 ds + A_{g+p} - \frac{\mu_1 \omega^2}{2} \int\limits_{-l}^{+l} (\xi^2 + \eta^2) ds, \tag{233}$$

wobei ein zur Ebene der Bogenachse symmetrischer, quasiwölbfreier Querschnitt vorausgesetzt und der Einfluß der rotatorischen Trägheit im Hinblicke darauf, daß sich die weitere Untersuchung auf die praktisch wichtigste Grundschwingung beschränkt, vernachlässigt worden ist.

Das Quadrat der Krümmungsänderung berechnet sich einschließlich der Glieder klein zweiter Ordnung in ξ und η zu

$$[\varkappa_y - \varkappa_{y0}]^2 = (\eta^{\mathrm{II}2} + 4\, y^{\mathrm{II}2}\, \xi^{\mathrm{I}2} - 4\, y^{\mathrm{II}}\, \xi^{\mathrm{I}}\, \eta^{\mathrm{II}}) + \\ + 2\, y^{\mathrm{I}}\, (2\, y^{\mathrm{II}}\, \xi^{\mathrm{I}}\, \xi^{\mathrm{II}} - 3\, y^{\mathrm{II}}\, \eta^{\mathrm{I}}\, \eta^{\mathrm{II}} - \xi^{\mathrm{II}}\, \eta^{\mathrm{II}}) + y^{\mathrm{I}2}\, (\xi^{\mathrm{II}2} - 3\, \eta^{\mathrm{II}2}). \tag{234}$$

Wir haben wieder zwischen den zur Achse der Parabel gegensymmetrischen (dehnungslosen) Schwingungen und den symmetrischen (Biegungs-Dehnungsschwingungen) zu unterscheiden.

1. Dehnungslose Schwingungen.

Die Bedingung der Dehnungslosigkeit $\varepsilon_0 = 0$ ist (gemäß (231)) in 1. Näherung ausgedrückt durch

$$\xi^{\mathrm{I}} + y^{\mathrm{I}}\, \eta^{\mathrm{I}} = 0; \tag{235}$$

damit läßt sich der komplizierte Ausdruck für das Quadrat der Krümmungsänderung beträchtlich vereinfachen, und zwar in

$$[\varkappa_y - \varkappa_{y0}]^2 = \eta^{\mathrm{II}2}\, (1 - y^{\mathrm{I}2}).$$

Mit Benutzung der dimensionslosen Größen α, c^2 und $\overline{k}$ gemäß

$$\alpha = \frac{f}{l} \text{ (Pfeilverhältnis)}, \quad c^2 = \frac{H\, l^2}{E J_y}, \quad \overline{k} = \frac{\mu_1\, \omega^2\, l^4}{E J_y}, \tag{236}$$

ergibt sich sodann das kinetische Potential

$$\Psi \left(\frac{2\, l}{E J_y}\right) = \int\limits_{-1}^{+1} \left[\left(\frac{d^2\eta}{dx^2}\right) (1 - 2\alpha^2 x^2) - c^2 \left(\frac{d\eta}{dx}\right)^2 (1 + 4\alpha^2 x^2) - \right. \\ \left. - \overline{k}\, (\xi^2 + \eta^2)\, (1 + 2\alpha^2 x^2) \right] dx, \tag{237}$$

worin von nun ab unter x die *homogene* (also durch l dividierte) Koordinate x zu verstehen ist. Die Forderung $\delta\, \Psi = 0$ würde bei Beachtung des zwischen ξ und η bestehenden Zusammenhanges (235) die Differentialgleichung für die dehnungslose Eigenschwingung ergeben; sie ist von vierter Ordnung für $\eta\,(x)$ mit von x abhängigen Koeffizienten, die sich nur durch einen Reihenansatz integrieren läßt und zu einer sehr komplizierten Frequenzengleichung führt. Wir begnügen uns wieder mit einer nach der *Ritz*'schen Methode entwickelten Näherungslösung und machen zu diesem Zwecke für $\eta(x)$ den Ansatz

$$\eta(x) = a_1 \sin \pi x,$$

womit aus (235) folgt

$$\xi(x) = \frac{2 a_1 \alpha}{\pi} [1 + \cos \pi x + \pi x \sin \pi x].$$

Hiemit wird den Randbedingungen $\eta = 0$, $\xi = 0$ und $B_y = 0$ für $x = \pm 1$ entsprochen. Wird mit diesen Ansätzen das kinetische Potential Ψ nach (237) berechnet und $\frac{\partial \psi}{\partial a_1} = 0$ gesetzt, so ergibt sich

$$\bar{k} = \frac{\pi^4 (1 - 0{,}5653\, \alpha^2) - c^2 (\pi^2 + 15{,}16\, \alpha^2)}{1 + 4{,}1277\, \alpha^2 + 1{,}6911\, \alpha^4}, \tag{238}$$

womit ω^2 in Abhängigkeit von c^2 und α ermittelt ist; mit zunehmendem c^2, d. h. mit wachsendem Horizontalschube H nimmt die Kreisfrequenz ab und wird gleich Null für

$$c_{kr}^2 = \frac{\pi^4 (1 - 0{,}5653\, \alpha^2)}{\pi^2 + 15{,}16\, \alpha^2}, \tag{239}$$

woraus der für das Knicken eines flachen Parabelbogens maßgebende Horizontalschub H_{kr} sich ergibt zu[1]

$$H_{kr} = \frac{E J_y}{l^2} \frac{\pi^4 (1 - 0{,}5653\, \alpha^2)}{\pi^2 + 15{,}16\, \alpha^2}. \tag{240}$$

In der Zahlentafel 22 sind die aus (238) gerechneten Werte $\bar{k}$ für die Pfeilverhältnisse $\alpha = 0$ bis 0,3 und für zwischen $c^2 = 0$ und $c^2 = c_{kr}^2$ gelegene c^2-Werte zusammengestellt. In Abb. 34 sind die durch (238) gegebenen Zusammenhänge zwischen α, c^2 und $\bar{k}$ durch ein räumliches Schaubild (Regelfläche der $\bar{k}$) dargestellt.

---

[1] Der Gültigkeitsbereich dieser Formel ist, wie der Vergleich mit den von *A. Lockschin* (1936) unter Verzicht auf die einschränkende Annahme eines flachen Bogens mit dem Integrationsverfahren von *Störmer-Adams* gewonnenen Ergebnisse gezeigt hat, ein überraschend großer, er kann mit $\alpha = 0$ bis $\alpha = 0{,}7$ begrenzt werden und es beträgt innerhalb dieses großen Bereiches die größte Abweichung gegenüber den Werten von *Lockschin* nur + 4,6%. Vgl. *K. Federhofer*, Bautechnik, Jg. XIV (1936), S. 600.

Zahlentafel 22. *Parabolischer Zweigelenkbogen. Werte $\overline{k}$ [Gl. (238)] in 1. Näherung für die erste „Dehnungslose" in Abhängigkeit vom Pfeilverhältnisse $\alpha = \frac{f}{l}$ und von $c^2 = \frac{Hl^2}{EJ_y}$. — Werte $\overline{k_0}$ für den unbelasteten äquivalenten Kreisbogen und Knickwerte c^2_{kr}.*

c^2 \ α	0	0,05	0,10	0,15	0,20	0,25	0,30
0	π^4	96,277	93,004	87,928	81,525	74,307	66,744
für äquivalenten Kreisbogen	π^4	96,276	92,989	87,788	81,155	73,548	65,459
1	87,539	86,471	83,381	78,593	72,555	65,753	58,634
4	57,931	57,052	54,514	50,586	45,643	40,091	34,303
6,25	35,724	34,988	32,864	29,581	25,459	20,845	16,056
9	8,583	8,021	6,402	3,908	0,790	—	—
Knickwerte c^2_{kr} für $\omega = 0$	π^2	9,818	9,665	9,419	9,088	8,687	8,230

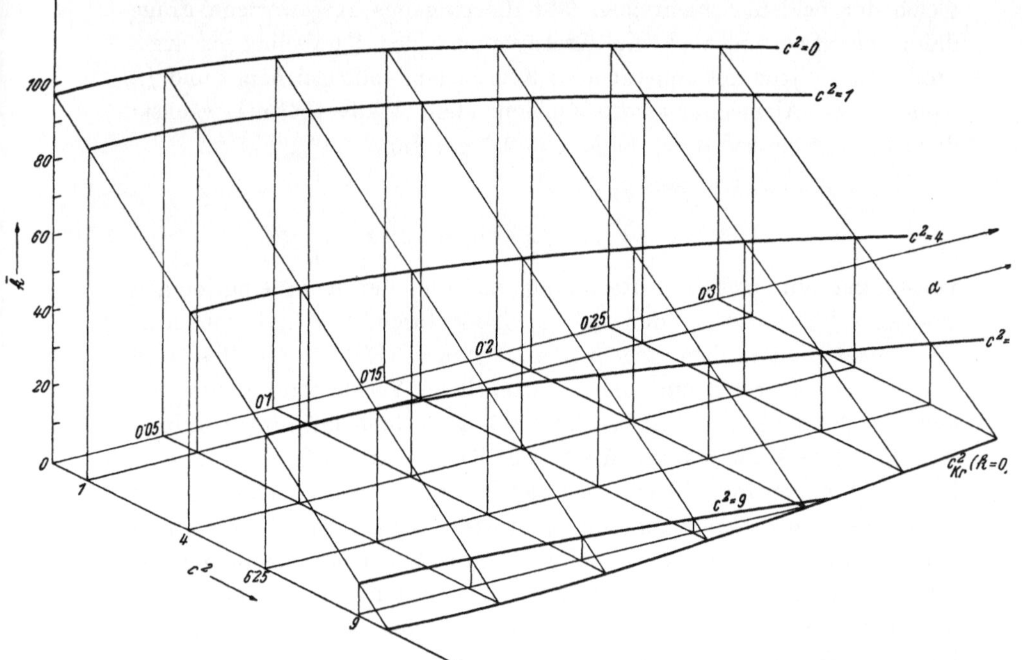

Abb. 34. Frequenzfunktion $\overline{k}$ der ersten dehnungslosen Schwingung des flachen parabolischen Zweigelenkbogens in Abhängigkeit vom Pfeilverhältnisse $\alpha = f/l$ und von c^2. (Regelfläche der $\overline{k}$).

Werden die zu den Werten $\bar{k} = 0$ gehörigen Werte c_{kr}^2 mit $\frac{E J_y}{l^2}$ multipliziert, so ergeben sich die kritischen Horizontalschübe, bei denen der betreffende Zweigelenkbogen knickt.

Wird der Parabelbogen von der Stützweite $2\,l$ und dem Pfeile f durch einen den Scheitel und die beiden Kämpfer verbindenden Kreisbogen vom Zentriwinkel β ersetzt, so ist $\operatorname{tg}\frac{\beta}{4} = \frac{f}{l} = \alpha$, und es kann die Grundfrequenz ω_0 der dehnungslosen Schwingung dieses unbelasteten Ersatzkreisbogens aus Formel (204) zu

$$\bar{k}_0 = \frac{\sin^4\frac{\beta}{2}}{\beta^4} \frac{(\beta^2 - 4\,\pi^2)^2}{1 + \frac{3}{4}\frac{\beta^2}{\pi^2}}$$

berechnet werden. Die hiebei im Bereiche $\alpha = 0$ bis 0,30 erhaltenen Werte $\bar{k}_0$ sind in der Zahlentafel 22 unter den für den unbelasteten Parabelbogen ($c^2 = 0$) angegebenen $\bar{k}$-Werten eingetragen. Der Vergleich der beiden Zahlenreihen läßt die eingangs aufgeworfene Frage dahin beantworten, daß die Kreisfrequenz des Parabelbogens stets größer ist als jene des äquivalenten Kreisbogens (mit gleichem l und f), wobei diese Abweichung mit zunehmendem Pfeilverhältnis wächst; doch beträgt sie selbst im Falle $\alpha = 0{,}3$ nur rund 1,4%.

Eine mit dem erweiterten Ansatze

$$\eta\,(x) = a_1 \sin \pi x + a_2 \sin 2\pi x$$

vollständig durchgeführte Rechnung, auf die hier nicht eingegangen werden soll[1], führte zu den in den Zahlentafeln 23a und 23b festgehaltenen numerischen Ergebnissen. Hienach erfahren die Resultate der ersten Näherung nur eine unwesentliche Verkleinerung, die sich erst im Bereiche $\alpha = 0{,}2$ bis 0,3 (und auch hier nur mit maximal 0,48%) bemerkbar macht. Auch die Knickwerte c_{kr}^2 erfahren eine kleine Abminderung. Gleichzeitig liefert diese zweite Näherung, bei der die Frequenzengleichung in $\bar{k}$ quadratisch ausfällt, mit ihren zweiten Wurzeln die $\bar{k}$-Werte für die erste dehnungslose Oberschwingung des Parabelbogens (Tafel 23b), ferner ergeben sich für $\bar{k} = 0$ die in der letzten Reihe eingetragenen höheren Knickwerte, für welche die Biegelinie drei Nullpunkte aufweist.

[1] Vgl. Fußnote 2 auf S. 165.

Zahlentafel 23a. *Parabolischer Zweigelenkbogen. Werte* $\overline{k}$ *in 2. Näherung für die erste „Dehnungslose", abhängig von* α *und* c^2*; Knickwerte* c_{kr}^2 *in 2. Näherung.*

c^2 \ α	0	0,05	0,10	0,15	0,20	0,25	0,30
0	π^4	96,276	92,997	87,898	81,439	74,125	66,423
1	87,539	86,470	83,374	78,561	72,467	65,566	58,304
4	57,931	57,051	54,507	50,553	45,548	39,889	33,941
6,25	35,724	34,988	32,856	29,546	25,359	20,629	15,665
9	8,583	8,021	6,394	3,870	0,683	—	—
Knickwerte c_{kr}^2 für $\omega = 0$	π^2	9,818	9,665	9,415	9,076	8,660	8,178

Zahlentafel 23b. *Parabolischer Zweigelenkbogen. Werte* $\overline{k}$ *für die erste dehnungslose Oberschwingung abhängig von* α *und* c^2*; zugehörige Knickwerte* c_{kr}^2.

c^2 \ α	0	0,05	0,10	0,15	0,20	0,25	0,30
0	$16\,\pi^4$	1546,28	1510,61	1452,60	1382,49	1298,79	1207,70
1	1519,07	1507,04	1472,19	1346,53	1246,55	1246,55	1175,36
4	1400,63	1389,33	1356,49	1304,95	1238,66	1161,83	1078,35
6,25	1311,80	1301,05	1269,79	1220,77	1157,76	1084,79	1005,59
9	1203,24	1193,15	1163,84	1117,88	1058,88	990,63	916,66
10	1163,76	1153,91	1125,30	1080,47	1022,92	956,40	884,33
20	768,98	761,55	740,00	706,35	663,37	614,03	561,06
30	374,19	369,18	354,70	332,26	303,86	271,79	238,05
35	176,80	173,00	162,05	145,20	124,16	100,80	76,84
Knickwerte c_{kr}^2 für $\omega = 0$	$4\,\pi^2$	39,41	39,21	38,88	38,46	37,95	37,39

Mit $\alpha = 0$ (gerader Stab) stimmt die erhaltene Lösung $\sqrt{\overline{k}} = 4\pi^2$ bzw. $c_{kr}{}^2 = 4\pi^2$ zufolge des gewählten Sinusansatzes überein mit der genauen Lösung für die dritte Oberschwingung des geraden, an den Enden gelenkig befestigten Stabes, die in der Mitte und in den Viertelpunkten des Stabes Knoten besitzt.

2. Biegungs-Dehnungsschwingungen.

Für die *erste* symmetrische Biegungs-Dehnungsschwingung des Parabelbogens, die im folgenden berechnet wird, erfüllen die Näherungsansätze

$$\eta(x) = a_1 \cos\left(\frac{\pi}{2} x\right), \quad \xi(x) = b_1 \sin(\pi x) \tag{241}$$

die Symmetriebedingungen und jene der Unverschieblichkeit der Kämpfer. Mit Einführung des Schlankheitsgrades[1] $h = \frac{l^2}{i_y^2}$ und Beachtung der in (236) festgesetzten Abkürzungen ergibt sich das kinetische Potential Ψ aus (233) zu

$$\Psi \frac{2\,l^3}{E J_y} = \int_{-1}^{+1} \{[\varkappa_y - \varkappa_{y0}]^2 (1 + 2\alpha^2 x^2) + h^2 (\xi^{\mathrm{I}} - 2\alpha x \eta^{\mathrm{I}})^2 (1 - 6\alpha^2 x^2) -$$
$$- c^2 [(\eta^{\mathrm{I}2} + 4\alpha x \xi^{\mathrm{I}} \eta^{\mathrm{I}}) (1 - 4\alpha^2 x^2) + 4\alpha^2 x^2 \xi^{\mathrm{I}2}] - \bar{k} (\xi^2 + \eta^2) (1 + 2\alpha^2 x^2)\}\, d x, \tag{242}$$

worin gemäß (234)

$$[\varkappa_y - \varkappa_{y0}]^2 = \eta^{\mathrm{II}2} + 8\alpha \xi^{\mathrm{I}} \eta^{\mathrm{II}} + 16\alpha^2 \xi^{\mathrm{I}2} - 4\alpha x (6\alpha \eta^{\mathrm{I}} \eta^{\mathrm{II}} - 4\alpha \xi^{\mathrm{I}} \xi^{\mathrm{II}} - \xi^{\mathrm{II}} \eta^{\mathrm{II}}) +$$
$$+ 4\alpha^2 x^2 (\xi^{\mathrm{II}2} - 3\eta^{\mathrm{II}2})$$

ist und alle Ableitungen nach dem homogenen x zu nehmen sind.

Die Bedingungen $\frac{\partial \Psi}{\partial a_1} = 0$, $\frac{\partial \Psi}{\partial a_2} = 0$ liefern nach langwieriger, hier übergangener Rechnung die in $\bar{k}$ quadratische Frequenzengleichung

$$\vartheta_1 \bar{k}^2 + [h\,\vartheta_2 + c^2 \vartheta_3 + \vartheta_4]\,\bar{k} + [h^2 \vartheta_5 + h(\vartheta_6 + c^2 \vartheta_7) +$$
$$+ c^4 \vartheta_8 + c^2 \vartheta_9 + \vartheta_{10}] = 0, \tag{243}$$

worin die ϑ-Funktionen nur vom Pfeilverhältnisse $\alpha = \frac{f}{l}$ abhängen und durch folgende Formeln gegeben sind:

$$\vartheta_1 = 1 + 0{,}826727\,\alpha^2 + 0{,}147771\,\alpha^4,$$
$$\vartheta_2 = -\pi^2 + 14{,}869604\,\alpha^2 + 24{,}206290\,\alpha^4 + 12{,}015443\,\alpha^6,$$
$$\vartheta_3 = \frac{\pi^2}{4} + 11{,}264539\,\alpha^2 + 0{,}971809\,\alpha^4,$$
$$-\vartheta_4 = \frac{\pi^4}{16} + 312{,}886578\,\alpha^2 + 384{,}329189\,\alpha^4 + 73{,}417230\,\alpha^6,$$

[1] Vgl. hiezu Fußnote 1 auf S. 165.

$$\vartheta_5 = 32{,}455819\,\alpha^2 - 144{,}106679\,\alpha^4 + 45{,}699345\,\alpha^6,$$

$$\vartheta_6 = \frac{\pi^6}{16} - 470{,}202149\,\alpha^2 + 2350{,}859685\,\alpha^4 - 5516{,}172174\,\alpha^6 - 7312{,}979004\,\alpha^8,$$

$$\vartheta_7 = -\frac{\pi^4}{4} + 68{,}809482\,\alpha^2 + 109{,}424559\,\alpha^4 - 261{,}255977\,\alpha^6,$$

$$\vartheta_8 = 17{,}651413\,\alpha^2 + 43{,}769824\,\alpha^4 - 194{,}481471\,\alpha^6,$$

$$\vartheta_9 = -909{,}513938\,\alpha^2 + 1566{,}712334\,\alpha^4 + 1846{,}010923\,\alpha^6,$$

$$\vartheta_{10} = 2093{,}379756\,\alpha^2 - 11071{,}951590\,\alpha^4 - 23290{,}048945\,\alpha^6 - 10055{,}165280\,\alpha^8.$$

Bei der numerischen Auflösung obiger Frequenzengleichung, deren Ergebnisse bezüglich der *kleineren* der beiden Wurzeln $\bar{k}$ aus Zahlentafel 24 zu entnehmen sind, zeigte sich, daß der gemäß Gl. (243) bei festgehaltenem α und h durch einen Kegelschnitt darzustellende Zusammenhang zwischen $\bar{k}$ und c^2 in dem für die Dehnungsschwingungen maßgebenden α-Bereiche (von 0 bis etwa 0,15) mit großer Annäherung in zwei Gerade zerfällt, so daß sich die der Grundschwingung entsprechende kleinere Wurzel $\bar{k}$ linear abhängig von c^2 darstellen läßt nach der Beziehung

$$\bar{k} = -\frac{h^2\,\vartheta_5 + h\,\vartheta_6 + \vartheta_{10}}{h\,\vartheta_2 + \vartheta_4} - c^2\,\frac{h\,\vartheta_7 + \vartheta_9}{h\,\vartheta_2 + \vartheta_4}. \tag{244}$$

Der Richtungskoeffizient $\dfrac{h\,\vartheta_7 + \vartheta_9}{h\,\vartheta_2 + \vartheta_4}$ dieser Geraden erweist sich hiebei im Bereiche $\alpha = 0$ bis 0,15 praktisch unabhängig von h und α, weshalb sich der Wert $\bar{k}$ in seiner Abhängigkeit von c^2 und α für jede Schlankheit h durch eine Schar von parallelen Geraden darstellen läßt (Abb. 35); in dieser Abbildung sind auch die nach (238) geradlinigen Zusammenhänge von $\bar{k}$ und c^2 für die dehnungslosen Schwingungen eingetragen und man ersieht daraus, daß der enge Bereich der kleinen Pfeilverhältnisse α, innerhalb dessen die Biegungs-Dehnungsschwingungen zu kleineren Schwingzahlen führen als die „Dehnungslosen", mit schlanker werdendem Parabelbogen (d. h. wachsendem h) immer kleiner wird.

Die Zahlenwerte in Tafel 24 und die Abb. 35 lassen erkennen, daß $\bar{k}$ und damit auch die Kreisfrequenzen ω mit zunehmendem c^2, also mit wachsendem Horizontalschube abnehmen und mit zunehmendem Pfeilverhältnisse α beträchtlich wachsen in vollkommener Analogie mit den beim Kreisbogen erhaltenen Ergebnissen. Praktisch wird hienach (von seltenen Ausnahmsfällen abgesehen) wohl stets die dehnungslose

Zahlentafel 24. *Parabolischer Zweigelenkbogen. Werte* $\overline{k}$ *für die erste symmetrische Biegungs-Dehnungsschwingung abhängig von* α, c^2 *und von der Schlankheit* $\sqrt{\overline{h}} = \frac{l}{i_y}$.

Knickwerte c^2_{kr}.

$\sqrt{\overline{h}} = \frac{l}{i_y}$	$\alpha = 0{,}025$		$\alpha = 0{,}05$		$\alpha = 0{,}08$		$\alpha = 0{,}10$		$\alpha = 0{,}15$	
	c^2	$\overline{k}$	c^2	$\overline{k}$	c^2	$\overline{k}$	c^2	$\overline{k}$	c^2	$\overline{k}$
	0	6,886	0	9,264	0	14,135	0	18,540	0	33,138
	1	4,420	1	6,803	1	11,684	1	16,078	4	23,517
20	2	1,954	2	4,342	2	9,233	2	13,616	8	13,894
	2,793	0	3	1,881	3	6,782	4	8,692	12	4,270
			3,764	0	4	4,330	6	3,768	13,774	0
					5,767	0	7,593	0		
	0	9,348	0	19,066	0	38,969	0	56,970		
	1	6,883	1	16,604	3	31,615	5	44,761		
40	2	4,417	3	11,682	6	24,261	10	32,553		
	3,791	0	5	6,759	9	16,908	15	20,344		
			7,746	0	12	9,554	23,331	0		
					15,897	0				
	0	13,452	0	35,401	0	80,358				
60	2	8,521	5	23,069	10	55,846				
	4	3,589	10	10,738	20	31,332				
	5,455	0	14,383	0	32,782	0				
	0	19,198	0	58,270						
80	3	11,800	10	33,658						
	6	4,403	20	9,046						
	7,786	0	23,676	0						
	0	26,585	0	87,674						
100	4	16,721	10	63,061						
	8	6,858	20	38,449						
	10,79	0	35,622	0						

Schwingung der Berechnung der kleinsten Kreisfrequenz eines Bogenträgers zugrunde zu legen sein.

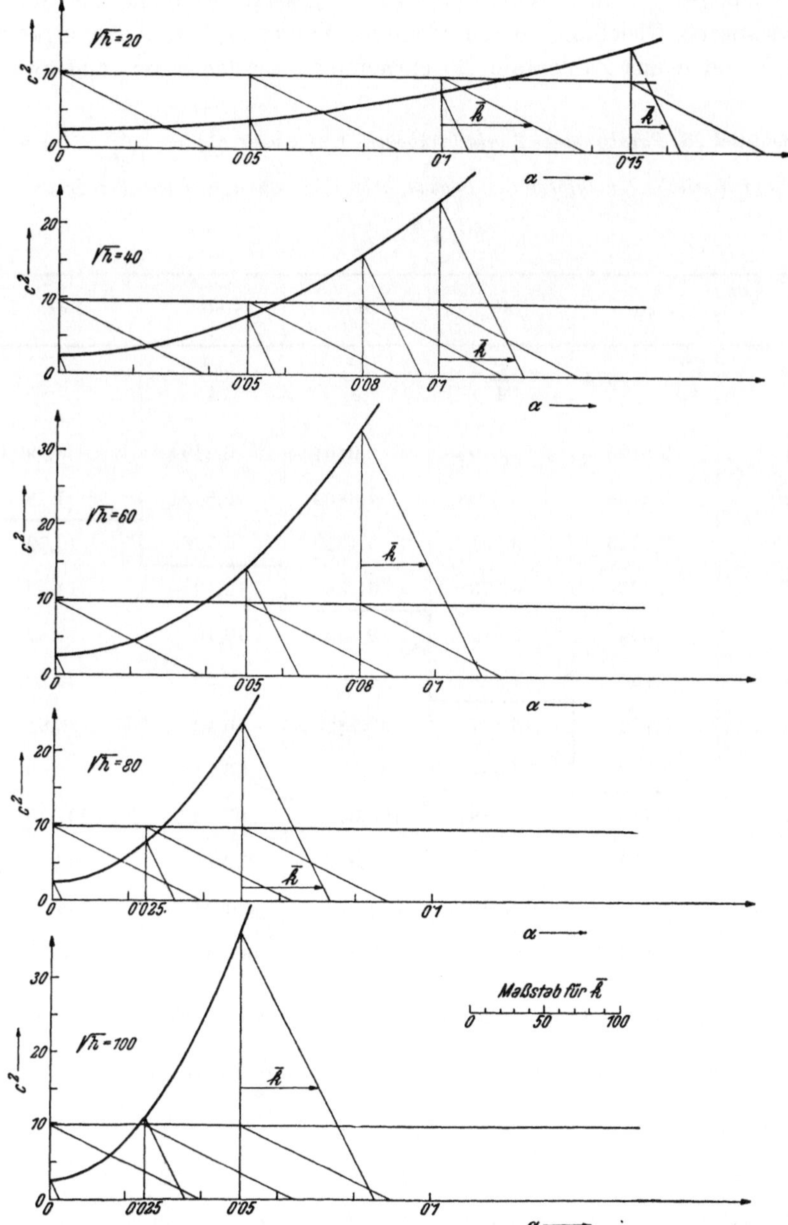

Abb. 35. Frequenzfunktion $\bar{k}$ der ersten Biegungsdehnungsschwingung des flachen parabolischen Zweigelenkbogens in Abhängigkeit von α und c^2.

Die Gl. (243) gibt auch Aufschluß über die Größe des kritischen Horizontalschubes H_{kr}, bei welchem symmetrisches Ausknicken des Parabelbogens erfolgt. Wird darin $\bar{k} = 0$ gesetzt, so folgt eine in c^2 quadratische Gleichung, deren kleinere Wurzel $c_{kr}{}^2$ in Abhängigkeit von h und α aus Zahlentafel 25 entnommen werden kann, und zwar

Zahlentafel 25. *Parabolischer Zweigelenkbogen. Knickwerte* $c_{kr}^2 = \dfrac{H_{kr}\, l^2}{E J_y}$ *für die erste symmetrische Knickform des Bogens, abhängig von* α *und von der Schlankheit* $\sqrt{h} = \dfrac{l}{i_y}$.

α \ $\sqrt{h}$	20	40	60	80	100
0	$\frac{\pi^2}{4} = 2{,}4674$	$\frac{\pi^2}{4}$	$\frac{\pi^2}{4}$	$\frac{\pi^2}{4}$	$\frac{\pi^2}{4}$
0,01	2,5195	2,6795	2,9461	3,3194	3,7993
0,02	2,6756	3,3148	4,3804	5,8721	7,7900
0,025	2,7926	3,791	5,455	7,786	10,79
0,03	2,935	4,373	6,768	10,122	14,43
0,04	3,304	5,875	10,159	16,16	23,87
0,05	3,764	7,746	14,383	23,68	35,62
0,08	5,766	15,897	32,782	56,42	86,81
0,10	7,593	23,331	49,572	86,28	133,50
0,15	13,774	48,488	106,345	187,34	291,49
0,20	22,019	82,043	182,082	322,14	502,21
0,25	31,919	122,352	273,073	484,08	755,38
0,30	42,852	166,976	373,847	663,47	1035,83

für den Bereich $\alpha = 0$ bis 0,30 und $\sqrt{h} = 20$ bis 100. Für $\alpha = 0$ ergibt sich bei jedem h der Knickwert $c_{kr}{}^2 = \dfrac{\pi^2}{4}$ entsprechend einem

$$H_{kr} = \frac{E J_y}{l^2} \frac{\pi^2}{4},$$

in Übereinstimmung mit der kleinsten *Euler*'schen Knicklast für den mit H_{kr} gedrückten geraden Stab von der Länge $2l$ und gelenkiger Befestigung seiner Enden. Die durch Verwertung der Zahlenangaben ${c_{kr}}^2$ aus Zahlentafel 23a ermöglichte stufenförmige Abgrenzung der Zahlenwerte ${c_{kr}}^2$ in Zahlentafel 25 hebt den Bereich hervor, innerhalb dessen die mit Dehnung verbundene symmetrische Knickform kleinere Knicklasten H_{kr} liefert als die dehnungslose Knickform; ersichtlich trifft dies nur für Werte $\alpha < 0{,}1$ zu, also für sehr flache Parabelbogen.

Die in diesem Abschnitte gewonnenen Ergebnisse sind an die Voraussetzung eines flachen Parabelbogens gebunden, für den die Pfeilhöhe f kleiner als etwa $^1/_8$ der Stützweite $2l$ ist, also für Werte α kleiner als etwa $^1/_4$. Bei steileren Bögen dürfen in dem Ausdrucke für das kinetische Potential Ψ die Glieder mit y^{13}, y^{14} ... nicht gestrichen werden; die Durchführung der Rechnung wird dann noch erheblich komplizierter, woran auch die Einführung der radialen und tangentialen Verschiebungen u, w (an Stelle von ξ, η), durch welche die Krümmungsänderung und die Dehnung, bzw. die Bedingung der Dehnungslosigkeit der Bogenachse nach den allgemeinen, im Abschnitte (A 1 und 2) entwickelten Formeln einfach auszudrücken sind, nur wenig ändert. Da zudem in den Fällen der praktischen Anwendungen bei steileren Bogen die Achse bereits beträchtlich von der Parabelform abweicht — sie wird dann meist nach einer Stützlinie für Eigengewicht und totale Nutzlast mit $\frac{p}{2}$ geformt, wobei das Eigengewicht nicht mehr als gleichmäßig verteilt über die Stützweite angenommen werden kann — so empfiehlt sich hier (ähnlich wie in (D 1 c) zur angenäherten Berechnung der kleinsten Kreisfrequenz ω die Anwendung der *Rayleigh*'schen Formel

$$\omega^2 \leqq \frac{A(\xi, \eta)}{T(\xi, \eta)}.$$

Hierin bedeutet $A(\xi, \eta)$ die potentielle Energie für die Schwingungsform (ξ, η) und $T(\xi, \eta)$ die Amplitude der kinetischen Energie bei einer harmonischen Schwingung entsprechend der Schwingform (ξ, η) und es gilt das Gleichheitszeichen, falls (ξ, η) der wirklichen (noch unbekannten) Schwingform entspricht, das $<$ Zeichen aber für eine ihr benachbarte, die Randbedingungen befriedigende Schwingform; mit μ_1 als Masse je Längeneinheit des Bogens wird

$$T(\xi, \eta) = \tfrac{1}{2} \int \mu_1 (\xi^2 + \eta^2)\, ds.$$

Nach *Rayleigh*[1] erhält man bereits einen sehr brauchbaren Näherungswert für das ω^2 der Grundschwingung, wenn in vorstehender Formel anstatt der wirklichen Verschiebungen (ξ, η), die die Gestalt der Bogenachse während der Schwingung kennzeichnen, Näherungswerte eingesetzt werden, welche die Randbedingungen befriedigen. Es liegt nahe, für die hier maßgebenden dehnungslosen (gegensymmetrischen) Schwingungen die Verschiebungen (ξ, η) durch jene zu ersetzen, die sich für den ruhenden Bogenträger bei halbseitiger Belastung mit $p \frac{t}{m}$ ergeben und in bekannter Weise entweder rechnerisch oder zeichnerisch bei voller Berücksichtigung einer Veränderlichkeit der Bogenquerschnitte und ihrer Trägheitsmomente leicht zu ermitteln sind. Dann ist aber

$$A(\xi, \eta) = \frac{p}{2} \int_0^l \eta(x)\, dx$$

(l halbe Stützweite) und daher

$$\omega^2 < \frac{p \int_0^l \eta(x)\, dx}{\int_0^{2l} \mu_1 (\xi^2 + \eta^2)\, ds}.$$

Für die erste zur Bogenmitte symmetrische Biegungs-Dehnungsschwingung, die weitaus schwerer anzuregen ist, werden die Verschiebungen (ξ, η) entsprechend der Formänderung des ruhenden Bogens bei gleichförmig verteilter totaler Belastung mit $p \frac{t}{m}$ gewählt, so daß

$$\omega^2 < \frac{p \int_0^{2l} \eta(x)\, dx}{\int_0^{2l} \mu_1 (\xi^2 + \eta^2)\, ds};$$

auch hiebei kann wieder eine Veränderlichkeit des Querschnittes und Trägheitsmomentes unschwer ihre Berücksichtigung finden.

Ist der Bogenträger als Fachwerksbogen ausgebildet, so bedient man sich bei der Schwingzahlberechnung der hiefür besonders ausgearbeiteten Verfahren[2].

---

[1] *Lord Rayleigh*, Theory od Sound, Bd. 1, 2. Aufl., S. 109 und 287.

[2] Vgl. *K. Federhofer*, Stahlbau (Beilage zur Zeitschrift „Die Bautechnik"), 7. Jg. (1934), S. 6 und das dort angeführte Schrifttum.

Zahlentafel 26. *Rotationssymmetrische Grund- und erste Oberschwingung des Hohlreifens. — Werte* λ [*Gl.* (226_1)] *für* $n = 2$ *und* $n = 4$ *in Abhängigkeit vom Reifenparameter* ϑ [*Gl.* (226_3)].

$\vartheta = \frac{a\,h}{r}$	0	0,1	0,2	0,3	0,4	0,5	1,0	1,5	2,0	2,5	3,0
λ_2 1. Näherung Gl. (229)	0,5	0,506	0,524	0,554	0,596	0,650	1,1	1,85	2,9	4,25	5,9
λ_2 2. Näherung Gl. (228)	0,364	0,431	0,498	0,542	0,589	0,646	1,099	1,85	2,9	4,25	5,9
λ_4 Gl. (228)	0,636	0,751	1,232	2,100	3,330	4,916	18,148	40,206	71,089	110,8	159,3

Nachtrag.

Zu S. 126. Den Einfluß einer zeitlich unveränderlichen Druckkraft und von gegengleichen Endmomenten auf die Frequenzen der Eigenschwingungen des geraden Stabes mit offenem, einfachsymmetrischem Querschnitte untersucht *E. Chwalla;* der 1. Teil seiner Arbeit erschien während der Drucklegung dieses Buches in der Österr. Bauzeitschrift, 5. Jg. (1950) S. 60.